高等职业教育“十四五”规划教材

测量技术

张力飞　那伟民　主编

中国农业大学出版社
·北京·

内容简介

本教材是按照高等职业教育教学要求，以为专业服务和“够用”为原则，根据专业课的特点和要求确定内容。主要包括认识测量技术、测量高程、测量角度、测量距离、测量直线方向、测绘大比例尺地形图、平地果园施工放样、园林绿地施工放样8个项目，各项目又细分为一或两个任务，每个任务设置学习目标、任务分解、基础知识、学程设计、技能训练、知识拓展、自我测试等栏目。

本教材编写切实体现职业教育特色，部分内容配有动画、视频，也包括大量的墨线图和插图，更加通俗易懂，适合职业院校师生教与学，可作为高等职业院校和中等职业学校园林技术、园林工程技术、园艺生产技术、观光农业、农田水利等专业的教材，也可供从事测绘工作的技术人员参考。

图书在版编目(CIP)数据

测量技术 / 张力飞，那伟民主编. --北京：中国农业大学出版社，2024.3
ISBN 978-7-5655-3185-9

Ⅰ.①测… Ⅱ.①张…②那… Ⅲ.①测量学-高等职业教育-教材 Ⅳ.①P2

中国国家版本馆CIP数据核字(2024)第042438号

书 名 测量技术
作 者 张力飞 那伟民 主编

策划编辑 康昊婷　　责任编辑 康昊婷
封面设计 郑 川 李尘工作室
出版发行 中国农业大学出版社
社 址 北京市海淀区圆明园西路2号　　邮政编码 100193
电 话 发行部 010-62733489，1190　　读者服务部 010-62732336
编辑部 010-62732617，2618　　出 版 部 010-62733440
网 址 http://www.caupress.cn　　E-mail cbsszs@cau.edu.cn
经 销 新华书店
印 刷 涿州市星河印刷有限公司
版 次 2024年3月第1版　2024年3月第1次印刷
规 格 185 mm×260 mm　16开本　13.5印张　337千字
定 价 49.00元

编审人员

主　编	张力飞	辽宁农业职业技术学院
	那伟民	辽宁农业职业技术学院
副主编	韩东辰	临汾职业技术学院
	陈光宇	黑龙江省林业设计研究院
	满朝红	辽宁农业职业技术学院
	孟凡丽	辽宁农业职业技术学院
参　编	赵金霞	重庆三峡职业学院
	纪晓雨	潍坊职业学院
	梁春莉	辽宁农业职业技术学院
	刘淑芳	辽宁农业职业技术学院
	杜玉虎	辽宁农业职业技术学院
	林玉飞	温州科技职业学院
	秦秘洋	天津绿茵景观生态建设股份有限公司
主　审	王国东	辽宁农业职业技术学院
	李　夺	北京绿京华生态园林股份有限公司

前言

党的二十大报告提出，教育、科技、人才是全面建设社会主义现代化国家的基础性、战略性支撑。测量技术作为一门理论性和实践性较强的基础性课程，以培养技术技能型人才为目标，使学生掌握测量的基本知识和基本技能，学会平面图、地形图的测绘，在此基础上熟悉和学会园林工程、农田基本建设中所需的测量知识。在加强基本知识、基本理论和基本技能教学的同时，注重对学生综合能力的训练与指导，使学生切实掌握有关测量仪器、设备的构造、使用方法和数据处理方法等。

本教材的编写遵循职业院校学生认知规律，尊重个体需要，并注重学生的可持续发展。主要内容包括认识测量技术、测量高程、测量角度、测量距离、测量直线方向、测绘大比例尺地形图、平地果园施工放样、园林绿地施工放样8个项目，各项目又细分为一或两个任务，每个任务设置学习目标、任务分解、基础知识、学程设计、技能训练、知识拓展、自我测试等栏目。本教材语言简练，条理清晰，对重点难点开发了动画、视频等数字化资源，适合高职师生教与学。

学习目标——让学生熟悉学习本任务应该达到何种程度。

任务分解——学习本任务包括哪些内容，突出学习重点(加背景色部分)。

基础知识——介绍完成本任务必需、够用的基本知识。

学程设计——学习本任务的课堂学习过程设计。

技能训练——主要是训练技能，是教、学、做的统一。

知识拓展——与本任务相关联的其他内容。

自我测试——包括知识点测试、技能点测试。

本教材的编写分工如下：项目一、项目二、项目四、附录，张力飞编写；项目三，满朝红、秦秘洋、林玉飞编写；项目五，孟凡丽、纪晓雨编写；项目六，陈光宇、杜玉虎编写；项目七，那伟民、刘淑芳编写；项目八，那伟民、赵金霞编写；课程思政融入部分，韩东辰、梁春莉编写。全书由张力飞、那伟民统稿，王国东、李夺审稿。在编写过程中参考了有关单位和作者的文献资料，在此一并致以衷心的感谢。

由于编者水平所限，教材中疏漏之处敬请读者批评指正。

编　者

2023年12月

目录

项目一 认识测量技术

项目二 测量高程

项目三 测量角度

项目四 测量距离

项目五 测量直线方向

项目六 测绘大比例尺地形图

项目七 平地果园施工放样

项目八 园林绿地施工放样

项目一

认识测量技术

任务一　认识测量技术

【学习目标】

- 了解地理坐标、平面直角坐标、高斯平面直角坐标的概念。
- 能够描述测量的任务、分类以及在国民建设中的应用。
- 掌握水准面、大地水准面、绝对高程、相对高程、高差、比例尺与比例尺精度的概念。
- 会解释地面点位的确定要素及测量工作的基本原则和步骤。
- 熟练计算高程、高差、比例尺和比例尺精度。

【任务分解】

通过学习本任务，对测量工作有个全面的认识。具体学习任务见图 1-1。

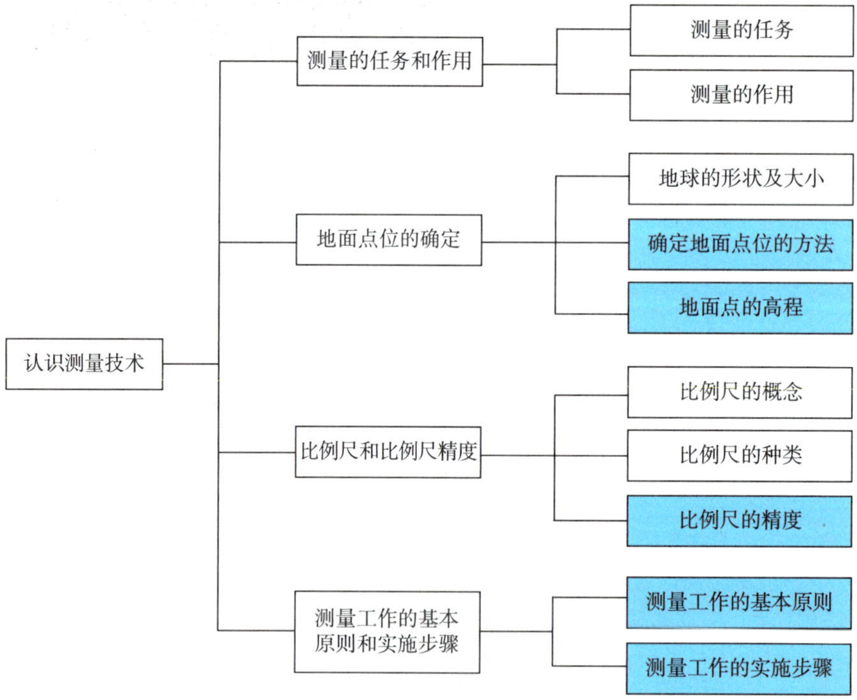

图 1-1　认识测量技术学习任务分解

【基础知识】

测量技术是研究如何确定地面点的平面位置和高程，将地球表面的地形及其他信息测绘成图，以确定地球大小、形状、位置的技术。

一、测量的任务和作用

（一）测量的任务

测量的任务主要有测绘和测设两个方面。

1. 测绘

测绘是正确使用测量仪器和工具，按照一定的测量方法和手段，将地球表面局部地区的形状和大小缩绘成图，为各项工程规划、设计提供技术资料。《史记·夏本纪》记载，禹亲自带领大家"行山表木，定高山大川"。《史记》关于大禹治水的记载中，也有提到禹利用发明的工具规矩（图 1-2）进行测量。

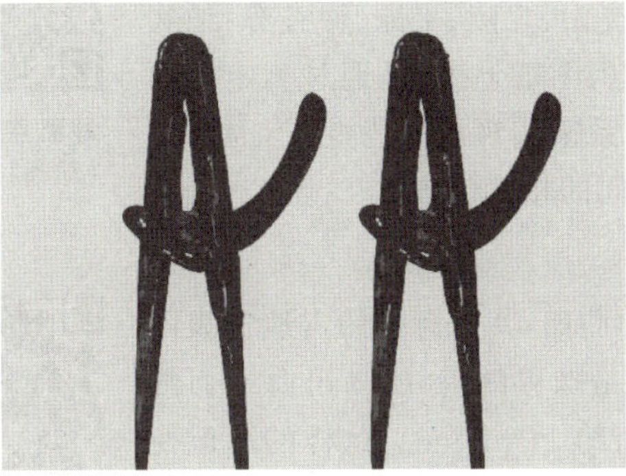

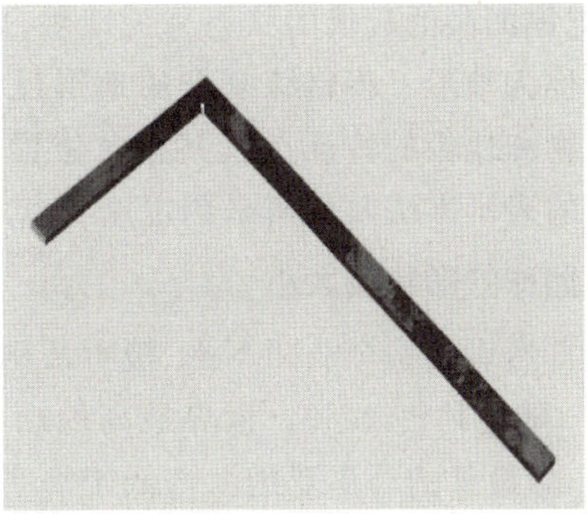

图 1-2 规（左）矩（右）

测绘（测定）是由地面到图形的过程。

2. 测设

测设是将图纸上规划、设计好的工程和建筑物的位置，采用测量仪器和工具，按照一定的测量方法在实地准确地确定下来，以便进行施工，因此测设又常称为施工放样。

测设（放样）是由图形到地面的过程。

（二）测量的作用

测量技术应用范围很广，在我国的现代化建设中，测绘技术、图纸及资料都发挥着重要的作用。测绘工作常被称为工程建设的"尖兵"工作。

（1）在国防建设方面，国界线的划分，导弹、卫星基地建设及飞行轨道的监测与控制，国防工程的建设，战略的部署，战役的指挥，人员、火力的安排等，都离不开精确的地形图和测量工作。

测量的作用（视频）

（2）在科学研究方面，空间科学技术研究，地球整体形状和大小、地球板块运动、地壳的升降变化、海岸线的变迁、地极的周期性变化、地震的预报等，都离不开测量工作和测量工作所提供的技术资料。

（3）在工程建设方面，各项工程建设过程的始末都离不开测量工作和由测量工作所提供的技术资料。例如，在某河道上修建一座水库。在规划设计阶段，需要坝址上的全部地形资料，以便进行水文水力计算、地质勘探、经济调查、工程预算等项工作；坝址选定后，则需要坝址附近的大比例尺地形图，以便进行土石方量计算、工程经费计算、水工建筑物的布置等；工程施工前，则需要将图纸上设计好的建筑物在地面上确定下来，以便进行施工；在施工过程中，要随时进行测量工作，以确保工程的质量；大坝建成后，还要进行检查、验收和质量评定，同样要进行测量工作；在大坝运行过程中，为了确保大坝的安全，还要随时对大坝进行变形测量。

（4）在农业生产中，土地资源调查、土地利用规划、地籍管理、森林资源调查与管理、果园规划、农田水利规划、城乡建设规划、道路规划、土地平整等都需要进行测量工作或由测量工作所提供的地形资料和技术资料。

二、地面点位的确定

测量工作是在地球表面进行的，地球自然表面是一个不规则的曲面。在测量工作中，把地面上天然或人造的物体称为地物，如房屋、道路、森林、河流等；把地面高低起伏的状态称为地貌，如高山、丘陵、平原、深谷等；地物和地貌统称为地形。将错综复杂的地形反映到图纸上来，是通过测定地面上代表地物和地貌的特征点及其相对位置关系来实现的。为此，下面介绍地面点位的表示方法及如何来测定点与点之间的相对位置。

地面点位的确定（动画）

（一）地球的形状及大小

地球自然表面是个凸凹不平、极不规则的曲面，其中海洋约占地球表面积的 71%，陆地约占 29%。世界最高的山峰是珠穆朗玛峰，高出海平面约 8 848.86 m，最低的马里亚纳海沟低于海平面约 11 022 m。这样的高低变化对于地球的平均半径 6 371 km 来说是很小的。因此，我们可以假想将静止的海水面延伸到大陆内部，形成一个封闭曲面，这个静止的海水面称为水准面。水准面的特点是处处与重力线（铅垂线）相垂直。由于潮汐的影响，水准面有无数个，其中与静止状态的平均海水面相重合的水准面称为大地水准面。大地水准面所包围的形体称为大地体。

珠穆朗玛峰的高程（文档）

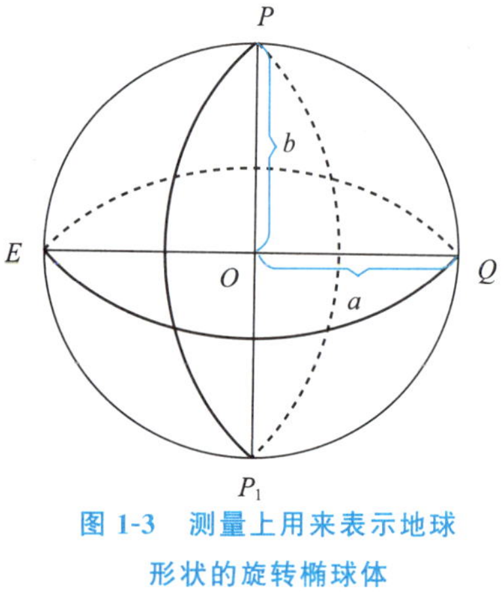

图 1-3　测量上用来表示地球形状的旋转椭球体

由于地球内部质量不均匀，大地水准面实际上仍然是个有微小变化的不规则曲面。为了计算方便，在测量工作中，通常取一个与大地水准面相接近，并且可以用数学公式表达的规则曲面——旋转椭球体（图 1-3）来代替大地水准面，作为测量上计算、绘图的基准面。

旋转椭球体是由长半径 a，短半径 b 所决定，而把 $(a-b)/a$ 称为扁率，用 α 来表示。1979 年国际大地测量学与地球物理学联合会通过并推荐的椭球体元素为：$a=6\ 378\ 137$ m，$b=6\ 356\ 752$ m，则 $\alpha=1/298.253$。

由于 α 很小，当范围较小时，可以近似地认为地球是个圆球体，其半径为：$R=(a+a+b)/3\approx 6\ 371$ km。

(二)确定地面点位的方法

地面点的空间位置是由三个量来确定，在测量工作中是采用坐标和高程来表示的。在大区域内，采用球面坐标（地理坐标）表示点的平面位置；在小区域内，采用平面直角坐标来表示点的平面位置。

1. 地理坐标

在大区域内，从整个地球来考虑点的位置，通常是用经度和纬度来表示的。以经度和纬度来确定地面点的绝对位置，称为地理坐标。

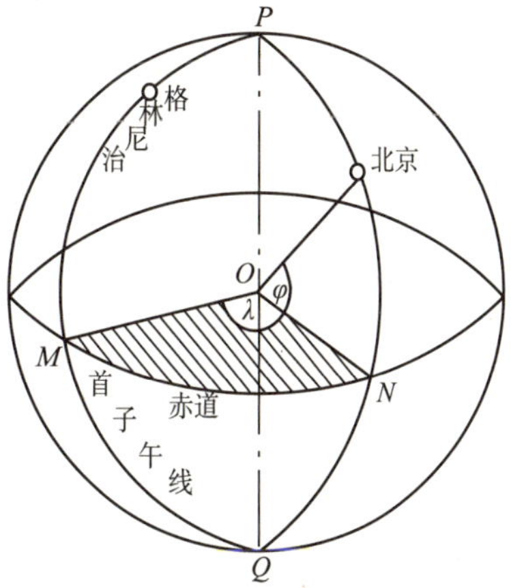

图 1-4　地理坐标

如图 1-4 所示，O 点为地心，PQ 为地球的旋转轴，简称为地轴。通过地轴的平面称为子午面，子午面与地面的交线，称为子午线。通过地心且与地轴垂直的平面，称为赤道面。赤道面与地面的交线，称为赤道线。

地面上任意一点的经度，以通过该点的子午面与通过英国格林尼治天文台的首子午面所夹的二面角 λ 的角度表示。自首子午线开始，向东 0°～180°，称为东经；向西 0°～180°，称为西经。

地面上任意一点的纬度，以通过该点的铅垂线与赤道面之间的夹角 φ 的角度表示。自赤道起，向北 0°～90°，称为北纬；向南 0°～90°，称为南纬。例如，北京为东经 116°28′，北纬 39°54′。

我国常用的大地坐标系有以下三种。

(1)1954 年北京坐标系　采用苏联克拉索夫斯基参考椭球体参数（a =6 378 245 m，α = 1∶298.3）。大地原点实际上是在苏联普尔科沃。该系统所对应的参考椭球面与我国大地水准面差异可达到＋65 m（东部），全国平均达 29 m。

(2)1980 年国家大地坐标系　采用国际大地测量协会与地球物理联合会在 1975 年推荐的 IUGG-75 地球椭球参数（a =6 378 140 m，α =1∶298.257）。大地原点在陕西省泾阳县永乐镇。1980 年坐标系还采用了我国大地网整体平差的数据，椭球面与大地水准面平均差仅为 10 m 左右。

(3)WGS-84（World Geodetic System，1984 年）　是美国国防部研制确定的大地坐标系，其坐标系的几何定义是：原点在地球质心，Z 轴指向 BIH 1984.0 定义的协议地球极（CTP）方向，X 轴指向 BIH 1984.0 的零子午面和 CTP 赤道的交点。Y 轴与 Z 轴、X 轴构成右手坐标系。

2. 平面直角坐标系

当测区范围较小时，可以忽略地球曲率的影响，以水平面代替水准面，建立平面直角坐标系（图 1-5），纵轴为 OX 轴，横轴为 OY 轴。地面上任意一点 A 的平面位置，可以用（X_A，Y_A）来表示。

测量上的平面直角坐标系与数学中的平面直角坐标系相比，如图 1-6 所示，不同点是：①测量上取南北方向为纵轴（X 轴），东西方向为横轴（Y 轴），见图 1-6（A）。②测量上角度方向顺时针度量，象限顺时针编号。相同点是：数学中的三角公式在测量计算中可直接应用。

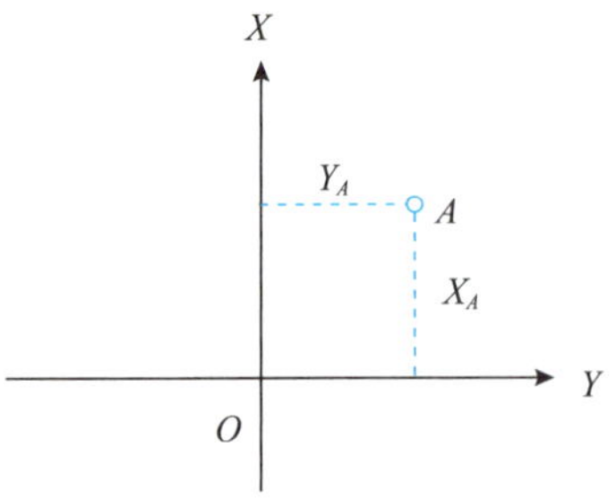

图 1-5　平面直角坐标系

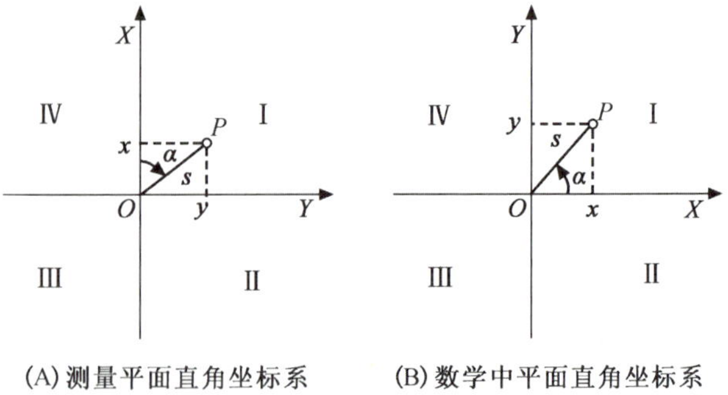

图 1-6　测量上的平面直角坐标系与数学上的平面直角坐标系

3. 高斯平面直角坐标

当测区范围较大时，若将曲面当作平面来看待，则把地球椭球面上的图形展绘到平面上时必然产生变形，为减小变形，必须采用适当的方法来解决。测量上常采用的方法是高斯投影方法。

高斯投影方法是将地球划分成若干带，然后将每个带投影到平面上，见图 1-7。

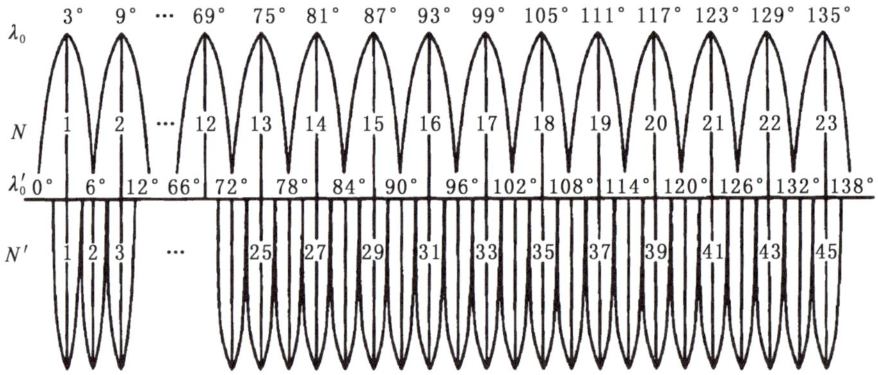

图 1-7　高斯投影带

(1)6°带的划分

①为限制高斯投影离中央子午线越远、长度变形越大的缺点，从经度 0°开始，6°为 1 带，将整个地球分成 60 个带。

②公式：

$$\lambda = 6°N - 3° \tag{1.1}$$

式中：λ 为投影带中央子午线经度；N 为投影带的带号。

(2)3°带的划分

①从东经 1°30′开始，将整个地球分成 120 个带，3°为 1 带。

②公式：

$$\lambda' = 3°N' \tag{1.2}$$

式中：λ' 为投影带中央子午线经度；N' 为投影带的带号。

(3)我国高斯平面直角坐标 6°带的表示方法

①先将自然值的横坐标 Y 加上 500 000 m。

②再在新的横坐标 Y 之前标以 2 位数的带号。

【例 1-1】 国家高斯平面点 P(2 433 586.693,38 514 366.157),请指出其所在的带号及自然坐标为多少?

解:①点 P 至赤道的距离:X=2 433 586.693 m。

②其投影带的带号为 38,P 点离 38 带的纵轴 X 轴的实际距离:Y=514 366.157 m−500 000 m=14 366.157 m。

(三)地面点的高程

地面点的高程习惯上用绝对高程和相对高程来表示。地面点到大地水准面的铅垂距离,称为绝对高程,又称海拔,如图 1-8 所示。图中 MN 为大地水准面,地面上 A,B 两点的高程分别为 H_A,H_B。A,B 两点间的高程的差值,称为高差,以 h 表示,即 $h_{AB}=H_B-H_A$ 来表示。高差有正负之分,如 B 点高于 A 点,h_{AB} 为正,而 h_{BA} 为负。反之,如 A 点高于 B 点,h_{AB} 为负,而 h_{BA} 为正。

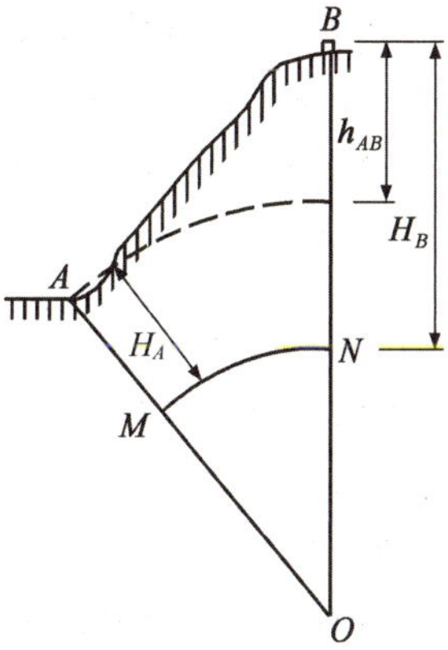

图 1-8 高程与高差

我国是以黄海的平均海水面作为全国高程的起算面(即大地水准面)。在青岛的万象山建立了国家水准原点,其高程为 72.289 m,称为"1956 年黄海高程系"。1986 年国家测绘部门根据验潮站资料的积累,对水准原点的高程作了修正。从 1987 年 1 月 1 日起采用"1985 年国家高程基准",水准原点的高程为 72.260 m。如图 1-9 所示。

地面点到假定水准面的铅垂距离称为该点的相对高程或假定高程。在局部区域内,为了说明地面的高低起伏而引用绝对高程有困难时,可采用相对高程。这个局部区域,对于精度较高的测量,半径为 10 km 之内;对于精度较低的测量,测量范围可放宽至半径 25 km 之内。

图 1-9 位于青岛万象山的国家水准原点

三、比例尺和比例尺精度

(一)比例尺的概念

在地面上进行测量时，地面上的图形在平面上的投影，均不能按其真实的距离表示在图上，而必须按一定的倍数缩小后表示出来，这种图上长度与相应实地水平距离之比，称为比例尺。如图上 1 cm 等于地面上 1 m 的水平距离，称为 1∶100 的比例尺。

(二)比例尺的种类

1. 数字比例尺

图上长度与相应实地水平距离之比，转换成分子为 1 的分数形式，这种比例尺称为数字比例尺(又称数值比例尺)。

设图上直线长度为 d，相应于地面上实地水平距离为 D，则比例尺的公式为：

$$d/D = 1/M \tag{1.3}$$

式中：M 为比例尺分母，即图的缩小倍数；d 为图上长度；D 为实地水平距离。

【例 1-2】 地面上两点间的水平距离为 100 m，在图上以 0.1 m 的长度表示，这张图的比例尺是多少？

解： $1/M = d/D = 0.1/100 = 1/1\,000$，或记为 1∶1 000。

比例尺的大小是由分数值决定的，分数值越大，比例尺也就越大；反之，分母值越大，分数值越小，比例尺也就越小。如比例尺 1/200＞1/500＞1/1 000＞1/2 000＞1/5 000＞1/10 000。

2. 直线比例尺

根据比例尺，以一定长度的直线注记其代表的地面实地水平距离，这种以直线图像表示的比例尺，称为直线比例尺。直线比例尺的画法是：先在图纸上绘一直线，并等分为若干段，每一段为一个基本单位，一般 1 cm 或 2 cm 为一个基本单位。然后，在最左边一个基本单位内，再分为 10 或 20 等份，以最左边一个基本单位的右端为零，按测图比例尺，在各刻划上注以相应于地面上的水平距离。如图 1-10 为 1∶500，1∶1 000，1∶5 000 三种直线比例尺。

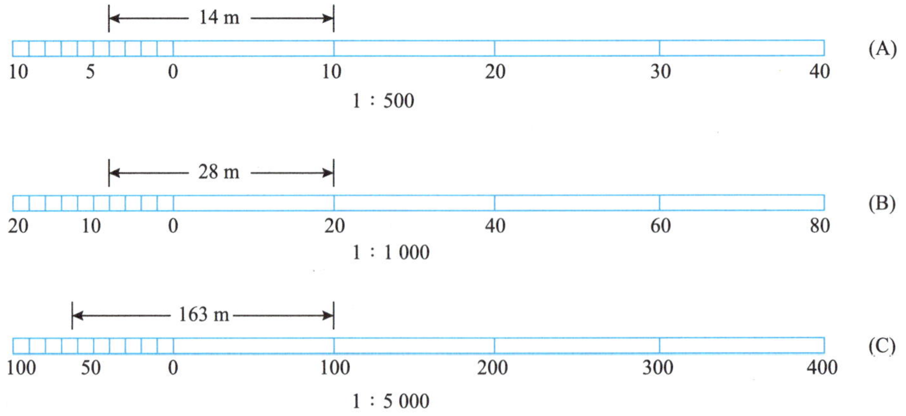

图 1-10 直线比例尺

直线比例尺的用法是：将脚规张开，量取图上两点间的长度，再移到直线比例尺上，右边的针尖对准 0 右边适当的刻划上,使左边的针尖落在 0 左边的基本单位内,并读取左边的尾数。

【例 1-3】 求实地距离 14 m 在 1∶500 图上的长度。

解:如图 1-10(A)所示,将脚规的一只脚,放在 1∶500 直线比例尺尺身所注 10 m 处,另一只脚对准尺头 4 m 处,则两脚尖端之张距,即为所求的图上长度。

同理,实地距离 28 m,在 1∶1 000 图上的长度如图 1-10(B)所示;实地距离 163 m,在 1∶5 000 图上的长度如图 1-10(C)所示。

使用绘在图上的直线比例尺在图上量距,可以不经换算,直接量得相应于地面的实际距离,并且还可以减少因图纸伸缩变形而引起的量距误差,计算速度大大提高。

直线比例尺中还有一种三棱比例尺(简称三棱尺),三棱尺有 3 个尺面 6 种比例的刻度,如刻有 1∶100,1∶200,1∶300,1∶400,1∶500,1∶600 的三棱尺。比例尺上的数字以米(m)为单位。

有了三棱比例尺,绘图时就可按要求的比例,直接在比例尺上用分规量取要画线段的长度;读图时根据图纸比例,用相应的比例尺去度量图上的长度,可直接读出其实际距离。

(三)比例尺的精度

一般认为,正常人的眼睛只能分辨出图纸上大于 0.1 mm 的两点间距离,间距小于 0.1 mm 的两个点,只能看成一个点。因此,在测量工作中把图纸上 0.1 mm 所代表的实地水平距离称为比例尺精度。设比例尺的精度为 δ,比例尺的分母为 M,则

$$\delta = 0.1M \tag{1.4}$$

比例尺精度主要应用于以下两个方面。

1. 按量距精度选用测图比例尺

设在图上需要表示出 0.5 m 的地面距离,此时应选用不小于 0.1 mm/0.5 m=1/5 000 的测图比例尺。

2. 根据比例尺确定量距精度

设测图比例尺为 1/5 000,实地量距精度需要达到 0.1 mm×5 000=0.5 m,过高的精度在图上将无法表示出来。

几种大比例尺精度见表 1-1。

表 1-1 不同比例尺相应精度表

比例尺	1∶500	1∶1 000	1∶5 000	1∶10 000	1∶50 000
比例尺精度/m	0.05	0.10	0.50	1.00	5.00

从表 1-1 可以看出,比例尺越大,比例尺精度越高,图上表示的内容就越详细,测图的精度要求也就越高,而测图的工作量也越大,测量工作投入的人力物力也随之加大。因此,在选择比例尺时不能认为越大越好,而应根据工程的需要选用。

四、测量工作的基本原则和实施步骤

(一)测量工作的基本原则

如图 1-11 所示,测绘地形图时,要测量许多地物、地貌的特征点(碎部点)的平面位置和高

程，再按比例尺缩绘在图纸上。由于测量工作是由观测人员采用一定的仪器和工具在野外条件下进行的，在观测过程中人为因素、仪器精度及外界条件的影响，都有可能使观测结果存在误差。为了避免误差的积累及消减其对测量成果的影响，测量工作应遵循的第一个原则是：在测量布局上由整体到局部，在测量精度上由高级到低级，在测量程序上先控制后碎部。即首先在待测区内选择若干控制点，用较精密的仪器设备准确地测量其平面位置和高程，根据图形的几何条件，进行平差计算，使误差减到最小，最后得出其精确位置和高程。然后根据控制点测量其周围的地物和地貌的位置，此时即使个别点有误差或错误也不影响其他的点。在操作过程中，每一步工作都应有严格的校核措施，也就是必须要遵循的第二个原则：前一步工作未经校核不能进行下一步工作。这是因为如果控制测量有错误，以其结果为基础的碎部测量也必然是错误的，所以，测量工作必须重视每一步的校核工作。

（A）

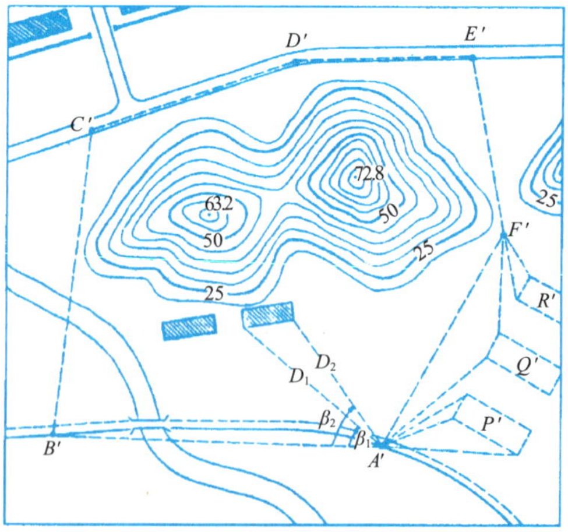

（B）

图 1-11　地形图测绘

(二)测量工作的实施步骤

1. 技术计划的制订

测量工作开展之前，应该制订较周密的技术计划，这样才能保证测量工作高质量、高速度、经济、合理、顺利地进行。技术计划的主要内容一般包含以下几个方面:任务概述、测区情况、已有资料及其分析、技术方案设计、组织实施计划、仪器配备、检查验收计划、安全措施等。

在制订技术计划之前,应预先收集并研究测区内及其附近已有的成果资料,并对影响测量的问题进行实地调查,同时初步考虑控制网的布设方案。地形控制测量布设方案的拟定,应根据收集到的资料及现场踏查的结果,进行必要的精度估算。有时还要提出若干方案进行技术、经济方面的比较,对于地形控制网的图形、施测、点的密度等因素进行全面分析,并确定最后方案。在制订技术计划中,还要对测区的人文风俗、自然地理条件、交通运输、气象情况等进行简要说明,并对采取的措施加以说明。技术计划拟定以后,要进行工作量统计,并制订实施计划。

2. 控制测量

控制测量是指用较高的精度测定各控制点的相对位置、高程。控制测量的主要内容有:选择控制点、作控制点标志、野外量测、室内计算等。

根据技术计划,在控制测量之前,选取控制点时要勘察地形,两控制点之间应相互通视,便于量测。另外,控制点应选在视野开阔的地方,便于施测周围的地物、地貌。选好控制点后,要做好点位标志。做点位标志时应把点位选在土质坚实处,便于安置仪器和保存标志。在控制测量中,每站观测完毕,要检查观测成果,符合精度要求以后,再进行迁站观测。

3. 碎部测量

根据各控制点的位置,用低一些的精度测量各控制点周围的地物、地貌特征点的平面位置和高程。地形比较复杂的地区,也可增补一些测站点。

碎部测量的主要内容有:碎部点(地物、地貌特征点)的选择、碎部测量测定方法的选择。

碎部测量中测绘地物时要正确掌握综合取舍原则。把握好所测地图的性质和使用目的,重点、准确地表示那些具有重要价值和意义的地物,如突出的、有方位意义的地物,对经济建设的设计、施工、勘察和规划等有重要价值的地物,以及用图单位要求必须重点表示的地物等。

碎部测量中测绘地貌要尽量做到边测边绘等高线,等高线应互相协调一致,正确处理等高线与其他符号的关系。等高线不能通过地物和注记,并要求在适当位置留一空隙注记其高程。

4. 检查和验收测绘成果

在野外工作中,虽时时处处都要遵照操作规范,并对成果经常进行检查,但仍可能存在错漏,所以在野外工作结束后,还应做认真全面的自我检查,以确保成图成果质量。

(1)室内检查　主要是对测量的原始材料、计算成果和图面的检查。即检查控制点的精度是否符合规范要求,计算有无错误,闭合差是否符合要求;原图上的地物、地貌是否清晰易读,符号注记是否正确,等高线勾绘有无错误,图形拼接有无问题等。如发现问题,需到实地进行检查核对。

(2)室外检查　主要是以室内检查发现问题为重点,在需要的测站上安置仪器,对明显地物、地貌进行复测,并进行必要的修改。要携带原图板到现场进行实地对照,检查主要地物有无遗漏或变样、地貌是否真实、注记是否正确等。如发现错误过多,则必须进行修测或重测,直到满足要求为止。因此,室外检查分巡视检查和仪器设站检查两种。

【学程设计】

学程设计见表 1-2。

表 1-2　项目一任务一“课堂计划”表

<table>
<tr><td colspan="2">学习主题：
项目一　认识测量技术
任务一　认识测量技术
（4 学时）</td><td>学习目标</td><td colspan="3">价值塑造：测量工作深入工作、生活的方方面面，从古代劳动人民的智慧到现代的测量工具及技术发展，使学生增强民族自豪感和文化自信力，踏踏实实做好每件事。
知识传授：了解测量的任务和作用，地球的形状及大小。掌握水准面、大地水准面、绝对高程、相对高程、比例尺、比例尺精度的概念，地面点的表示方法，测量工作的基本原则和实施步骤。
能力培养：熟练计算高程、高差、比例尺和比例尺精度，并能正确使用比例尺。学会利用网络查找资料并归纳总结。
素质养成：具有较强的信息采集与处理的能力；具有决策和计划的能力，自我控制与管理能力。</td></tr>
<tr><td>时间</td><td>教学内容</td><td colspan="2">教师的活动</td><td>学生的活动</td><td>教学方法</td><td>媒体</td></tr>
<tr><td>45 min</td><td>测量的任务和作用</td><td colspan="2">1. 介绍测量技术的总体授课安排，对学生的要求
2. 布置任务
3. 监控课堂
4. 听取汇报
5. 点评</td><td>1. 阅读教材
2. 观看视频，总结测量的任务和作用
3. 成果展示
4. 点评</td><td>自主学习法</td><td>教材、PPT、视频（测量的作用）</td></tr>
<tr><td>45 min</td><td>地面点位的确定</td><td colspan="2">1. 讲授
2. 引导学生文化自信</td><td>1. 听课
2. 记录
3. 观看动画
4. 阅读文档《珠穆朗玛峰的高程》，谈谈体会</td><td>讲授法</td><td>PPT、动画-地面点位的确定、文档《珠穆朗玛峰的高程》</td></tr>
<tr><td>60 min</td><td>比例尺和比例尺精度</td><td colspan="2">1. 布置任务，学生分组
2. 监控课堂
3. 听取汇报
4. 点评
5. 技能训练测试</td><td>1. 阅读教材
2. 小组总结、研讨比例尺的种类、比例尺的精度、三棱尺的使用方法
3. 成果展示
4. 点评
5. 小组答题</td><td>小组学习法</td><td>教材、PPT、视频（认识三棱尺）</td></tr>
<tr><td>15 min</td><td>测量工作的基本原则和实施步骤</td><td colspan="2">讲授</td><td>听课、记录</td><td>讲授法</td><td>PPT</td></tr>
<tr><td>15 min</td><td>解释测量实训须知</td><td colspan="2">解释</td><td>朗读</td><td>讲授法</td><td>教材</td></tr>
</table>

【技能训练】

使用比例尺

一、技能训练要求

通过实际练习，掌握数字比例尺的换算与三棱尺的使用。

认识三棱尺（视频）

二、技能训练内容

1. 数字比例尺的换算

(1)已知实地水平距离 750 m，求它在 1∶50 000 图上的相应长度。

(2)用直尺在 1∶50 000 地形图上量得某两点间长为 3.8 cm，求实地水平距离。

2. 三棱尺的使用

利用三棱尺上 1∶500 的比例，画出一段实地水平距离为 34 m 的线段。

三、技能训练步骤

1. 数字比例尺的换算

(1)已知实地水平距离 750 m，求它在 1∶50 000 图上的相应长度。

解：根据公式 $d/D = 1/M$

得，$d = D/M$

$= 750\ \text{m}/50\ 000$

$= 15\ \text{mm}$

即，实地水平距离 750 m 在 1∶50 000 图上的相应长度是 15 mm。

(2)用直尺在 1∶50 000 地形图上量得某两点间长为 3.8 cm，求实地水平距离。

解：根据公式 $d/D = 1/M$

得，$D = d\,M$

$= 3.8\ \text{cm} \times 50\ 000$

$= 1\ 900\ \text{m}$

即，在 1∶50 000 地形图上某两点间长为 3.8 cm，则其实地水平距离为 1 900 m。

2. 三棱尺的使用

首先，找到三棱尺 1∶500 的面；然后读出注记 30；最后在 30 的基础上数出 8 个刻划，即得 34 m 在图上长度，画出线段。

四、技能训练评价

技能训练评价见表 1-3。

表 1-3　项目一任务一技能训练评价表——使用比例尺

速度	按照完成时间的先后顺序各组分别计分。分值分别为 10 分、8 分、6 分、5 分、4 分、3 分、2 分、1 分
质量	1. 数字比例尺的换算。答对者计 5 分，答错者计 0 分 2. 三棱尺的使用。答对者计 5 分，答错者计 0 分

【知识拓展】

平面图、地图、地形图、断面图

一、平面图

当测区较小时,将地球表面当作平面看待,把地面上的房屋、道路、河流和田地等物体,沿着铅垂线投影到水平面上,并按一定比例尺缩小,绘成与地面上的形状相似的图形,即对应角相等,对应边长成比例。这种在图上仅表示地物平面位置、形状和大小的图,称为平面图。

二、地图

考虑地球曲率,应用地图投影的方法,将整个地球或地球表面上某一广大地区的图形按比例尺缩绘在平面上的图,称为地图。该图具有严格的数学基础、符号系统、文字注记,并采用制图综合原则,科学地反映出自然和社会经济现象的分布特征及相互联系。

三、地形图

地形图是普通地图的一种,在平面图上,将地面高低起伏的形状用等高线或其他符号表示出来,既表示地物的平面位置,又表示地貌形状。

四、断面图

在地面上沿着某一方向作垂直平面,与地球表面相截所得的交线称为断面线。为了表示该方向的起伏形状大小,要在平面上绘出该方向的断面线,且必须按一定的比例尺倍数缩小后表示出来,这样绘出的图称为断面图。

【自我测试】

一、单项选择题

1. A,B 两点之间的高差记为(　　)。

A. h_{A-B}　　B. h_{B-A}　　C. h_{AB}　　D. h_{BA}

2.(　　)是测量工作的基准面。

A. 水平面　　B. 大地水准面　　C. 假定水准面　　D. 绝对水准面

3. 地面点的空间位置是用(　　)来表示的。

A. 地理坐标　　B. 平面直角坐标　　C. 坐标和高程　　D. 假定坐标

4. 测量工作的基准线是(　　)。

A. 铅垂线　　B. 水平线　　C. 切线　　D. 离心力方向线

5. 静止的海水面向陆地延伸,形成一个封闭的曲面,称为(　　)。

A. 水准面　　B. 水平面　　C. 铅垂面　　D. 圆曲面

6. 在半径为 10 km 的圆面积之内进行测量时,不能将水准面当作水平面看待的是(　　)。

A. 距离测量　　B. 角度测量　　C. 高程测量　　D. 以上答案都不对

7. 测量的三要素是距离、(　　)和高差。

A. 坐标　　B. 角度　　C. 方向　　D. 气温

8. 地面点到高程基准面的垂直距离称为该点的(　　)。

A. 相对高程　　B. 绝对高程　　C. 高差　　D. 差距

9. 测量的任务包括两个部分:测绘和(　　)。

A. 测定　　B. 测量　　C. 测边　　D. 放样

10. 测量工作中,内业计算所采用的基准面是(　　)。

A. 水平面　　B. 水准面　　C. 旋转椭球面　　D. 竖直面

11. 测量工作中野外观测中的基准面是(　　)。

A. 水平面　　B. 水准面　　C. 旋转椭球面　　D. 圆球面

12. 水准面有无数多个,其中通过平均海水面的那一个称为(　　)。

A. 平均水准面　　B. 大地水准面　　C. 统一水准面　　D. 协议水准面

13. 组织测量工作应遵循的第一个原则是:布局上从整体到局部,精度上由高级到低级,程序上(　　)。

A. 先规划后实施　　B. 先细部再展开　　C. 先碎部后控制　　D. 先控制后碎部

14. 地面点到高程基准面的垂直距离称为该点的(　　)。

A. 相对高程　　B. 绝对高程　　C. 高差　　D. 差距

15. 目前,我国采用的高程基准是(　　)。

A. 1956 年黄海高程基准　　B. 1965 年黄海高程基准

C. 1985 年国家高程基准　　D. 1995 年国家高程基准

16. 绝对高程的起算面是(　　)。

A. 水平面　　B. 大地水准面　　C. 假定水准面　　D. 大地水平面

17. 测量上所选用的平面直角坐标系，规定 X 轴正向指向(　　)。

A. 东方向　　B. 南方向　　C. 西方向　　D. 北方向

18. 目前，我国采用的全国统一坐标系是(　　)。

A. 1954 年北京坐标系　　B. 1980 年北京坐标系

C. 1954 年国家大地坐标系　　D. 1980 年国家大地坐标系

19. 地球自然表面极不规则，其中海洋约占地球表面积的(　　)。

A. 70%　　B. 71%　　C. 72%　　D. 73%

20. 地面点的空间位置是用(　　)来表示的。

A. 地理坐标　　B. 平面直角坐标　　C. 坐标和高程　　D. 高斯坐标

二、判断题

(　　)1. 测量工作可以按照程序一步一步完成，不见得都需要校核。

(　　)2. 比例尺的大小由分数值决定，分数值越大，比例尺也越大。

(　　)3. 一般认为，正常人的眼睛只能分辨出图纸上大于 0.1 mm 的两点间距离，间距小于 0.1 mm 的两个点，只能看成一个点。

二、填空题

1. 确定地面点空间位置的基本要素是__________、__________和高程。

2. 地面点到__________铅垂距离称为该点的相对高程。

3. 地面点到__________铅垂距离称为该点的绝对高程。

4. 通过__________海水面的__________称为大地水准面。

5. 地面点的经度为该点的子午面与__________所夹的__________角的度数。

认识测量技术自我测试
参考答案

项目二

测量高程

任务一　认识并使用水准仪

【学习目标】

- 了解水准测量原理。
- 掌握水准仪的构造和水准尺的注记方式及读数方法。
- 掌握自动安平水准仪的使用方法。
- 学会进行一个测站的水准测量。

【任务分解】

通过学习本任务，对高程测量工作有个全面的认识，会正确使用水准仪。具体学习任务见图 2-1。

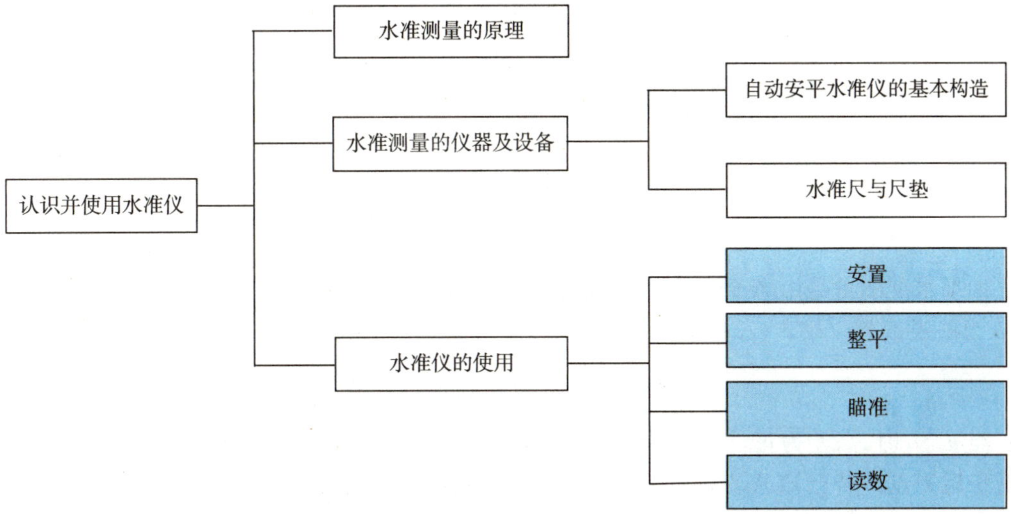

图 2-1　认识并使用水准仪学习任务分解

【基础知识】

确定地面点的空间位置，除了确定它的平面位置外，还需要测定它的高程，即高程是确定地面点位的要素之一。测定地面点高程的工作称为高程测量。高程测量根据所使用的仪器和测量方法的不同，可分为水准测量、三角高程测量和物理高程测量。其中，以水准测量精度最高，也最为常用。

一、水准测量的原理

水准测量原理
(动画)

水准测量的原理是利用水准仪所提供的水平视线，借助水准尺的刻划，测出地面两点间的高差，然后根据高差由已知点高程推算出未知点的高程。所以，水准测量的实质就是测量高差。

如图 2-2 所示，为了测定 A，B 两点间的高差 h_{AB}，可在 A，B 两点上分别竖立水准尺，并在 A，B 两点之间安置水准仪。利用水平视线，在 A 点的尺上读出读数 a，在 B 点的尺上读出读数 b。由图中的几何关系可知，A，B 两点高差的计算公式为：

$$h_{AB} = a - b \tag{2.1}$$

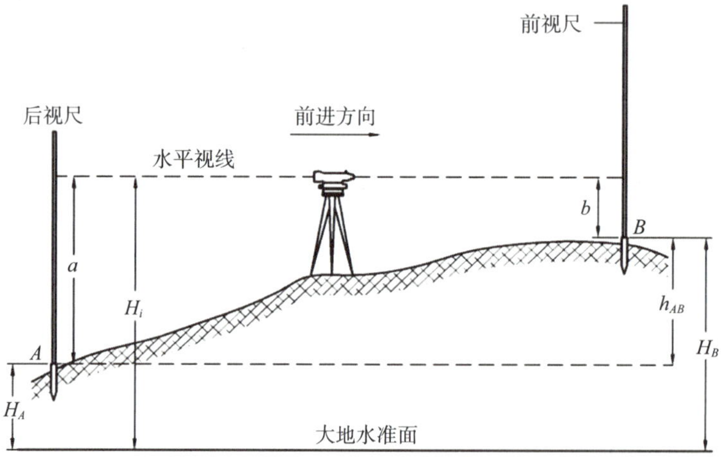

图 2-2　水准测量的原理

如果水准测量是由 A 到 B 的方向进行的，则 A 称为后视点，B 称为前视点，a 为后视读数，b 为前视读数。故式(2.1)又可表示为：

$$\text{高差} = \text{后视读数} - \text{前视读数} \tag{2.2}$$

当 $a>b$ 时，高差为正，说明前视点高于后视点。反之，当 $a<b$ 时，则高差为负，说明前视点低于后视点。若已知 A 点高程为 H_A，则 B 点高程的计算公式为：

$$H_B = H_A + h_{AB} = H_A + (a - b) \tag{2.3}$$

式(2.3)是直接利用高差计算高程的方法，称为高差法。

式(2.3)也可写成 $H_B=(H_A+a)-b$。从图 2-2 可以看出 H_A+a 为水准仪的水平视线高程，若用 H_i 表示，则：

$$H_i = H_A + a \tag{2.4}$$

由此也可计算出 B 点的高程，即

$$H_B = (H_A + a) - b = H_i - b \tag{2.5}$$

式(2.5)是利用水准仪的水平视线高程来计算 B 点的高程,此方法称为视线高程法。水平视线的高程简称视线高。当架设一次仪器,同时观测几个点高程时,高程的计算可采用视线高法(仪器高法)。这种方法在工程测量中应用广泛,如平整土地。

二、水准测量的仪器及设备

水准测量所使用的仪器为水准仪,工具有水准尺和尺垫。水准仪按其精度可分为 DS_{05}、DS_1、DS_3、DS_{10} 等四个等级,其中 D 代表"大地测量",S 代表"水准仪",数字表示仪器的精度指标,即每千米往返观测高差平均值的中误差的毫米数。其中 DS_{05} 和 DS_1 用于精密水准测量,属于精密水准仪;DS_3 和 DS_{10} 用于普通水准测量。水准仪按其结构可分为微倾水准仪、自动安平水准仪和电子水准仪等。微倾水准仪是借助微倾螺旋获得水平视线,其管水准器分划值小、灵敏度高,望远镜与管水准器连接成一体,凭借微倾螺旋使管水准器在竖直面内微作俯仰,符合水准器居中,视线水平。自动安平水准仪是借助自动安平补偿器获得水平视线。当望远镜视线有微量倾斜时,补偿器在重力作用下对望远镜做相对移动,从而迅速获得视线水平时的标尺读数。这种仪器较微倾水准仪工效高、精度稳定。电子水准仪是利用激光束代替人工读数。将激光器发出的激光束导入望远镜筒内使其沿视准轴方向射出水平激光束。在水准标尺上配备能自动跟踪的光电接收靶,即可进行水准测量。下面主要介绍自动安平水准仪。

(一)自动安平水准仪的基本构造

自动安平水准仪是指在一定的竖轴倾斜范围内,利用补偿器自动获取视线水平时水准标尺读数的水准仪,是在仪器微倾时补偿器受重力作用而相对于望远镜筒移动,使视线水平时标尺上的正确读数通过补偿器后仍旧落在水平十字丝上。因此,用此类水准仪观测时,当圆水准器气泡居中、仪器放平之后,不需再经人为调整即可读得视线水平时的读数。它可简化操作手续,提高作业速度,以减少外界条件变化所引起的观测误差。

自动安平水准仪主要由望远镜、圆水准器和基座 3 部分组成(图 2-3、图 2-4)。

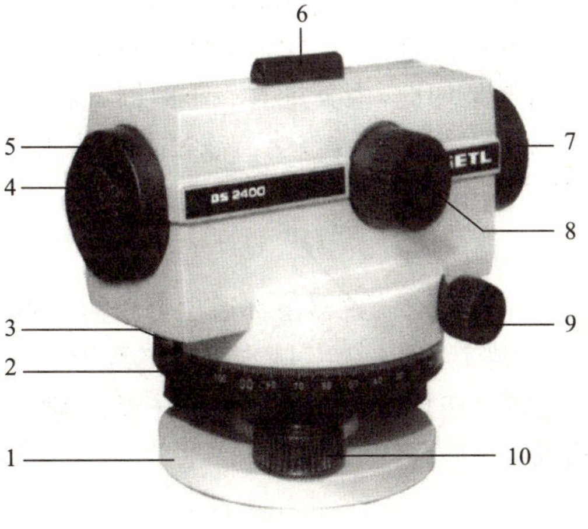

1. 基座　2. 度盘手轮　3. 度盘指示　4. 目镜　5. 目镜罩　6. 光学瞄准器　7. 物镜
8. 物镜对光螺旋　9. 水平微动螺旋　10. 脚螺旋

图 2-3　自动安平水准仪侧视图

1. 圆水准器　2. 圆水准器观察器　3. 光学瞄准器　4. 物镜对光螺旋

图 2-4　自动安平水准仪正视图

1. 望远镜

望远镜是瞄准远处目标用的，主要由物镜、对光透镜、补偿器、十字丝、目镜调焦螺旋、目镜等部分组成。望远镜的上部装有光学瞄准器，用于粗略瞄准目标。望远镜的一侧装有棱镜式圆水准器观察器，用于检查圆水准器中气泡是否居中。望远镜的下部装有水平微动螺旋，用于精确瞄准目标。

通过目镜的放大作用，将实像放大成虚像。其中放大的虚像与用眼睛直接看到的目标大小的比值，称为望远镜的放大率（或称为放大倍数）V。一般工程中常用的普通水准仪的放大率为 18～30 倍。

2. 圆水准器

圆水准器装在望远镜下部基座上，是一个密封的玻璃圆盒，装在小金属外壳内，盒内装有酒精和乙醚的混合液体，并形成一个小圆气泡，如图 2-5 所示。圆水准器顶面的内壁是球面，中央刻有一小圆圈，以圆圈的中心为水准器的零点，过零点与顶面球心的连线为圆水准器的水准轴。当气泡居中时圆水准器的轴处于铅垂位置。

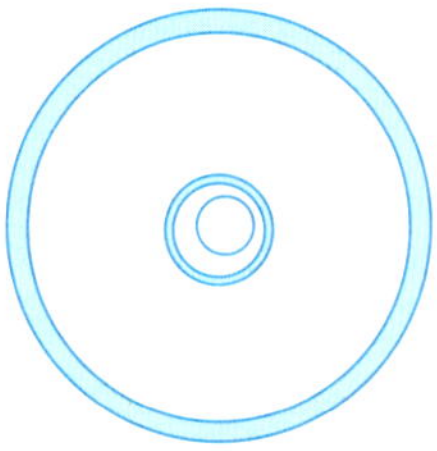

图 2-5　圆水准器

3. 基座

基座由轴座、脚螺旋和连接板组成。仪器上部通过竖轴插入轴座内，由基座承托。基座上有 3 个脚螺旋，用来调节圆水准器气泡居中。水准仪通过连接板和连接螺旋与三脚架连接。三脚架的架腿一般可以伸长或缩短，便于携带和调节仪器高度。

自动安平水准仪的基本构造（交互）

(二)水准尺和尺垫

1. 水准尺

水准尺是水准测量中的重要工具，普通水准尺是木制的，精密水准尺是用铟钢制成的。水准尺质量的好坏直接影响水准测量的精度，为此，要求尺长稳定，分划准确。

尺底从零开始，尺面每隔 1 cm、2 cm 或 0.5 cm 涂有黑白或红白相间的分格，每分米有数字注记，注记常倒写，以配合倒像望远镜。

水准尺按尺型分塔尺、折尺和直尺(图 2-6)。按尺面分单面尺和双面尺。水准测量一般用直尺，只有精度要求不高时才使用折尺或塔尺。双面水准尺多用于三、四等水准测量。

(1)塔尺。如图 2-6(A)所示，尺长有 3 m 和 5 m 两种，由 2 节或 3 节套接而成。常用的有单面尺和双面尺，尺的底部为零点，尺上黑白格相间，每格宽 1 cm(或 0.5 cm)，在每米和每分米处有数字注记。塔尺因节段接头处存在误差，故多用于低精度的水准测量。

(2)折尺。如图 2-6(B)所示，尺长 2 m、4 m 不等，有 2 节，用链环和锁扣连接，尺底起点为 0，每一分划为 1 cm，在每米和每分米处有数字注记。因链环和锁扣连接处存在误差，精度较低，一般用于低精度的水准测量。

(3)直尺。如图 2-6(C)所示，有单面水准尺和双面水准尺之分。单面水准尺的尺底为零，其分划为黑白相间注记，每一刻划为 1 cm(或 0.5 cm)，尺长为 3 m，在每米或每分米处有数字注记。双面水准尺多用于三、四等水准测量。其长度有 2 m 和 3 m 两种，且两根尺为一对。尺的两面均有刻划，一面为黑白相间，称黑面尺(也称主尺)；另一面为红白相间称红面尺(或称辅尺)，两面的刻划均为 1 cm，并在分米处注记。两根尺的黑面均由零开始；而红面，一根尺由 4.687 m 开始至 6.687 m 或 7.687 m，另一根由 4.787 m 开始至 6.787 m 或 7.787 m。

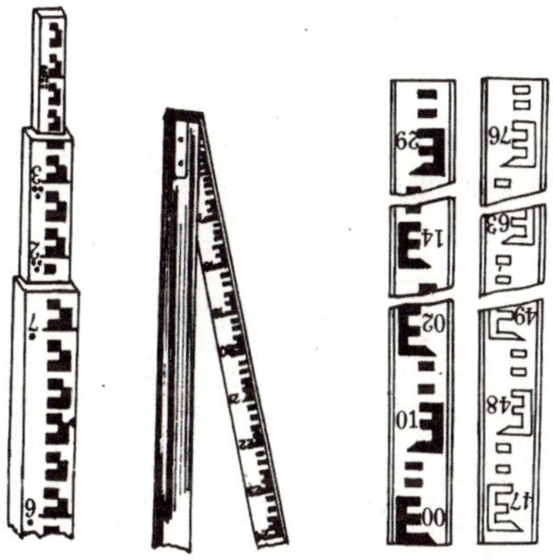

(A) 塔尺 (B) 折尺 (C) 直尺

图 2-6 水准尺

2. 尺垫

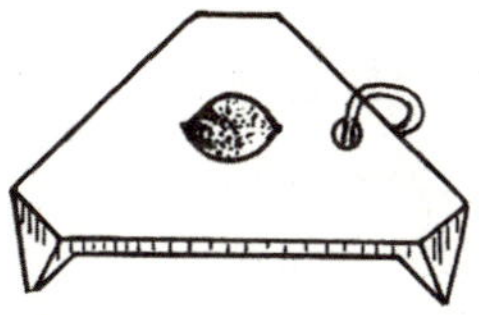

图 2-7 尺垫

尺垫一般用生铁铸成，其形式有三角形或圆形等，如图 2-7 所示，中央有半球形突起，用以放置水准尺。由于尺底仅接触半球体的最高点，当水准尺转动方向时，转点高程不会改变。尺垫下部有 3 个尖角，测量时将其放在地面，用脚踩实。尺垫的作用是标志立尺点和支承水准尺，以防水准尺下沉。

【学程设计】

学程设计见表 2-1。

表 2-1　项目二任务一"课堂计划"表

学习主题： 项目二　测量高程 任务一　认识并使用水准仪 (4 学时)	学习目标	价值塑造：通过观看珠穆朗玛峰测量视频，体会在艰苦的环境下，一代测量人团结协作、吃苦耐劳、勇挑重担的大无畏精神。 知识传授：了解水准测量的原理；掌握水准仪的构造，水准尺的注记方式及读数方法，水准测量实施方法，熟练掌握自动安平水准仪的使用方法。 能力培养：学会进行一个测站的水准测量。 素质养成：敬畏并自觉遵守测量工作制度及相关技术要求；培养团结协作、严谨求实、爱岗敬业的测绘精神。			
时间	教学内容	教师的活动	学生的活动	教学方法	媒体
20 min	水准测量的原理	1. 播放动画 2. 介绍前视尺、后视尺、前视读数、后视读数	1. 观看动画 2. 总结水准测量原理 3. 记录	讲授法	PPT、动画（水准测量原理）
25 min	水准测量的仪器及设备	1. 介绍自动安平水准仪各部件的名称及作用 2. 介绍水准尺及尺垫，展示 2 张图片，讲解读数方法	1. 听课，记录 2. 读数 3. 练习交互（自动安平水准仪的基本构造）	1. 讲授法 2. 操作	PPT、自动安平水准仪、交互（自动安平水准仪的基本构造）
130 min	水准仪的使用	1. 布置任务，安排组长领工具 2. 播放动画（自动安平水准仪的使用） 3. 演示水准仪的使用 4. 布置交互练习 5. 指导实施 6. 点评 7. 技能测试	1. 各组领工具 2. 观看动画 3. 观察教师操作 4. 交互练习 5. 操作实施 6. 点评 7. 技能训练测试	1. 小组学习法 2. 实验法	自动安平水准仪、水准尺、记录本、动画（自动安平水准仪的使用）、交互（自动安平水准仪的使用）
5 min	整理、归还仪器设备	1. 小组 PK 找问题 2. 检查仪器、设备	1. 小组 PK 找问题 2. 整理、归还仪器设备	小组工作法	自动安平水准仪、水准尺、实验仪器使用记录本、动画（找问题　提素养——自动安平水准仪的使用）

【技能训练】

水准仪的使用

一、技能训练要求

熟悉自动安平水准仪主要部件的名称及作用；练习从安置水准仪、整平、瞄准水准尺到读数整个操作流程，学会消除视差，熟练掌握自动安平水准仪的使用方法。

自动安平水准仪的使用(动画)

二、技能训练内容

(1)测站的选择。

(2)水准仪的使用：安置、整平、瞄准、读数。

三、技能训练步骤

1. 测站的选择

要求土质坚硬，通视良好，平坦、空阔，少受振动。

2. 安置

(1)打开三脚架，松开架腿制动螺旋，依施测者身高拉出三脚架的三条腿并使其近似等长，拧紧架腿制动螺旋；支好三脚架，目估架头水平，踩实。

(2)打开仪器箱，双手取出水准仪(取出前注意仪器在箱中的安放位置)，将仪器小心地安置到三脚架顶面上，用一只手握住仪器，另一只手松开三脚架中心连接螺旋，将仪器固定在三脚架上(图 2-8)。

图 2-8　安置仪器

3. 整平

旋转三个脚螺旋，使圆水准器气泡居中，具体操作见图 2-9。气泡未居中而位于 a 处，按箭头所指方向，用双手同时相对转动①、②螺旋，使气泡移动到竖轴上 b 处。水泡移动方向与左手大拇指的运动方向一致(图 2-9A)。再用左手转动脚螺旋③，使 b 处气泡移向圆水准器的中心，即气泡居中。水泡移动方向与左手大拇指的运动方向一致(图 2-9B)。

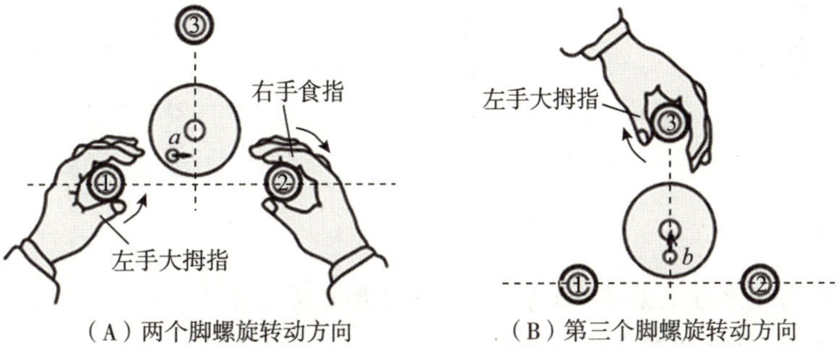

图 2-9　仪器整平

4. 瞄准

(1)十字丝清晰。将望远镜对着明亮的背景，转动目镜调焦螺旋，使十字丝清晰。

(2)粗略瞄准。转动望远镜，采用望远镜镜筒上面光学瞄准器瞄准水准尺。

(3)物像清晰。从望远镜中观察，转动物镜对光螺旋(向前转动为调向无限远处，向后转动为调向近距离方向)，使水准尺成像清晰。

(4)精确瞄准。旋转水平微动螺旋，使竖丝对准水准尺一侧。

(5)消除视差。眼睛在目镜端上下微微移动，若十字丝交点和水准尺的像发生相互错动，则说明有视差存在，这时应继续调整物镜对光螺旋，直到眼睛上下观察，十字丝的交点始终指向同一位置(图 2-10)。

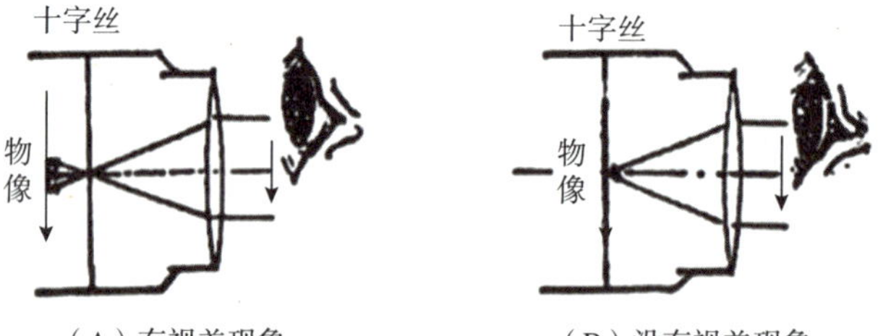

(A)有视差现象　　(B)没有视差现象

图 2-10　视差

5. 读数

(1)高程读数。仪器瞄准水准尺后，中丝读数值即为高程值。注意读数时尺上注记是由小到大增加，向着增加的方向读数，依次读出米、分米、厘米、毫米，毫米是估读的。图 2-11(A)读数为 0.825 m，图 2-11(B)读数为 1.273 m。

(2)距离测量。在平坦地区，分别读出视距丝上、下丝读数值，则仪器至标尺距离=(上丝读数值−下丝读数值)×100。

自动安平水准仪的使用(交互)

(3)方位角测量。视距丝竖丝瞄准目标 A，度盘指示角度值 α；转动望远镜，瞄准目标 B，度盘指示角度值 β，则图上的角度$\angle AOB=\alpha-\beta$(图 2-12)。

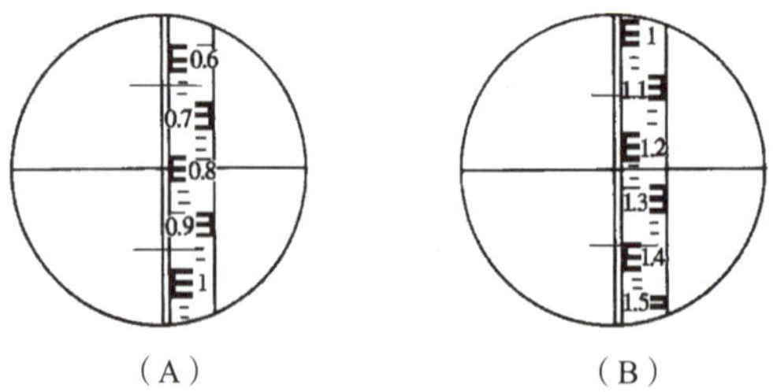

(A)　　(B)

图 2-11　水准尺读数

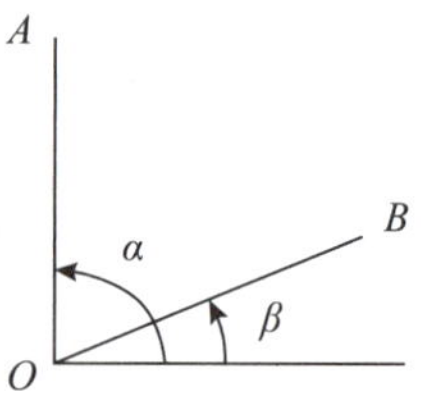

图 2-12　方位角测量

注意事项：

(1)立尺时应站在水准尺后面，双手扶尺，使尺身保持竖直。

(2)读取读数前，应仔细对光以消除视差。

(3)观测过程中不应进行整平，若圆水准器气泡发生偏离，应整平仪器后重新观测。

(4)实验中严禁专门化作业，小组成员应轮换操作每一项工作。

四、技能训练评价

个人完成一次仪器使用，并记录高程读数(表 2-2)。

表 2-2 项目二任务一技能训练评价表——水准仪的使用

姓名：________ 高程读数：__________

考核项目	具体评价标准	成绩/分
操作速度(完成)	1′30″以内	10
	1′31″～3′	8
	3′01″～5′	6
	5′以上	0～5
安置	架头高度、开张角度适中	4
	架头水平	2
	安装仪器	2
	对中	2
整平	任意方向水准器气泡居中	10
	水准器气泡基本居中(圈内)	8
	水准器气泡不居中	6 以下
瞄准	十字丝清晰	2
	粗略瞄准	2
	物像清晰	2
	精确瞄准	2
	消除视差，观察姿势正确	2
读数	读数准确	8
	读数基本准确	6
	读数不准确	4 以下
	水准仪竖丝与水准尺一侧吻合，观察姿势正确	2

找问题 提素养——自动安平水准仪的使用(动画)

【知识拓展】

一、DS_3微倾水准仪简介

(一)DS_3微倾水准仪的结构

DS_3微倾水准仪构成主要有望远镜、水准器及基座3部分。如图2-13所示。

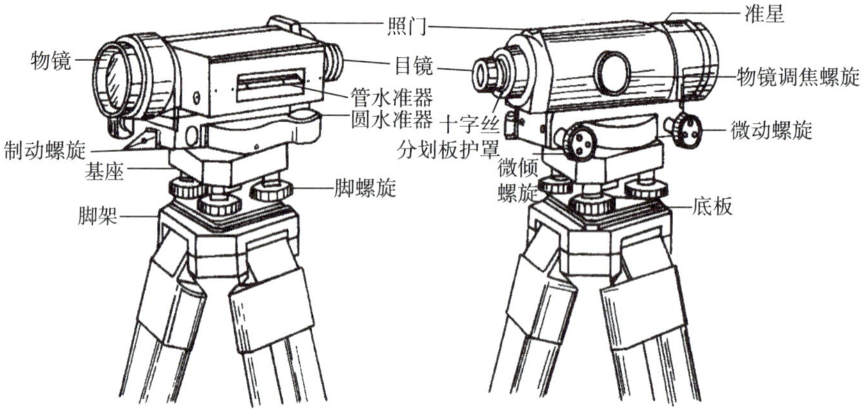

图2-13　DS_3微倾水准仪及其构造

1. 望远镜

望远镜主要由物镜、目镜、对光透镜和十字丝分划板等组成(图2-14)。物镜和目镜多采用复合透镜组,十字丝分划板上刻有2条互相垂直的长线,竖直的一条称为竖丝,横的一条称为中丝,是瞄准目标和读取读数用的。在中丝的上下还对称地刻有2条与中丝平行的短横线,是用来测定距离的,称为视距丝。十字丝分划板是由平板玻璃圆片制成的,平板玻璃片装在分划板座上,分划板座固定在望远镜筒上。十字丝交点与物镜光心的连线,称为视准轴或视线。水准测量是在视准轴水平时,用十字丝的中丝截取水准尺上的读数。对光凹透镜可使不同距离的目标均能成像在十字丝平面上。再通过目镜,便可看清同时放大了的十字丝和目标影像。从望远镜内所看到的目标影像的视角与肉眼直接观察该目标的视角之比,称为望远镜的放大

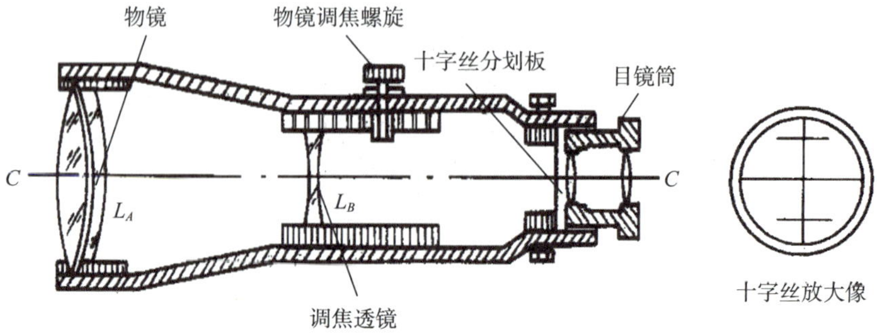

图2-14　望远镜构造

率。DS_3型水准仪望远镜的放大率一般为 28 倍。

2. 水准器

水准器是用来指示视准轴是否水平或仪器竖轴是否竖直的装置。有管水准器和圆水准器两种。管水准器用来指示视准轴是否水平;圆水准器用来指示竖轴是否竖直。

(1)圆水准器。圆水准器顶面的内壁是球面,其中有圆分划圈,圆圈的中心为水准器的零点(图 2-15)。通过零点的球面法线为圆水准器轴线,当圆水准器气泡居中时,该轴线处于竖直位置。当气泡不居中时,气泡中心偏离零点 2 mm,轴线所倾斜的角值称为圆水准器的分划值,由于它的精度较低,故只用于仪器的概略整平。

(2)管水准器。又称水准管,是一纵向内壁磨成圆弧形的玻璃管,管内装酒精和乙醚的混合液,内留有一个气泡。由于气泡较轻,故恒处于管内最高位置。如图 2-16 所示。

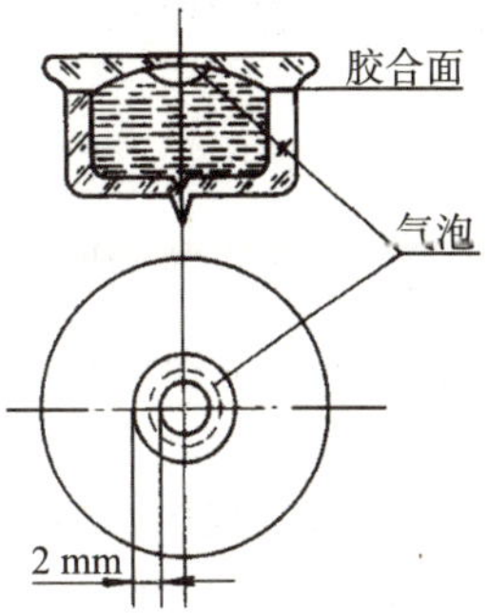

图 2-15 圆水准器结构图

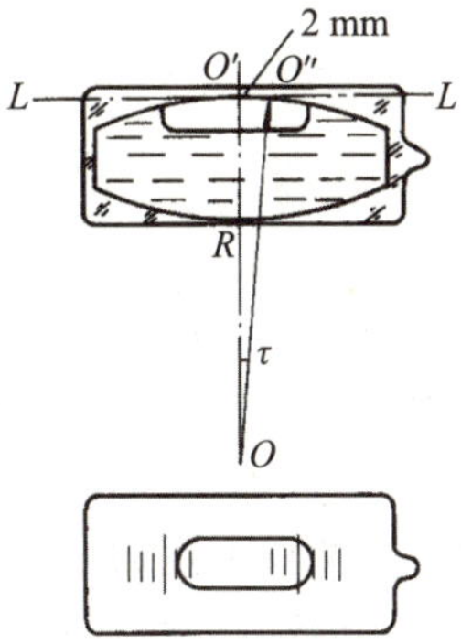

图 2-16 管水准器结构图

水准管上一般刻有间隔为 2 mm 的分划线,分划线的中点 O,称为水准管零点。通过零点作水准管圆弧的切线,称为水准管轴(LL)。当水准管的气泡中点与水准管零点重合时,称为气泡居中,这时水准管轴处于水平位置。水准管圆弧 2 mm 所对的圆心角称为水准管分划值。安装在 DS_3型水准仪上的水准管,其分划值不大于 20″/2 mm。

微倾水准仪在水准管的上方安装一组复合棱镜,通过复合棱镜的反射作用,使气泡两端的像反映在望远镜旁的复合气泡观察窗中。若气泡两端的半像吻合时,就表示气泡居中(图 2-17A)。若气泡的半像错开,则表示气泡不居中(图 2-17B),这时,应转动微倾螺旋,使气泡的半像吻合(图 2-17A)。

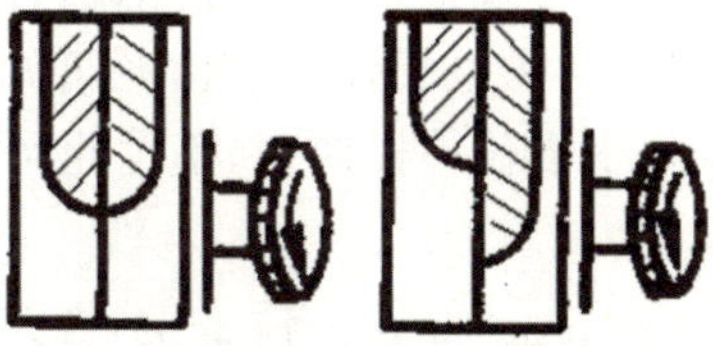

(A)气泡居中 (B)气泡未居中

图 2-17 复合气泡示意图

3. 基座

基座的作用是用连接螺旋将仪器的上部与三脚架连接。它主要由轴座、脚螺旋、底板和三角压板构成。

(二)DS_3微倾水准仪的基本操作

1. 安置

打开三脚架并使高度适中，目估使架头大致水平，检查脚架腿是否安置稳固，架腿制动螺旋是否拧紧，然后打开仪器箱取出水准仪，置于三脚架头上用连接螺旋将仪器与三脚架固连在一起，关好仪器箱。

2. 粗平

粗平是借助圆水准器的气泡居中，使仪器竖轴大致铅垂，从而使仪器粗略水平。

3. 瞄准

首先进行目镜对光，即把望远镜对着明亮的背景，转动目镜调焦螺旋，使十字丝清晰。再松开制动螺旋，转动望远镜，用望远镜筒上的准星瞄准水准尺，拧紧制动螺旋。然后从望远镜中观察；转动物镜对光螺旋进行对光，使目标清晰，再转动微动螺旋，使竖丝对准水准尺。消除视差。

4. 精平与读数

眼睛通过位于目镜左方的复合气泡观察窗看水准管气泡，右手转动微倾螺旋，使气泡两端的像吻合。读取十字丝的中丝在尺上读数。由于现在的水准仪多采用倒像望远镜，因此读数时应从小往大，即从上往下读。先估读毫米数，然后报出全部读数。

精平和读数虽是两项不同的操作步骤，但在水准测量的实施过程中，却把两项操作视为一个整体；即精平后再读数，读数后还要检查管水准气泡是否完全符合。只有这样，才能取得准确的读数。

二、电子水准仪简介

电子水准仪又称数字水准仪，它是在自动安平水准仪的基础上发展起来的。目前常见的电子水准仪有徕卡 NA3002/3003、蔡司 DiNi10/20、拓普康 DL101C/102C。

(一)电子水准仪的基本原理

电子水准仪采用了原理上相差较大的相关法(如徕卡 NA3002/3003)、几何法(如蔡司 DiNi10/20)和相位法(如拓普康 DL101C/102C)三种自动电子读数方法，但无论采用哪种方法，目前照准标尺和调焦仍需目视进行。在人工瞄准和调焦之后，标尺条码一方面被成像在望远镜分划板上，供目视观测；另一方面通过望远镜的分光镜，标尺条码又被成像在光电传感器(又称探测器)上，即线阵 CCD 器件上，供电子读数。由此可知，测量时如果采用普通水准尺，电子水准仪就可以和普通自动安平水准仪一样使用，不过此时测量精度将低于电子测量。

(二)电子水准仪的特点

电子水准仪是集电子光学、图像处理、计算机技术于一体的当代最先进的水准测量仪器，它与传统水准仪相比具有以下特点。

(1)读数客观真实。不存在误读、误记问题，没有人为读数误差。

(2)测量精度高。视线高和视距读数都是采用大量条码分划图像经处理后取平均值而得出来的，因此削弱了标尺分划误差的影响；多数仪器都具有进行多次读数取平均值的功能，可以减小外界环境条件的影响。

(3)测量作业方便。测量时只要将望远镜瞄准目标,按动仪器上的测量按钮,标尺读数就会自动显示在显示屏上;由于读数的自动化,即便是不太熟练的操作者也能进行高精度测量。

(4)测量速度快。测量中无须读数、报数、听记以及现场计算,同时避免了人为出错的重测数量,因而加快了作业速度、减轻了劳动强度。

(5)测量效率高。使用时只需调焦和按键就可以自动读数,便于电子手簿的记录、检核及处理,并能将测量数据输入计算机进行后处理,很容易实现水准测量内业、外业的一体化。

当然,电子水准仪如同其他水准仪一样,在观测时,也会受到仪器本身条件、外界光照条件和温度等的影响,这些不利影响可通过检校仪器,选择适宜的观测时间加以减弱。

【自我测试】

一、单项选择题

1. 高程读数时,尺上注记要向着增加的方向读数,(　　)是估读的。

A. 米　　B. 分米　　C. 厘米　　D. 毫米

2. 水准测量时,为了消除 i 角误差对一测站高差值的影响,可将水准仪安置在(　　)处。

A. 靠近前尺　　B. 两尺中间　　C. 靠近后尺　　D. 无所谓

3. 转动三个脚螺旋使水准仪圆水准气泡居中的目的是(　　)。

A. 使视准轴平行于管水准轴　　B. 使视准轴水平

C. 使仪器竖轴平行于圆水准轴　　D. 使仪器竖轴处于铅垂位置

4. 产生视差的原因是(　　)。

A. 仪器校正不完善　　B. 物像与十字丝面未重合

C. 十字丝分划板不正确　　D. 目镜成像错误

5. 圆水准器轴是圆水准器内壁圆弧零点的(　　)。

A. 切线　　B. 法线　　C. 垂线　　D. 曲线

6. 在水准测量中,同一测站,当后尺读数大于前尺读数时,说明后尺点(　　)。

A. 高于前尺点　　B. 低于前尺点

C. 高于侧站点　　D. 与前尺点等高

7. 自动安平水准仪的特点是(　　)使视线水平。

A. 用安平补偿器代替照准部　　B. 用安平补偿器代替圆水准器

C. 用安平补偿器代替脚螺旋　　D. 用安平补偿器代替管水准器

8. 消除视差的方法是(　　)使十字丝和目标影像清晰。

A. 转动物镜对光螺旋　　B. 转动目镜对光螺旋

C. 反复交替调节目镜及物镜对光螺旋　　D. 让眼睛休息一下

9. 视线高等于(　　)+后视点读数。

A. 后视点高程　　B. 转点高程

C. 前视点高程　　D. 仪器点高程

10. 转动目镜对光螺旋的目的是(　　)。

A. 看清近处目标　　B. 看清远处目标

C. 消除视差　　D. 看清十字丝

11. 在水准测量中，设 A 为后视点，B 为前视点，并测得后视点读数为 1.124 m，前视读数为 1.428 m，则 B 点比 A 点(　　)。

A. 高　　B. 低　　C. 等高　　D. 无法判断

12. 下列选项哪一项不属于自动安平水准仪的基本构造？(　　)

A. 基座　　B. 圆水准器　　C. 望远镜　　D. 水平制动螺旋

二、多项选择题

1. 自动安平水准仪的特点不能是(　　)使视线水平。

A. 用安平补偿器代替照准部　　B. 用安平补偿器代替圆水准器

C. 用安平补偿器代替脚螺旋　　D. 用安平补偿器代替管水准器

2. 在水准测量中，同一测站，当后尺读数大于前尺读数时不能说明后尺点(　　)。

A. 高于前尺点　　B. 低于前尺点　　C. 高于测站点　　D. 与前尺点等高

3. 视线高不等于(　　)＋后视点读数。

A. 后视点高程　　B. 转点高程　　C. 前视点高程　　D. 仪器点高程

4. 下列选项哪些属于自动安平水准仪的基本构造？(　　)

A. 基座　　B. 圆水准器　　C. 望远镜　　D. 管水准器

5. 转动物镜对光螺旋的目的是(　　)。

A. 看清近处目标　　B. 看清远处目标　　C. 消除视差　　D. 看清十字丝

6. 高程读数时，尺上注记要向着增加的方向读数，(　　)不是估读的。

A. 米　　B. 分米　　C. 厘米　　D. 毫米

三、判断题

(　　)1. 高程测量时，水准尺前倾会使读数增大。

(　　)2. 在水准测量中，安置水准仪的点为测点。

(　　)3. 从望远镜中观察，转动物镜对光螺旋可以使十字丝更清晰。

四、填空题

1. 通过圆水准器分划圈的中心(即零点)做球面的法线，称为__________轴。

2. 水准测量中在读数前，如果眼睛在目镜端上下晃动，则水准尺上的读数也随之变动，这种现象称为__________。

3. 物镜光心与十字丝交点的连线称为__________。

认识并使用水准仪自我测试
参考答案

任务二 高程测量及计算

【学习目标】

· 掌握水准测量的实施方法。
· 能够核算量测数据是否符合精度要求。
· 能够对高差闭合差进行调整并计算高程。
· 熟悉误差产生的原因及消减方法。

【任务分解】

通过学习本任务，对高程测量及计算工作有个全面的认识，在测量精度符合要求的情况下能够调整高差闭合差并计算高程。具体学习任务见图 2-18。

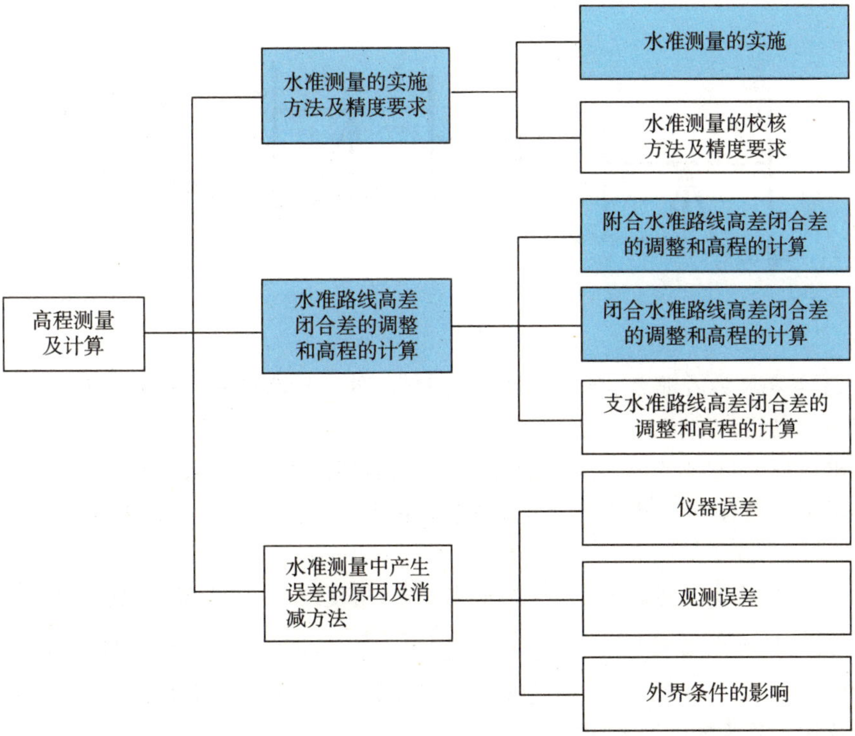

图 2-18 高程测量及计算学习任务分解

【基础知识】

一、水准测量的实施方法及精度要求

为了满足科学研究、工程建设及测绘地形图的需要，我国已在全国范围内建立了统一的高程控制点，组成了高程控制网，并分成一、二、三、四共 4 个等级。以精度来说，一等最高，四等最低，低一级受高一级控制。由于这些高程控制点的高程都是用水准测量的方法测定的，所以高程控制点也称为水准点，以 *BM* 表示。

为进一步满足工程勘测设计与施工和直接满足小范围地形测量的需要，以国家水准测量的三、四等水准点为起始点，再布设的水准测量称为普通水准测量(也称等外水准测量)。以下介绍的即为普通水准测量的内容。

当地面两点间的距离较长或地势起伏较大时，仅安置一次仪器不能直接测得两点间的高差。此时，可连续设站测量，将各站高差累计，即可求得所需的高差值，进而算出待测点的高程。在水准测量中，把安置水准仪的位置称为测站。

(一)水准测量的实施

(1)如图 2-19 所示，在地面选择相距 200～300 m 的 A,B 两点(3～4 个测站)，A 点的高程 H_A 为已知，测定 B 点的高程。

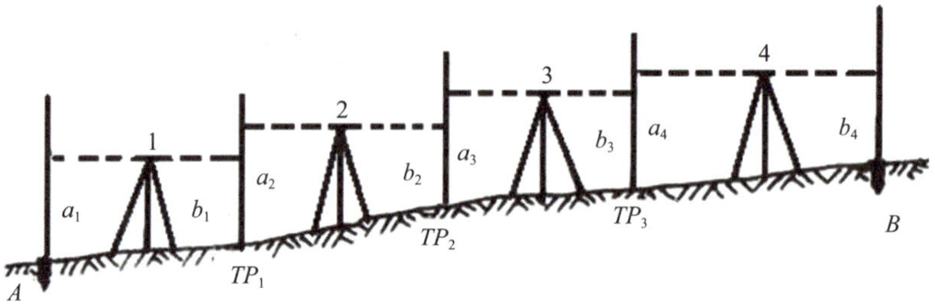

图 2-19　水准测量

(2)在 A 点立尺为后视点，与 A 相距 50～80 m 处立尺为前视点(转点 TP_1)，在两尺等距处(用皮尺量)，安置水准仪。

(3)瞄准后视尺 A(A 点水准尺)、整平后，读取后视读数 a_1，记入表 2-3。

(4)转动望远镜，瞄准前视尺 TP_1，读取前视读数 b_1，记入表 2-3。高差 $h_1=a_1-b_1$，记入高差栏。

(5)由 A 向 B 方向前进，进行下一站观测工作，重复(3)、(4)步骤，直到 B 点。

(6)计算 A,B 两点高差 $h_{AB}=\sum h=\sum a-\sum b$；$B$ 点高程 $H_B=H_A+h_{AB}$。

在图 2-19 中，TP_1、TP_2、TP_3 各点既有后视读数，又有前视读数，在水准测量中起传递高程的作用，这些点称为转点，用 TP 表示。

表 2-3 水准测量记录手簿

日期：__________ 仪器号：__________ 观测者：__________ 记录者：__________

气候：__________ 组 别：__________ 校核者：__________

测站	测点	后视读数/m	前视读数/m	高差/m		高程/m	备注
				+	−		
校核计算							

【例 2-1】 图 2-20 是某段附合水准测量的观测实例。设 A 点高程 $H_A=18.632$，求 B 点的高程 H_B。

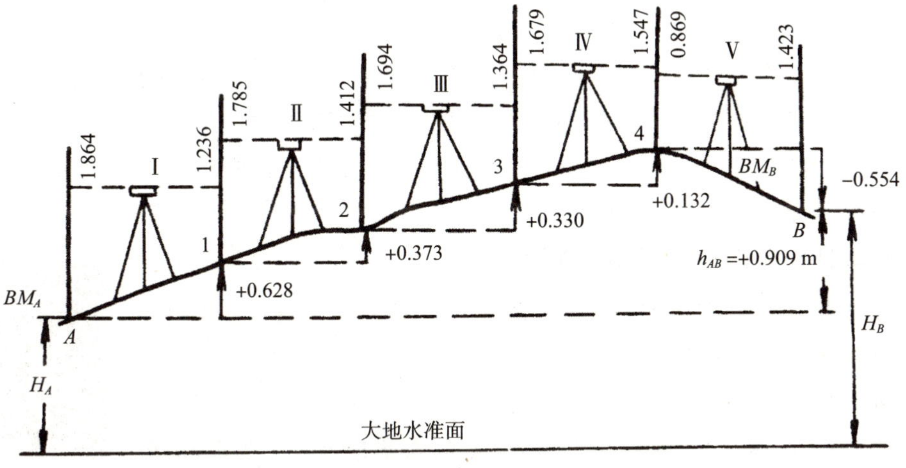

图 2-20 水准测量实例

解：将已知数据填入表 2-4，然后进行计算和校核。

表 2-4　例 2-1 水准测量记录手簿

日期：×××　　仪器号：×××　　观测者：×××　　记录者：×××

气候：×××　　组　别：×××　　校核者：×××

测站	测点	后视读数/m	前视读数/m	高差/m		高程/m	备注
				+	−		
	BM_A	1.864				18.632	高程已知
Ⅰ				0.628			
	1	1.785	1.236			19.260	
Ⅱ				0.373			
	2	1.694	1.412			19.633	
Ⅲ				0.330			
	3	1.679	1.364			19.963	
Ⅳ				0.132			
	4	0.869	1.547			20.095	
Ⅴ					0.554		
	BM_B		1.423			19.541	计算无误
校核计算	$\sum a=7.891$ m　$\sum b=6.982$ m $\sum a-\sum b=0.909$ m　$\sum h=0.909$ m　$h_{AB}=H_B-H_A=0.909$ m						

校核计算一栏，若第二行中三项相等，说明计算无误，但不能反映观测和记录没有错误；若不相等，说明计算有错误，需重新计算。

(二)水准测量的校核方法和精度要求

为了避免错误，使观测成果达到一定精度要求，必须进行校核。校核方法分为测站校核与路线校核两种。

水准测量核校的方法及精度要求(动画)

1. 测站校核

在测站内采用一定的观测方法以检查测站的高差是否合乎要求，这种校核称为测站校核。

(1)双仪器高法。在一个测站上用不同的仪器高度，即测完第一次后，改变仪器高度再测一遍(改变仪器高度最好超过 10 cm)，测出两次高差进行比较。当两次所测高差之差不大于 6 mm 时，认为观测符合要求，取平均值作为测站高差的结果。

(2)双面尺法。不改变仪器高度，用水准尺的红黑两面测量的高差进行比较(不超过 6 mm)。要求先测黑面的后视读数和前视读数，再测红面的后视读数和前视读数。

(3)两台仪器同时观测法。在仪器设备和人员允许的情况下，可采用两台仪器同时架设在同一个测站进行观测，两台仪器各自观测高差，两者高差之差也不允许超过 6 mm。

2. 路线校核

水准路线根据不同条件和不同精度要求，可以布设成附合水准路线、闭合水准路线和支水准路线等。它们的校核方法也不同，现说明如下。

（1）附合水准路线。如图 2-21 所示，由已知高程的 BM_2 点开始，经过 1、2、3 等点的观测，又测到另一个已知高程的 BM_3 点，形成一个附合水准路线，各段所测高差总和 $\sum h$ 应与已知水准点高程之差（$H_{BM_3}-H_{BM_2}$）相等，但由于测量过程中存在误差，产生差值 f_h，称为高差闭合差，计算公式为：

$$f_h=\sum_1^n h-(H_{BM_3}-H_{BM_2}) \tag{2.6}$$

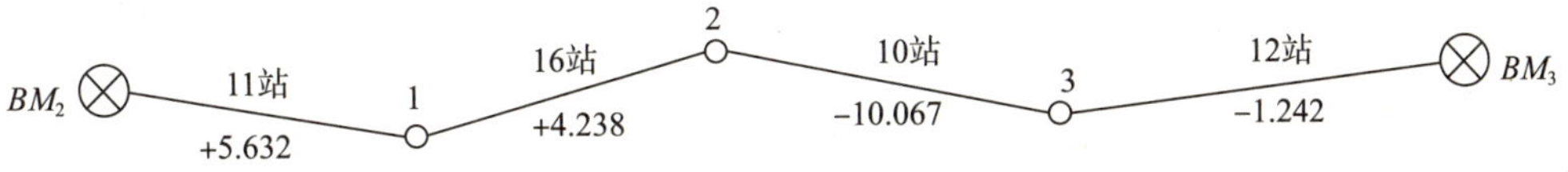

图 2-21　附合水准路线

一般水准测量高差闭合差的允许值为：

$$平坦地区\ f_{h_允}=\pm 10\sqrt{n}\ \text{mm 或}\ \pm 40\sqrt{L}\ \text{mm}$$

$$山岭地区\ f_{h_允}=\pm 12\sqrt{n}\ \text{mm}$$

式中：L 为水准路线长度，单位为 km；n 为测站数。

（2）闭合水准路线。如图 2-22 所示，从一已知的水准点 BM_1 开始，沿着一条闭合的路线进行水准测量，最后又回到该起点，称为闭合水准路线。闭合水准路线测得的高差总和在理论上应等于零，即 $\sum h_理=0$，但由于测量含有误差，所以 $\sum h_测\neq 0$，则计算公式为：

$$f_h=\sum h_测 \tag{2.7}$$

高差闭合差的允许值同附合水准路线。

（3）支水准路线。如图 2-23 所示，从已知水准点 BM_1 开始，既不附合到另一水准点，也不闭合到原水准点的水准路线，称为支水准路线。为了校核，除经 1、2 点往测到 3 点，还应从 3 点返测回到 BM_1。这时往测和返测的高差的绝对值应相等，但实际上往返测得的高差的代数和不等于零，则计算公式为：

$$f_h=|h_往|-|h_返| \tag{2.8}$$

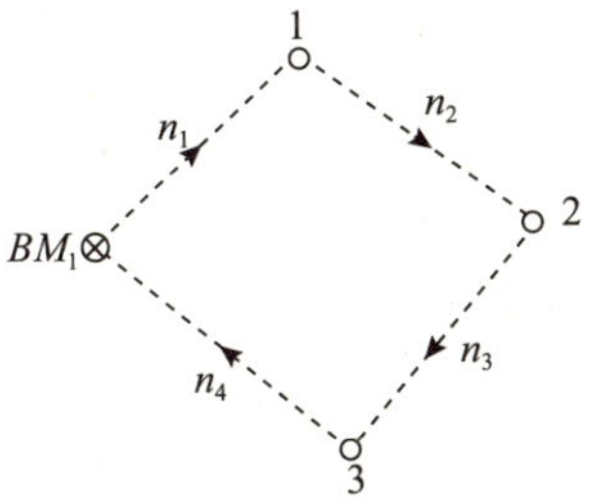

图 2-22　闭合水准路线

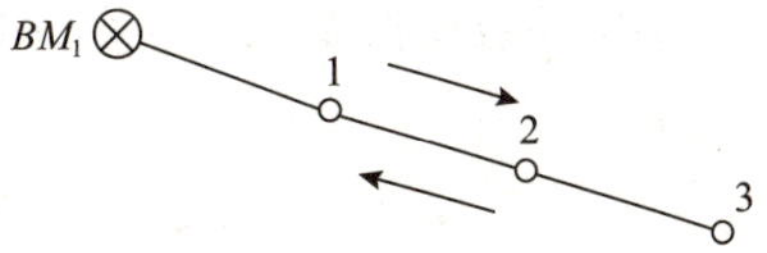

图 2-23　支水准路线

高差闭合差的允许值同附合水准路线，但公式中 L 为支水准路线往返总长度的千米数，n 为往返总测站数。

二、水准路线高差闭合差的调整和高程的计算

水准测量外业完成后，在内业计算前，必须重新复查外业手簿中的各项记录与计算，检查无误后，再进行闭合差的计算与调整，然后根据改正后的高差计算各点的高程。

水准路线高差闭合差的调整和高程计算（视频）

（一）附合水准路线高差闭合差的调整和高程的计算

1. 高差闭合差的计算

如图 2-24 所示，根据式(2.6)得

$$f_h = \sum h_{测} - (H_{终} - H_{始})$$
$$= (5.632 + 4.238 - 10.067 - 1.242) - (53.114 - 54.504)\text{m}$$
$$= -49(\text{mm})$$

$$f_{h_{允}} = \pm 12\sqrt{n} = \pm 12\sqrt{49} = \pm 84(\text{mm})$$

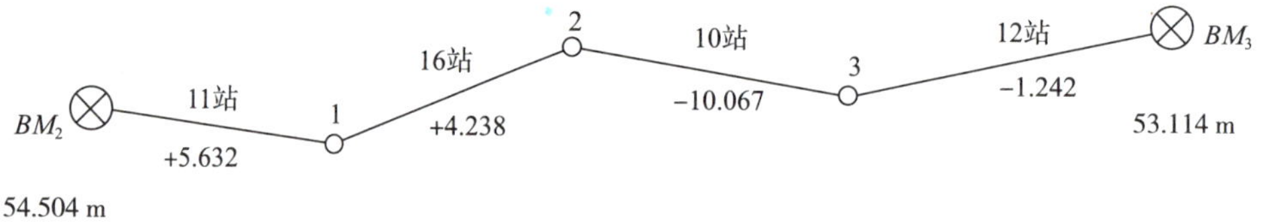

图 2-24　附合水准路线

高差闭合差小于允许值，故测量成果合格，可以调整。

2. 高差闭合差的调整

在相同观测条件下，各站高差产生误差的机会是均等的，所以闭合差的调整可以按与测站数或里程数成正比例分配改正数，改正数的符号与闭合差的符号相反，即

$$V_i = -\frac{f_h}{\sum n} n_i \tag{2.9}$$

式中：$\sum n$ 为测站数总和；n_i 为相邻两点测站数；V_i 为第 i 段改正数。或

$$V_i = -\frac{f_h}{\sum L} L_i \tag{2.10}$$

式中：$\sum L$ 为水准路线总长度；L_i 为某测段前、后视距离总和。

由图 2-24 得：

$$\sum n = 49, f_h = -49 \text{ mm}$$

$$V_{每站}=-\frac{f_h}{\sum n}=\frac{-(-49)}{49}=1\ \text{mm}$$

即每站改正数为 1 mm，第一段共 11 站，所以高差改正数为 1×11=11(mm)，同理，其他各段按此方法计算，填入表 2-5 高差改正数栏内，并算出改正后高差。

表 2-5 附合水准路线高差闭合差调整和高程计算表

点号	测站数	高差观测值/m	高差改正数/mm	改正后高差/m	高程/m	备注
BM_2					54.504	已知
	11	+5.632	+11	+5.643		
1					60.147	
	16	+4.238	+16	+4.254		
2					64.401	
	10	−10.067	+10	−10.057		
3					54.344	
	12	−1.242	+12	−1.230		
BM_3					53.114	已知
$\sum$	49	−1.439	+49	−1.390		

3. 各点高程的计算

根据改正后高差，由其始点 BM_2 的高程，依次推算其他各点的高程，计算到 BM_3 点时，应与已知高程相等。如果不等，说明计算中有错误，或改正数因计算取位而出现误差。比如上例中，如果 $f_h=-50$ mm，则每站改正 1 mm，总的改正数为 49 mm，此时应将多余的 1 mm 加到测站数较多的测段内。

(二)闭合水准路线高差闭合差的调整和高程的计算

如图 2-25 所示，$\sum L=16.0$ km，$f_h=0.054$ m $=54$ mm

$$V_{每千米}=-\frac{f_h}{\sum L}=\frac{-54}{16}=-3.375(\text{mm})$$

计算结果填入表 2-6 中。

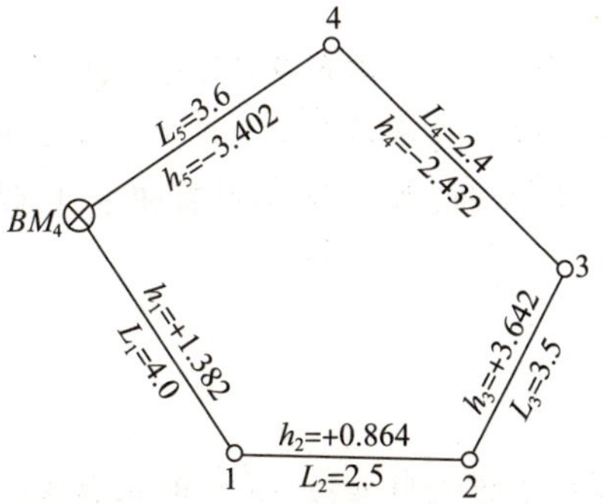

图 2-25 闭合水准路线

表 2-6　闭合水准路线高差闭合差调整和高程计算表

点号	里程数/km	高差观测值/m	高差改正数/mm	改正后高差/m	高程/m	备注
BM_4					50.000	已知
	4.0	+1.382	−14	+1.368		
1					51.368	
	2.5	+0.864	−8	+0.856		
2					52.224	
	3.5	+3.642	−12	+3.630		
3					55.854	
	2.4	−2.432	−8	−2.440		
4					53.414	
	3.6	−3.402	−12	−3.414		
BM_4					50.000	已知
$\sum$	16.0	+0.054	−54	0		

(三)支水准路线高差闭合差的调整和高程的计算

由于采用往返观测，如果闭合差 f_h 小于 $f_{允}$，则可取每一段往返高差绝对值的平均值作为最后结果，符号与往测高差符号相同。

$$f_h = \sum h_{往} + \sum h_{返} \tag{2.11}$$

三、水准测量中产生误差的原因及消减方法

分析水准测量误差产生的原因，可以防止或减少各类误差，提高水准测量的精度。水准测量误差产生的主要原因来源于仪器结构的不完善、观测者感官的鉴别力及外界条件的影响等。

(一)仪器误差

1. 仪器校正后的残余误差

水准仪虽然经过严格的检验与校正，但仍然存在着残余误差，如 DS_3 微倾水准仪视准轴和水准管轴之间仍会残留一个微小的夹角。因此，即使管水准器气泡居中，但视线也会有稍许的倾斜，从而产生读数误差。观测时注意前、后视距离相等，就可消除或减弱此项误差的影响。

2. 水准尺误差

由于水准尺的刻划不准确，长度不准，零点磨损，尺底沾上泥土，水准尺弯曲、变形等影响，水准尺必须经过检验才能使用。标尺的零点误差，可在一水准测段中使用测站数为偶数的方法予以消除。转站时，为避免尺面弯曲，搬动应使侧面朝上或朝下扛在肩上。尺底保持清洁，避免磨损。

(二)观测误差

1. 整平误差

管水准器气泡居中与否完全凭借肉眼观察，由于人的视觉辨别能力有限，从而产生管水准器气泡居中误差。该误差的存在，导致视线偏离水平位置，并由此带来读数误差。

2. 读数误差

水准尺的毫米读数是估读的，难免会存在误差，这与人眼的分辨能力、望远镜的放大倍率以及视线长度有关。放大倍率越大、仪器到水准尺的距离越短，则读数误差越小。因此，在水准测量中应使用望远镜放大倍率在 20 倍以上的水准仪，且视距不得超过 100 m，以保证估读精度。

3. 视差影响

当视差存在时，十字丝分划板平面与水准尺影像不重合，若眼睛观察的位置不同，便读出不同的读数，因而也会产生读数误差。所以，观测时应注意反复调节目镜和物镜调焦螺旋，使十字丝和水准尺成像清晰，在读数之前必须消除视差。

4. 水准尺倾斜影响

如果读数时水准尺前后倾斜，将使读数变大。当尺的倾斜角为 3°，尺上读数为 2 m 时，将产生 2.7 mm 的误差。因此，立尺人应认真将尺扶直。对装有水准器的水准尺，应使气泡居中后再进行读数。

(三)外界条件的影响

1. 仪器下沉

仪器安置在土质较疏松的地面，由于仪器缓慢下沉，在一个测站内，仪器提供的水平视线高程慢慢变小，从而引起高差误差。测量时选择坚实的地面安置仪器，并熟练操作，缩短观测时间，可减弱其影响。

2. 尺垫下沉

如果在转点发生尺垫下沉，将使下一站后视读数增大。采用往返观测，取平均值的方法可以减弱其影响。

3. 地球曲率和大气折光的影响

大地水准面为一曲面，只有当水准仪的视线与之平行时，才能测出两点间的真正高差，而水准仪提供的视线是水平的，因此，地球曲率对仪器的读数也有一定的影响。如果前视尺和后视尺到测站的距离相等，则在前视读数和后视读数中含有相同的差值。这样在高差中就没有地球曲率的影响了。因此，放测站时要争取“前后视距相等”。

接近地面的空气温度不均匀，所以空气的密度也不均匀。光线在密度不匀的介质中沿曲线传布，这称为“大气折光”。总体上说，白天近地面的空气温度高，密度低，弯曲的光线凹面向上；晚上近地面的空气温度低，密度高，弯曲的光线凹面向下。由于空气的温度不同时刻、不同地方一直处于变动之中，所以很难描述折光的规律。

因此，可通过抬高视线，用前后视等距的方法进行水准测量以避免测量误差。除此之外，白天近地面的空气受热膨胀而上升，较冷的空气下降补充，造成空气频繁的运动，形成不规则的湍流，使视线抖动，从而增加读数误差。因此，夏天中午一般不做水准测量。

4. 温度对仪器的影响

温度会引起仪器的部件涨缩，从而可能引起视准轴的构件(物镜、十字丝和调焦镜)相对位置的变化，或者引起视准轴相对于水准管轴位置的变化。由于光学测量仪器是精密仪器，不大的位移量可能使轴线产生微小偏差，从而使测量结果的误差增大。因此，遮伞观测可以减小测量误差。

【学程设计】

学程设计见表2-7。

表2-7 项目二任务二"课堂计划"表

学习主题： 项目二 测量高程 任务二 高程测量及计算 （8学时）	学习目标	价值塑造：测量工作的外业艰苦和内业枯燥，使学生端正价值取向。 知识传授：熟悉误差产生的原因及消减方法；掌握水准测量实施方法。 能力培养：能够核算测量数据是否符合精度要求，会对高差闭合差进行调整并计算高程。 素质养成：具有较强的信息采集与处理的能力；具有决策和计划的能力，自我控制与管理能力，团队协作能力。			
时间	教学内容	教师的活动	学生的活动	教学方法	媒体
45 min	水准测量的实施	1. 提问：水准仪的使用 2. 讲授：水准测量的实施步骤 3. 举例说明水准测量记录手簿的填写	1. 回答：水准仪的使用 2. 听课，记录	1. 讲授法 2. 案例教学法	PPT、教学案例
20 min	水准测量的校核方法及精度要求	1. 播放动画，讲授测站校核及精度要求 2. 播放动画，讲授水准路线校核及精度要求	观看动画，听课，记录	讲授法	PPT、动画（水准测量校核的方法及精度要求）
70 min	水准路线高差闭合差的调整和高程的计算	1. 学生分组，布置任务 2. 监控课堂 3. 指导完成总结报告 4. 点评认真细致情况 5. 总结	1. 阅读教材、观看视频 2. 小组研讨 3. 完成总结报告 4. 小组汇报 5. 点评	小组学习法	教材、记录本、PPT、视频（水准路线高差闭合差的调整和高程计算）
45 min	水准测量中产生误差的原因及消减方法	1. 布置任务 2. 监控课堂 3. 收取卡片 4. 分类 5. 总结	1. 阅读教材 2. 小组研讨 3. 写卡片 4. 听课、记录	头脑风暴法	教材、彩纸卡片、磁钉、白板笔
180 min	水准测量的实施	1. 布置任务，安排组长领工具 2. 指导实施，烈日下遮伞实操，保护仪器，规范操作 3. 点评 4. 技能训练测试 5. 检查仪器设备、实验仪器使用记录	1. 组长领工具 2. 操作实施，烈日下遮伞实操，保护仪器，规范操作 3. 点评 4. 技能训练测试 5. 整理、归还仪器设备	小组工作法 实验法	自动安平水准仪、水准尺、实验仪器使用记录本

【技能训练】

水准测量的实施

一、技能训练要求

掌握水准路线测量的观测、记录方法和水准路线成果整理的方法。

二、技能训练内容

(1)每个小组施测一条 4 点的闭合水准路线，起点高程由指导教师提供。

(2)计算闭合水准路线的高差闭合差，并进行高差闭合差的调整和高程计算。

三、技能训练步骤

(1)对测区勘察后，任选 4 个点，顺时针编号为 A,B,C,D，形成一条闭合水准路线。

(2)在起点 A(已知高程点)和 B 的等距离处安置水准仪，整平后瞄准后视点 A 上的水准尺、消除视差后读取后视读数；瞄准前视点 B 上的水准尺，同法读取前视读数，分别记录并计算其高差。

(3)将水准仪搬迁至 B 与 C 等距离处进行安置，同法在转点 B 上读取后视读数、在转点 C 上读取前视读数，分别记录并计算其高差。

(4)同法继续进行施测，经过所有的待测点后回到起点 A。

(5)校核计算。计算后视读数总和减去前视读数总和，看其是否等于各段高差的总和。若不相等，说明计算过程中有错误，需重新计算。

(6)将相邻点的高差与水准路线里程数记入水准路线成果计算表的相应栏中，若计算出的高差闭合差小于其允许误差，即可计算高差的改正数和改正后的高差，最后计算各待测点的高程。

注意事项：

(1)读水准尺读数应从小数向大数增加方向读，记录米、分米、厘米和毫米。

(2)在起点和待测点上不能放置尺垫；读数前要整平和消除视差，读数时水准尺要立直。

(3)读完后视读数，仪器不能移动和整平；读完前视读数，不能移动前视点尺垫。

(4)每个测站前、后视距离尽量相等。

(5)闭合水准路线测量，起点(A 点)位置必须记清。

四、技能训练评价

技能训练评价见表 2-8。

表 2-8 项目二任务二技能训练评价表——水准测量的实施

观测读数	按记录数据的规范程度各组分别打分。分值分别为 3 分、2 分、1 分
成果评价	按照实施水准测量的步骤及成果核算的准确程度打分。分值分别为 7 分、5 分、3 分、1 分

每组上交一份水准测量记录手簿(表 2-9),每人上交一份水准路线成果计算表(表 2-10)。

表 2-9　项目二任务二水准测量记录手簿

日期:＿＿＿＿＿　仪器号:＿＿＿＿＿　观测者:＿＿＿＿＿　记录者:＿＿＿＿＿
气候:＿＿＿＿＿　组　别:＿＿＿＿＿　校核者:＿＿＿＿＿

测站	测点	后视读数/m	前视读数/m	高差/m		高程/m	备注
				+	−		
	A						
1							
	B						
2							
	C						
3							
	D						
4							
	A						
校核计算	$\sum a=$		$\sum b=$		$\sum h=$		

表 2-10　项目二任务二水准路线成果计算表

日期:＿＿＿＿＿　仪器号:＿＿＿＿＿　观测者:＿＿＿＿＿　记录者:＿＿＿＿＿
气候:＿＿＿＿＿　组　别:＿＿＿＿＿　计算者:＿＿＿＿＿

点号	里程数/km	高差观测值/m	高差改正数/mm	改正后高差/m	高程/m	备注
A						
B						
C						
D						
A						
$\sum$						

【知识拓展】

水准仪的检验与校正

一、光学水准仪构造应满足的主要条件

水准仪之所以能提供一条水平视线或水平视线读数,取决于仪器本身的构造特点。

1. 微倾水准仪

微倾水准仪有四条主要轴线:视准轴 CC、水准管轴 LL、圆水准器轴 $L'L'$ 以及仪器竖轴 VV,如图 2-26 所示。各主要轴线间应满足如下几何条件:

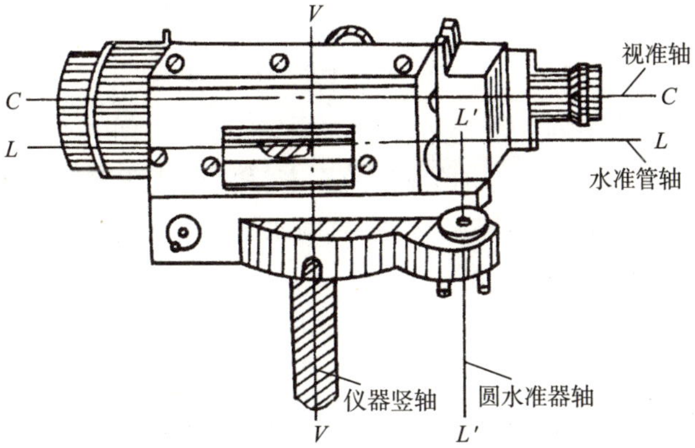

图 2-26　微倾水准仪主要轴线

(1)圆水准器轴 $L'L'$ 平行于仪器竖轴 VV。

(2)十字丝横轴垂直于仪器竖轴 VV。

(3)水准管轴 LL 平行于视准轴 CC。

由于仪器的长期使用和搬运,各轴线之间的关系会发生变化,若不及时检验与校正,就会影响测量成果的质量。因此,在使用前应对仪器进行认真的检验与校正。

2. 自动安平水准仪

自动安平水准仪是用补偿器取代微倾水准仪的管水准器,其他轴线之间应满足的条件与微倾水准仪相同。

二、自动安平水准仪的检验与校正

1. 圆水准器轴的检验与校正

(1)检验。首先用脚螺旋使圆水准器气泡居中,此时圆水准器轴 $L'L'$ 处于竖直的位置。将仪器绕仪器竖轴旋转 180°,圆水准气泡如果仍然居中,说明 $VV /\!/ L'L'$ 条件满足。若将仪器绕竖轴旋转 180°,气泡不居中,则说明仪器竖轴 VV 与 $L'L'$ 不平行。在图 2-27A 中,如果两轴线交角为 α,此时竖轴 VV 与铅垂线偏差也为 α 角。当仪器绕竖轴旋转 180°后,此时圆水准器轴 $L'L'$ 与铅垂线的偏差变为 2α,即气泡偏离格值为 2α,实际误差仅为 α,如图 2-27B 所示。

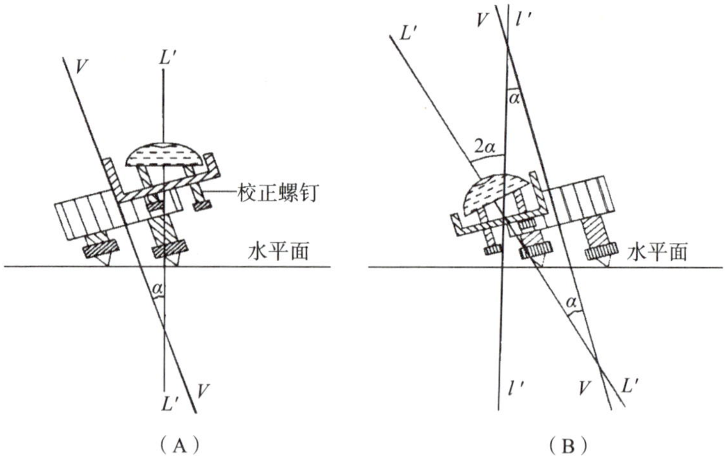

图 2-27　圆水准器轴的检验

(2)校正。首先稍松位于圆水准器下面中间的固定螺钉(图 2-28A),然后调整其周围的 3 个校正螺钉,使气泡向居中位置移动偏离量的一半,如图 2-28B 所示。此时圆水准器轴 $L'L'$ 平行于仪器竖轴 VV。然后再用脚螺旋整平,使圆水准器气泡居中,竖轴 VV 与圆水准器轴 $L'L'$ 同时处于竖直位置,如图 2-28C 所示。

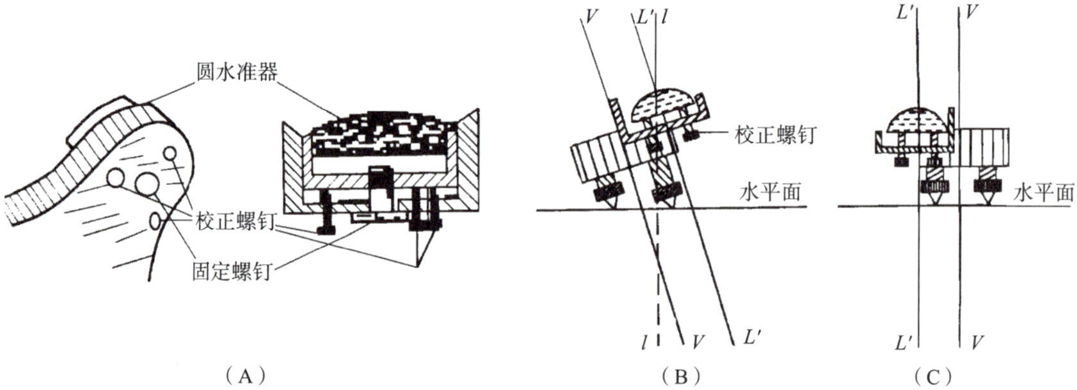

图 2-28　圆水准器轴的校正

校正工作一般需反复进行,直至仪器转到任何位置气泡均居中为止。最后应拧紧固定螺钉。

2. 十字丝的检验与校正

(1)检验。首先将仪器安置好,用十字丝横丝对准一个清晰的点状目标 A,如图 2-29A 所示。然后转动水平微动螺旋。如果目标点 A 沿横丝移动,则说明横丝垂直于仪器竖轴 VV,不需要校正。如果目标点 A 偏离横丝,如图 2-29B 所示,则需校正。

(2)校正。校正方法按十字丝分划板装置形式不同而异。有的仪器可直接用螺丝刀松开分划板座相邻的两颗固定螺丝,转动分划板座,改正偏离量的一半,即满足条件。有的仪器必须卸下目镜处的外罩,再用螺丝刀松开分划板座的固定螺丝,拨正分划板。

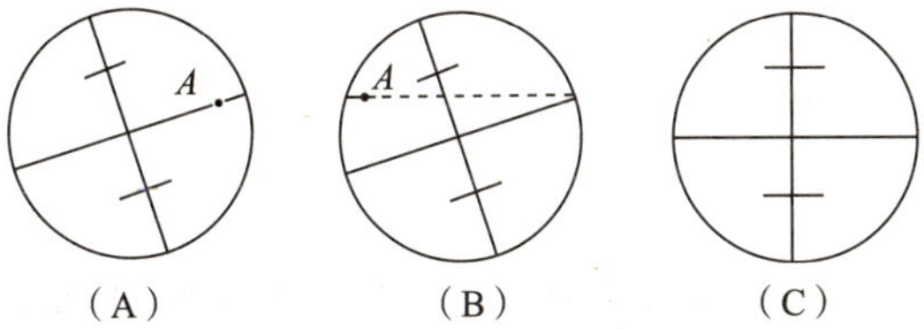

图 2-29　十字丝横丝的检验

3. 望远镜视准轴水平(即 i 角)的检验与校正

在平坦地段上选择一段 60.6 m 的距离，划分为 3 个相等的区段，如图 2-30 所示。首先将仪器置于 C 处，用同一标尺先后置于 A 处和 B 处，得到标尺读数 a_1 和 b_1，然后将仪器置于 D 处，得到标尺读数 a_2 和 b_2。若 $d=(a_2-b_2)-(a_1-b_1)\leqslant\pm2.5$ mm，则 i 角误差在允许范围之内，否则视准轴需要校正，校正方法如下。

(1)计算 $d=(a_2-b_2)-(a_1-b_1)$，$a_3=a_2-d$。

(2)仪器置于 D 处，瞄准标尺 A，旋下保护罩，用校针拨动分划板调节螺钉，使分划板十字丝中心位置与 a_3 重合，然后旋紧保护罩，最后按上述方法再检校一次。

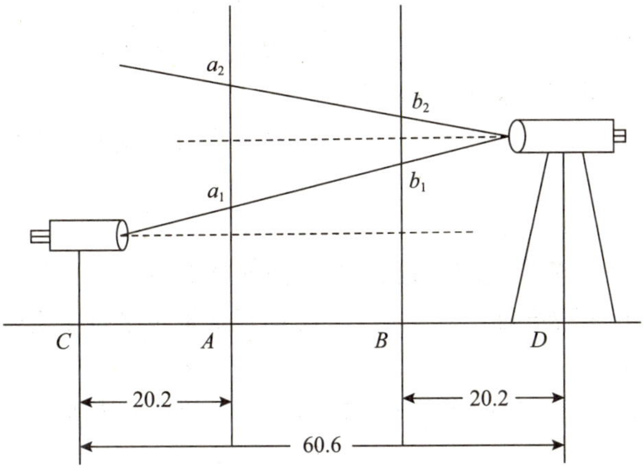

图 2-30　望远镜视准轴检验

4. 补偿器的检查

因补偿器用于取代微倾水准仪的水准管轴，仪器粗平后，便可读得水平视线的读数。所以检查补偿器是否起作用是非常重要的。

检查的方法：圆水准器气泡居中后，瞄准水准尺读数，按任一按钮轻轻触动补偿器，待其稳定后，看尺上原来读数是否有变化，如无变化说明补偿器正常。如仪器没有按钮，稍微转动一下脚螺旋，如尺上原来读数没有变化，说明补偿器起作用，仪器正常，否则应进行修理。

【自我测试】

一、单项选择题

1. 在水准测量中，为了有效消除视准轴与水准管轴不平行、地球曲率、大气折光的影响，应注意(　　)。

A. 读数不能错　　B. 前后视距相等

C. 计算不能错　　D. 气泡要居中

2. 在水准测量中，转点的作用是传递(　　)。

A. 方向　　B. 角度

C. 距离　　D. 高程

3. 高差闭合差的分配原则为(　　)成正比例进行分配。

A. 与测站数　　B. 与高差的大小

C. 与距离　　D. 与距离或测站数

4. 往返水准路线高差平均值的正负号以(　　)的符号为准。

A. 往测高差　　B. 返测高差

C. 往返测高差的代数和　　D. 以上三者都不正确

5. 在水准测量中，若水准尺倾斜，其读数值(　　)。

A. 当水准尺向前或向后倾斜时增大　　B. 当水准尺向左或向右倾斜时减少

C. 总是增大　　D. 总是减少

二、多项选择题

1. 在水准测量中，要求前后视距离相等，其目的不是消除(　　)误差影响。

A. 水准管轴不平行于视准轴　　B. 圆水准轴不平行于竖轴

C. 十字丝横丝不水平　　D. 以上三者

2. 往返水准路线高差平均值的正负号不能以(　　)的符号为准。

A. 往测高差　　B. 返测高差

C. 往返测高差的代数和　　D. 以上三者都不正确

3. 高差闭合差的分配原则为(　　)成正比例进行分配。

A. 与测站数　　B. 与高差的大小

C. 与距离　　D. 与高程

4. 在水准测量中，为了消除 i 角误差对一测站高差值的影响，水准仪不能安置在(　　)处。

A. 靠近前尺　　B. 两尺中间

C. 靠近后尺　　D. 无所谓

5. 圆水准器轴不可能是圆水准器内壁圆弧零点的(　　)。

A. 切线　　B. 法线

C. 垂线　　D. 曲线

三、简答题

1. 影响水准测量成果的主要因素有哪些？如何减少或消除？

2. 如图 2-31 所示，填表 2-11 计算待求点的高程 H_B。

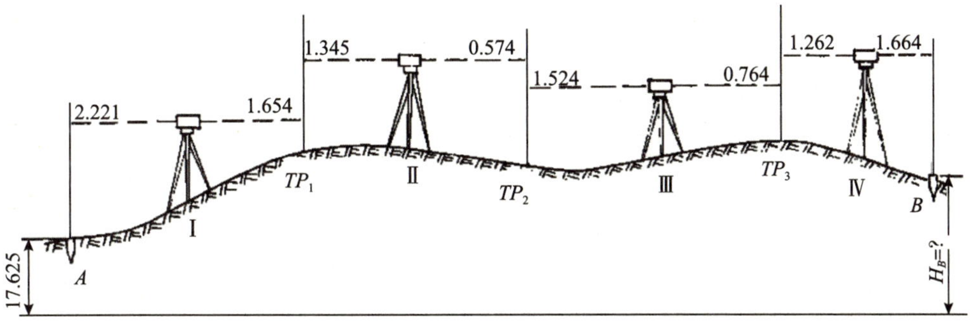

图 2-31　计算待求点的高程 H_B

表 2-11　水准测量记录手簿

测站	测点	后视读数/m	前视读数/m	高差/m		高程/m	备注
				+	−		
校核计算							

3. 调整表 2-12 中附合路线等外水准测量观测成果，并求出各点高程。

表 2-12　水准测量计算表

测段	测点	测站数	实测高差/m	改正数/mm	改正后高差/m	高程/m	备注
	BM_A					57.967	
A—1		7	+4.363				
	1						
1—2		3	+2.413				
	2						
2—3		4	−3.121				
	3						
3—4		5	+1.263				
	4						
4—5		6	+2.716				
	5						
5—B		8	−3.715				
	BM_B					61.819	
辅助计算							

高程测量及计算自我测试
参考答案

项目三

测量角度

任务一　测量水平角

【学习目标】

- 理解水平角测量的基本原理。
- 掌握光学经纬仪的基本构造、操作与读数方法。
- 掌握水平角测量的测回法和方向观测法的观测与计算方法。
- 了解水平角测量误差来源及其减弱措施。

【任务分解】

通过学习本任务，能够正确完成测量工作中水平角的测量。具体学习任务见图 3-1。

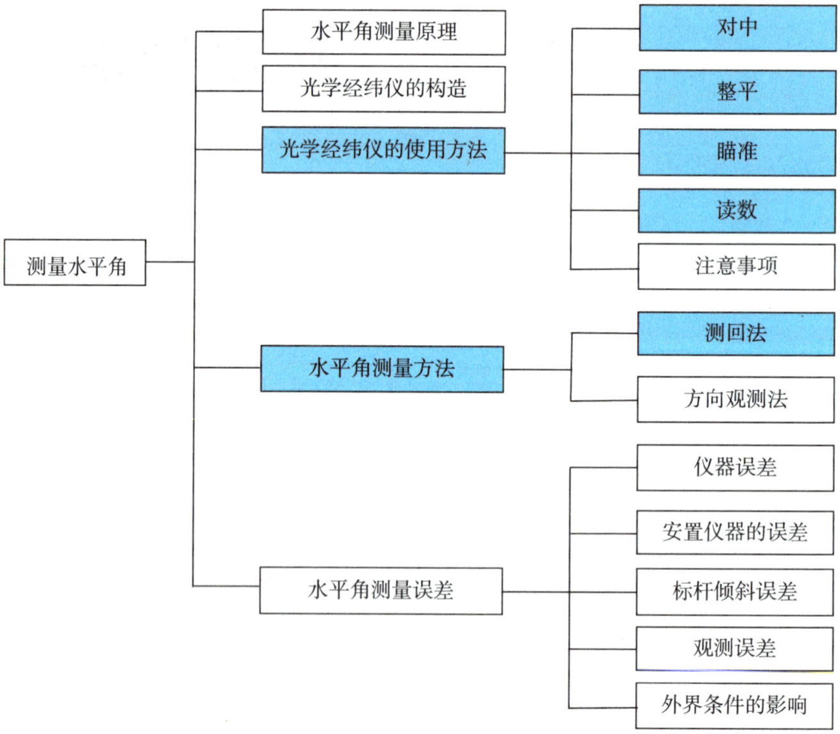

图 3-1　测量水平角学习任务分解

【基础知识】

为了确定地面上点的具体位置，需要进行角度测量。角度测量是基本的测量工作之一，包括水平角测量和竖直角测量。在果园建设放样和现状测绘中，水平角测量被广泛应用。进行角度测量的主要仪器是经纬仪。

一、水平角测量原理

水平角是指地面上从一点出发的空间两条直线在水平面上的投影所形成的夹角。如图 3-2，设 A',B',C' 为地面上任意三点，B' 点为测站，A',C' 为目标点，则从点 B' 观测点 A',C' 的水平角为两方向线垂直投影在水平面 P 上的 BA 和 BC 所成的夹角，即$\angle ABC$。地面上 $B'A'$ 与 $B'C'$ 两条方向线的夹角为β'，它不是水平角。它的水平角应是 $B'A'$ 与 $B'C'$ 在水平面上的垂直投影 BC 与 BA 所形成的角β，也就是通过 $B'A'$ 与 $B'C'$ 的竖直面所组成的二面角。为了测定β，可设想在 B' 点的铅垂线上设置一个带角度分划的水平圆盘。另外装有瞄准目标的望远镜，当瞄准 A' 时，在水平度盘上读得度数为 a，瞄准 C' 时，读得度数为 b，则水平角为：$\beta = b - a$（图 3-2）。根据以上分析，测量水平角用的经纬仪须有一刻度盘和在刻度盘上读数的指标。观测水平角时，刻度盘中心应安放在过测站点的铅垂线上，并能使之水平。为了瞄准不同方向，经纬仪的望远镜应能沿水平方向转动，也能高低俯仰。当望远镜高低俯仰时，其视准轴应划出一竖直面，这样才能保证在同一竖直面内高低不同的目标有相同的水平度盘读数。经纬仪就是根据这样的原理和要求而设计制造的。

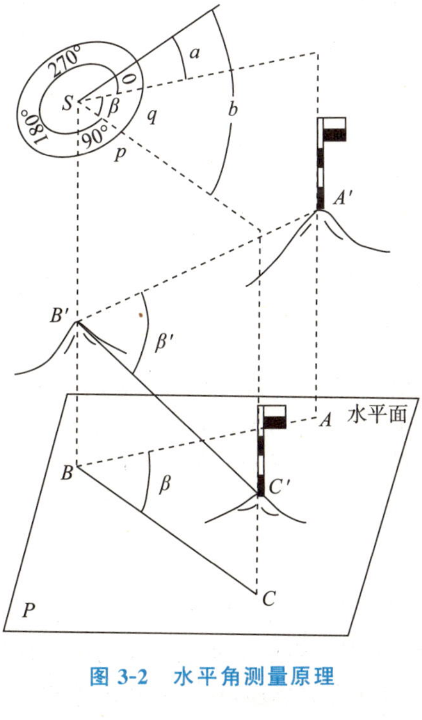

图 3-2　水平角测量原理

二、光学经纬仪的构造

(一)经纬仪概述

经纬仪种类繁多,如按计数系统区分,可以分为游标经纬仪、光学经纬仪和电子经纬仪等。光学经纬仪由于具有轻便、密封、读数方便及测量精度高等特点,现已取代了精度低、使用金属度盘的游标读数的游标经纬仪。光学经纬仪的主要特点是采用玻璃度盘和光学测微装置,通过一组透镜和棱镜的作用,使水平度盘和竖盘刻划线的影像放大并折射到望远镜旁的读数显微镜内。因此,光学经纬仪不但能提高精度,而且读数迅速准确。电子经纬仪在后面做简要介绍。

目前,光学经纬仪根据精度划分有 DJ_{07}、DJ_1、DJ_2、DJ_6、DJ_{15} 几种。“D”为我国对大地测量仪器规定的总代号,“J”是经纬仪的代号,0.7,1,2,6,15 是指一测回方向值中误差,以秒计。如 DJ_{07} 和 DJ_6 分别表示水平方向测量一测回的方向中误差不超过±0.7″和±6″的大地测量经纬仪。在地形测量和农林水等一般工程测量中最常见的是 DJ_6 型光学经纬仪。

(二)TDJ_6E 型光学经纬仪构造

图 3-3 为常用的 TDJ_6E 型光学经纬仪,各部件名称如图 3-3 所注。它主要由照准部、水平度盘和基座三部分构成。

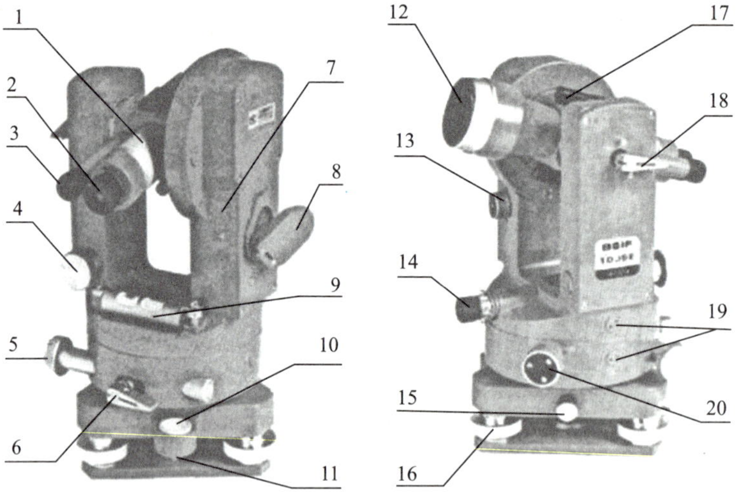

1.望远镜调焦筒 2.望远目镜 3.读数目镜 4.垂直微动螺旋 5.水平微动螺旋 6.水平制动手把 7.指标差盖板 8.反光镜 9.照准部水准管 10.圆水准器 11.圆水准器调整 12.望远镜 13.补偿器锁紧轮 14.光学对点器目镜 15.基座锁紧轮 16.脚螺旋 17.粗瞄准器 18.垂直制动手把 19.堵盖 20.转盘手轮

图 3-3 TDJ_6E 型光学经纬仪

1.照准部

照准部是经纬仪水平度盘上部能绕竖轴旋转的部分,主要部件有望远镜、横轴、支架、竖轴、水准管、水平制动微动螺旋(手把)、望远镜制动微动螺旋(手把)及读数装置等。整个照准部由竖轴支撑。望远镜、竖直度盘(简称竖盘)和水平轴固连在一起,组装于支架上。当望远镜绕水平轴上下旋转时,竖直度盘随着转动,控制这种转动的部件是望远镜制动手把、望远镜制动微动螺旋。望远镜绕竖轴在水平面内的转动由水平制动手把和水平微动螺旋控制。照准部水准管的作用是精密置平仪器，就是使竖轴竖直、水平度盘水平。

(1)望远镜：用来照准目标，与水准仪的望远镜构造稍有不同，竖丝有些变化。它固定在横轴上，可绕横轴转动，控制其转动的有望远镜制动手把和微动螺旋。

(2)竖直度盘：光学玻璃制成，与望远镜固连在一起，用来观测竖直角。

(3)照准部水准管：用来检查仪器是否水平。

(4)光学读数系统：由一系列的棱镜和透镜组成，光线通过棱镜的折射，可将水平度盘及竖直度盘的刻度及分微尺的刻划投射到读数显微镜内，以便进行读数。

(5)内轴：是仪器的竖轴，也是照准部的旋转轴。将它插入水平读盘部分的外轴内，照准部就可以在水平方向内转动，控制它转动的是水平制动螺旋和微动螺旋。

2. 水平度盘

水平度盘是由光学玻璃制成的圆盘，其上分划为 0°～360°，顺时针方向注记，用来测量水平角。度盘轴套套在竖轴轴套的外面，绕轴套旋转。

经纬仪的照准部与水平度盘的关系可离可合，由转盘手轮控制，当转盘手轮扳手扳上时，照准部与水平度盘分离，这时转动照准部水平度盘不动，而读数随照准部的转动而变化；当复测扳手扳下时照准部与水平度盘结合，水平度盘随照准部的转动而转动，而读数不变。有的仪器没有复测器，而装有水平度盘转换手轮，转动此轮使水平度盘转动到所需位置。

3. 基座

基座用来支承整个仪器，并借助中心螺旋使经纬仪与三脚架结合。其上有三个脚螺旋，用来整平仪器。竖轴轴套与基座连在一起。轴座连接螺旋拧紧后，可将照准部固定在基座上，使用仪器时，切勿松动该螺旋，以免照准部与基座分离而坠落。

电子经纬仪的构造(交互)

三、光学经纬仪的使用方法

(一)对中

对中的目的是使仪器中心(或水平度盘的中心)与测站点位于同一条铅垂线上。对中时，首先打开三脚架，将其安置在测站点上。目估三脚架架头大致水平，高度适当。然后取出仪器，利用架头上的中心螺旋将仪器固定在三脚架上，挂上垂球，此时，若垂球尖端距离测站点较远，可平移三脚架，使垂球尖大致对准测站点。平移三脚架时，固定三脚架的一条腿，然后拿另外两条腿前后、左右移动。在使垂球尖端对准测站点的同时，还应注意保持架头水平，即圆水准器的气泡偏离中心不宜太多。略松连接螺旋，利用移心装置，移动仪器照准部，使垂球尖对准测站点(误差在 3 mm 以内)，旋紧连接螺旋。当用光学对点器时，首光转动对点器目镜调焦螺旋，使测点能清晰地成像于分划板上。如测点中心不在分划板中心上，则适当松开三脚架中心螺旋，使经纬仪做平移，达到两者中心重合，然后拧紧中心螺旋，并进行仪器整平的检查。

(二)整平

整平的目的是使仪器竖轴竖直，水平度盘处于水平位置。

安置仪器时先使圆水准器气泡大致居中，然后如图 3-4A，使水准管与两个脚螺旋连线处于平行状态，旋转脚螺旋使气泡居中。将仪器照准部转 90°，再旋转第三个脚螺旋如图 3-4B，使气泡居中。反复上述工作使仪器转到任一位置水准管气泡偏离中央不大于分划的一个格为止。

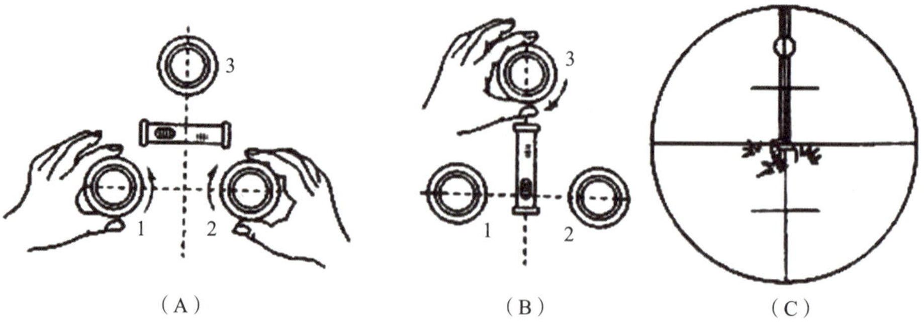

图 3-4　经纬仪的整平与瞄准

对中、整平这 2 项工作是相互影响的，所以当气泡居中整平后，应检查垂球尖端是否偏离测站点位中心。有光学对中器的经纬仪，可通过光学对中器检查是否仍然对中，旋转光学对中器目镜，可使分划线清晰，拉出或推进对中器的镜筒可使测站点标志清晰。如果对中器刻划线中心与地面点位中心偏离较小，可放松中心螺旋，在三脚架头平移经纬仪，使对中器刻划线中心与地面测站点位中心重合，然后拧紧中心螺旋，再整平、对中。一般需重复几次，直至对中和整平均达到要求为止。

(三)瞄准

(1)松开垂直制动手把，旋转望远镜对着天空的亮处，逆时针转动望远镜调焦筒至无穷远处，再逆时针旋转望远目镜，这时，望远镜分划板上的十字线变得模糊，然后慢慢地顺时针转动望远镜目镜使分划板上的十字线变得清晰可见，停止转动，在望远镜目镜头上刻有±5 个刻度，指标线所指的刻度为观测者的屈光度，当观测者长时间观测时，可将望远镜目镜头略向负屈光度方向旋转，一般一个观测者的屈光度是不变的。

(2)使仪器处于正镜位置(即竖盘在望远镜的左边)，先用光学粗瞄准器瞄准目标。用一只眼睛观看光学粗瞄准镜的十字，而用另一只眼睛瞄准目标点，松开照准部制动手把，旋转照准部使目标与十字线重合，此时目标已进入望远镜的视场，拧紧垂直制动手把和水平制动手把。旋转望远镜调焦筒，使目标清晰地成像在望远镜分划板上，这时眼睛做上、下、左、右移动，目标与望远镜分划板的十字线无任何相对位移，即无视差存在，此时已经调焦好了。

(3)旋转垂直微动手轮使望远镜分划板横丝精确对准目标；旋转水平微动手轮，使望远镜分划板竖丝精确对准目标，如图 3-4C。这样，即可进行竖直角或水平角测量。

(四)读数

打开反光镜，旋转读数显微镜的目镜调焦螺旋，使度盘与分微尺的影像清晰，即视场中能清晰地看到如图 3-5 所示的读数视场。视场上方标有“H”符号的表示水平度盘读数视场，其读数为 35°03′18″，视场下方标有“V”符号的表示垂直度盘读数视场，其读数为 34°59′00″。带尺每格 1′共刻 60 格，可方便地估读至 0.1′。

1. 分微尺测微器的读数方法

分微尺测微器的读数设备将分微尺的影像通过一系列透镜的放大和棱镜的折射，反映到读数显微镜内，在读数显微镜内可读取水平度盘和竖直度盘读数。如图 3-6 所示，水平度盘与竖直度盘上 1°的分划间隔，成像后与分微尺的全长相等。上面窗格注有“水平”或“H”，是水平度盘及分微尺的影像；下面窗格注有“竖直”或“V”，是竖直度盘及分微尺的影像。分微尺全长等分为 60 小格，每 1 小格为 1′，可估读到 0.1′，即 6″。读数时，首先读取落在分微尺上度盘分划的度数，再读该分划在分微尺上的数值，两者之和即为度盘读数；如图 3-6 所示的读数，水平度盘为 214°54′42″，竖直度盘读数为 79°05′30″。

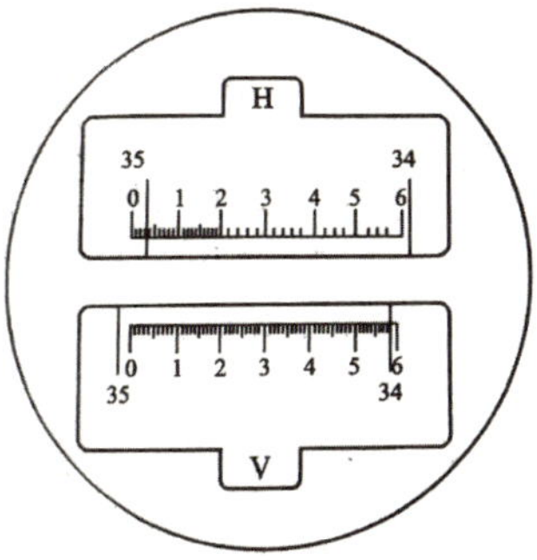

图 3-5　分微尺测微器读数窗

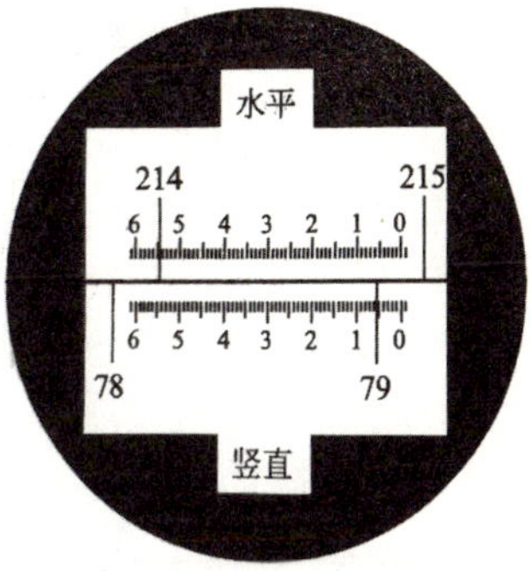

图 3-6　分微尺测微器读数示例

2. 单平板玻璃测微器的读数方法

单平板玻璃测微器主要由平板玻璃、测微尺、连接机构和测微轮组成。图 3-7 是单平板玻璃测微器读数显微镜内看到的影像。下窗为水平度盘和双指标线，中窗为竖直度盘和双指标线，上窗为测微尺和单指标线。度盘分划值为 30′，测微尺全长也为 30′，等分为 30 大格，每一大格为 1′，每一大格又等分为 3 小格，每小格为 20″。当转动测微轮，测微尺从 0′移动到 30′时，度盘影像恰好移动 1 格。

读数时，转动测微轮，使度盘某一分划居于双指标线中央，先读出该分划的度盘读数，再在测微尺上根据单指标线读取不足 30′的部分，两者之和即为度盘读数。如图 3-7A 所示的水平度盘读数为 5°41′50″，图 3-7B 所示的竖直度盘读数为 92°17′34″。

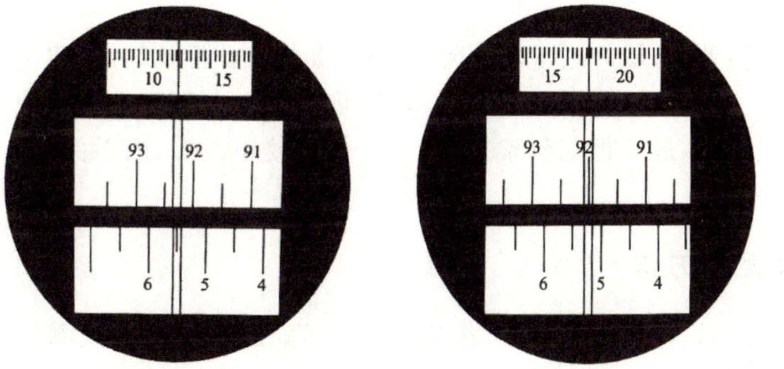

(A)　　　　(B)

图 3-7　单平板玻璃测微器的读数方法

3. 读数和水平角值计算

如图 3-8 所示，当望远镜瞄准 A 点时，水平度盘的读数为 22°13′24″。松开照准部的制动手把，顺时针转动照准部，瞄准点 B，水平度盘读数为 $119°35'42''$。因此，其水平角为 $\angle AOB = 119°35'42'' - 22°13'24'' = 97°22'18''$。计算时，如 OB 方向（终边）读数小于 OA 方向（始边）水平度盘读数，则将终边读数加 360°进行修正，再减去始边读数，结果才为所测的水平角值。

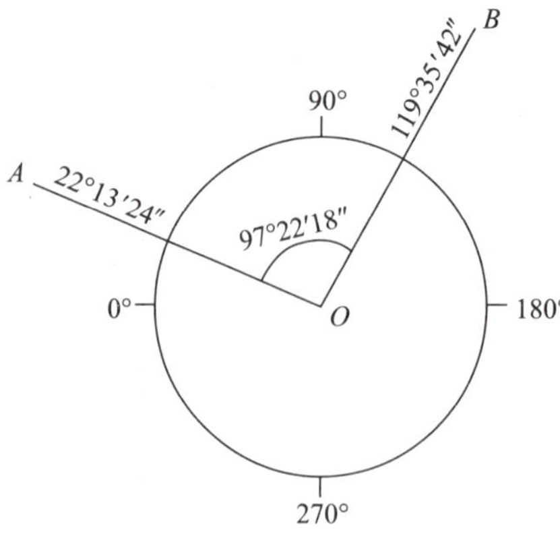

图 3-8 读数与水平角值计算示例

（五）注意事项

（1）仪器备有塑料包装箱，从箱中取出须小心，应轻拿轻放。一手握扶照准部，另一手托住三脚基座，切勿用手握扶望远镜。

（2）仪器在三脚架上安装时，要一手握扶照准部，另一手旋动三脚架的中心螺旋，防止仪器滑落，卸下时也应如此。

（3）观测时，旋转仪器应手扶照准部，不要用望远镜旋转仪器。

（4）观测时，应避免阳光直射在仪器上，以免影响观测精度。

（5）在严寒冬季观测时，室内外温差较大，仪器在搬到室外或搬入室内时，应隔一段时间后才能开箱。

（6）外露的光学零件表面如有灰尘时，可用软毛刷轻轻刷去。如有水汽或油污，可用脱脂棉或镜头纸轻轻地擦净，切不可用手帕、衣服擦拭光学零件表面。

电子经纬仪的使用（交互）

（7）长途运输仪器时，最好进行外包装，并一定要将仪器捆扎结实，切勿移动时相互碰击。在外业施测搬离测站时，如果距离较近，仪器可连同三脚架一起搬动，但须小心，最好把三脚架挟在肋下，仪器放在前面，以手保护。应避免扛在肩上行走。

四、水平角测量方法

水平角观测（视频）

水平角观测方法，一般根据测量工作要求的精度、使用的仪器、观测目标的多少而定。常用的方法有测回法和方向观测法。现将两种方法分述如下。

（一）测回法

如图 3-9 所示。这种方法适用于 2 个方向之间的单角观测。在测站点

O 上安置仪器，对中、整平之后进行观测。用经纬仪测角时，有盘左、盘右两种仪器的位置。物镜对向目标，竖直度盘在望远镜的左侧称为盘左(或称正镜)，竖直度盘在望远镜的右侧称为盘右(或称倒镜)。显然，将仪器从盘左转换为盘右时，必须竖向转动望远镜并在水平方向上旋转 180°。

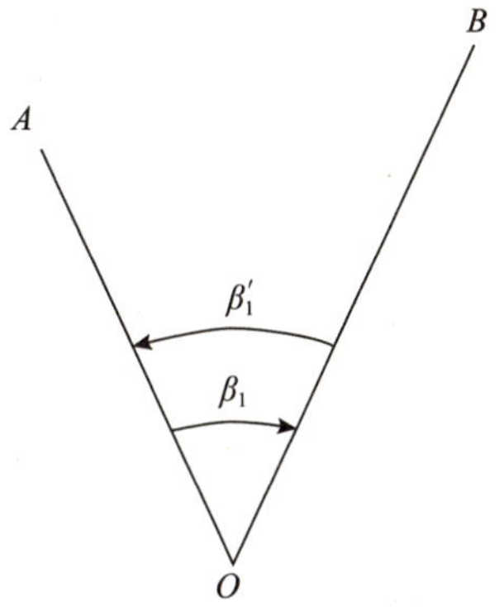

图 3-9　水平角观测示意图

1. 盘左半测回

如图 3-9 所示，瞄准左方目标 A，读取水平度盘读数 a_1，记入表 3-1 中。顺时针旋转照准部瞄准右方目标 B，读取水平度盘读数 b_1，记入表 3-1 中。盘左半测回水平角值为：

$$\beta_1 = b_1 - a_1 \tag{3.1}$$

2. 盘右半测回

瞄准右方目标 B，读取水平度盘读数 b'_1，记入表 3-1 中。逆时针旋转照准部瞄准左方向目标 A，读取水平度盘读数 a'_1，记入表 3-1 中。盘右半测回水平角值为：

$$\beta'_1 = b'_1 - a'_1 \tag{3.2}$$

当 $|\beta_1 - \beta'_1| \leqslant 40''$时，计算一个测回水平角值：

$$\beta = \frac{\beta_1 + \beta'_1}{2} \tag{3.3}$$

3. 具体观测步骤

(1)盘左位置(竖盘在望远镜左边，或称正镜)，用前述方法精确瞄准左方目标点 A，读取水平度盘读数 0°00′30″，记入测回法观测手簿(表 3-1)第 5 栏的相应位置。分微尺读数估至 0.1′。

(2)松开水平制动手把，转动照准部，同法瞄准右方目标点 B，读取水平度盘读数 35°29′30″，同样记入手簿(表 3-1)的第 5 栏中。以上称上半测回。盘左所测水平角值 $\beta_1 =$ 35°29′30″－0°00′30″＝35°29′00″，记入第 6 栏中。

(3)松开望远镜制动螺旋(垂直制动手把)，竖向旋转望远镜成盘右位置(竖盘在望远镜的右边，或称倒镜)，按上述方法，先瞄准右方目标点 B，读取水平度盘读数 215°30′24″，再瞄准左方目标点 A，读取水平度盘读数 180°01′12″，将读数分别记入手簿第 5 栏。以上称下半测回。其角值 β'_1＝215°30′24″－180°01′12″＝35°29′12″，记入手簿第 6 栏中。

上、下半测回合称一测回，一测回角值为

$$\beta = \frac{\beta_1 + \beta'_1}{2}$$

对 DJ_6 型经纬仪，同一测回中上、下半测回角值之差，或各测回之差均不应大于 40″，否则应重测。本例中各部分的读数差值满足这个要求，所以分别取其平均值列入表 3-1 中的第 7、8 栏中。

当测角精度要求较高时，往往需要观测几个测回，为了减少度盘分划误差的影响，各测回间应根据测回数 N，按 180°/N 变换水平度盘位置。例如要观测 3 个测回，第一个测回起始方向读数可安置在略大于 0°处，第二测回起始方向读数应安置在 $180° \times \frac{1}{3} = 60°$ 或略大于 60°处，第三测回起始方向读数应安置在 $180° \times \frac{2}{3} = 120°$ 或略大于 120°处。

安置水平度盘起始方向读数的方法依仪器的构造不同而异。对复测经纬仪，盘左，旋松水平制动螺旋，扳上复测器，然后转动照准部并在读数显微镜内对到所需的度盘读数，然后，扳下复测器。此时，度盘将随照准部转动，计数不会改变。瞄准左方目标后再扳上复测器。对方向经纬仪，可于盘左位置先瞄准左方目标，然后用水平度盘位置变换手轮拨动水平度盘，对准所需的读数。

表 3-1　水平角观测手簿(测回法)

日期：5.4　　仪器号：2　　观测者：王源　　记录者：李纪星

气候：晴　　组　别：1　　校核者：李萍

测站	测回数	竖盘位置	目标	水平度盘读数	半测回角值	一测回角值	各测回平均角值	备注
1	2	3	4	5	6	7	8	9
0	1	左	A	0°00′30″	35°29′00″	35°29′06″	35°29′08″	
			B	35°29′30″				
		右	B	215°30′24″	35°29′12″			
			A	180°01′12″				
0	2	左	A	90°06′24″	35°29′18″	35°29′12″		
			B	125°35′42″				
		右	B	305°36′06″	35°29′06″			
			A	270°07′00″				

(二)方向观测法

方向观测法简称方向法，适用于观测 2 个以上的方向。当方向数多于 3 个时，每半个测回依次瞄准所需观测的目标后，应再次观测起始方向(此观测方向称为零方向)，也称为全圆方向法。

1. 操作步骤

(1)如图 3-10 所示，安置经纬仪于测站 O 点，盘左位置，将度盘起始读数置于略大于 0°处，观测所选定的起始方向 A，读取水平度盘读数 a(0°01′18″)，记入表 3-2 的第 4 栏。

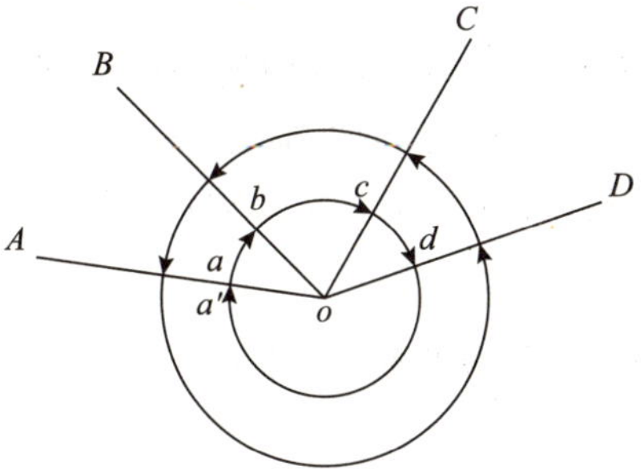

图 3-10　方向观测法示意图

(2)顺时针方向转动照准部，依次瞄准 B，C，D 各点，分别读取读数 b(36°42′12″)、c(112°28′36″)、d(153°30′12″)，同样记入表 3-2 的第 4 栏。

(3)再次瞄准目标 A，读取读数 a'(0°01′24″)，称为归零。读数记入手簿第 4 栏。a 与 a' 之差称为归零差。归零差不能超过表 3-3 的规定。

表 3-2　水平角观测手簿(方向观测法)

日期：__________　天气：__________　观测者：__________　记录者：__________

测站	测回数	目标	读数		2c＝左－(右±180°)	平均读数＝0.5×[左＋(右±180°)]	归零后的方向值	各测回归零方向值的平均值	略图及角值
			盘左	盘右					
			° ′ ″	° ′ ″	° ′ ″	° ′ ″	° ′ ″	° ′ ″	
1	2	3	4	5	6	7	8	9	10
O	1					(0 01 18)			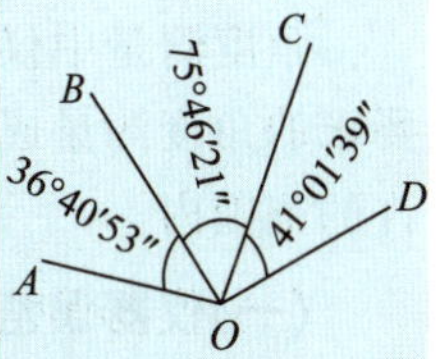
		A	0 01 18	180 01 12	+6	0 01 15	0 00 00	0 00 00	
		B	36 42 12	216 42 06	+6	36 42 09	36 40 51	36 40 53	
		C	112 28 36	292 28 24	+12	112 28 30	112 27 12	112 27 14	
		D	153 30 12	333 30 06	+6	153 30 09	153 28 51	153 28 53	
		A	0 01 24	180 01 18	+6	0 01 21			
	2					(90 03 24)			
		A	90 03 30	270 03 24	+6	90 03 27	0 00 00		
		B	126 44 24	306 44 12	+12	126 44 18	36 40 54		
		C	202 30 42	22 30 36	+6	202 30 39	112 27 15		
		D	243 32 24	63 32 12	+12	243 32 18	153 28 54		
		A	90 03 24	270 03 18	+6	90 03 21			

表 3-3　水平角方向观测法的技术要求

仪器型号	半测回归零差	一测回内互差 2c	同一方向值各测回互差
DJ_2	≤12′	≤18′	≤12′
DJ_6	≤18′		≤24′

以上操作称为上半测回。

(4)竖向转动望远镜成盘右位置，逆时针方向转动照准部，依次瞄准 A，D，C，B，A 各点，并将读数分别记入手簿(表 3-2)第 5 栏，称为下半测回。

如需观测 N 个测回，则各测回仍按 $180°/N$ 变动水平度盘的起始位置。

2.计算步骤

现就表 3-2 说明全圆方向法的计算步骤，具体如下。

(1)计算一测回内互差($2c$)值。

$$2c = \text{盘左读数} - (\text{盘右读数} \pm 180°) \tag{3.4}$$

按各方向计算 $2c$ 值并填入表 3-2 第 6 栏。方向观测法的技术要求见表 3-3，超过限差时，则应在原度盘位置上重新测量。

(2)计算各方向的平均读数。

$$\text{平均读数} = 0.5 \times [\text{盘左读数} + (\text{盘右读数} \pm 180°)] \tag{3.5}$$

计算结果填入表 3-2 第 7 栏中。起始方向有两个平均值，应将此两数值再次平均，填入第 7 栏上方的括号内。

(3)计算归零后的方向值。

将各方向的平均值读数减去起始方向的平均读数(括号内)，即得各方向的归零方向值，填入表 3-2 第 8 栏中。起始方向的归零值为零。

(4)计算各测回归零后方向值的平均值。

取各测回同一方向归零后的方向值的平均值，作为该方向的最后结果，填入表 3-2 第 9 栏中。在取平均值之前应计算同一方向归零后的方向值各测回互差，检查有无超限情况。

(5)计算各目标间水平角值。

将第 9 栏中相邻两方向值相减即可求得，注于第 10 栏略图的相应位置。

五、水平角测量误差

角度测量中仪器的误差和各作业环节产生的误差对观测精度会产生影响，为了获得符合要求的角度测量成果，应分析误差产生的原因，采取相应的措施，消除误差或将误差控制在允许的范围内。

(一)仪器误差

仪器的轴线不满足所要求的几何条件便会产生误差，所以作业前必须进行仪器的检验与校正。

仪器虽经校正，但还存在允许范围内的残存误差；另外，由于仪器制作不完善还存在不能校正的误差，如度盘刻划不均匀、度盘偏心等，但其中一些误差往往可以采用适当的作业方法来削弱或消除其影响。如视准轴不垂直于横轴、横轴不垂直于竖轴及度盘偏心等造成的误差，可通过盘左、盘右观测取平均值的方法消除；度盘刻划不均匀造成的误差可以通过改变各测回度盘起始位置的办法削弱。因此，在作业过程中应严格遵守操作规程。

(二)安置仪器的误差

1. 对中误差

如图 3-11 所示，B 点为测站点，A,C 为目标点，B' 为仪器的中心。BB' 为对中误差，其长度称为偏心距，以 e 表示。由图可知，观测角值 β' 与正确角值 β 之间的关系式如下：

$$\beta = \beta' + (x_1 + x_2) \tag{3.6}$$

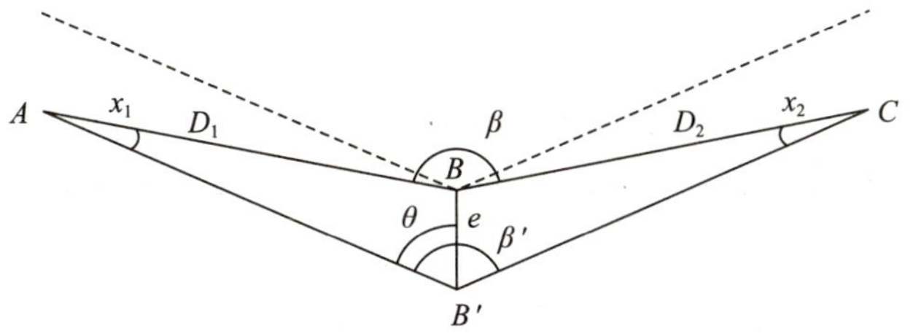

图 3-11 对中误差

因 x_1,x_2 很小，故

$$x_1 = \rho e \sin\theta / D_1 \tag{3.7}$$

$$x_2 = \rho e \sin(\beta' - \theta) / D_2 \tag{3.8}$$

因此，仪器的对中误差对水平角的影响为：

$$x = x_1 + x_2 = \rho e [\sin\theta / D_1 + \sin(\beta' - \theta) / D_2] \tag{3.9}$$

当 $\beta' = 180°$,$\theta = 90°$ 时，x 角值最大，即

$$x = x_1 + x_2 = \rho e (1/D_1 + 1/D_2) \tag{3.10}$$

设 $D_1 = D_2 = D$，则

$$x = 2\rho e / D \tag{3.11}$$

其中 $\rho = 180°/\pi \approx 57.295\ 8° = 3\ 437.75' = 206\ 265''$，为将弧度转换为角度的换算系数。

当 D=100 m,e=5 mm 时，代入式(3.11)，得 x=20.63″。

同理，当 D=200 m,e=5 mm 时，x=10.31″。

当 D=100 m,e=3 mm 时，x=12.38″。

当 D=200 m,e=3 mm 时，x=6.19″。

由上述计算可见，边越短，误差越大，故测量时目标点距离测站点较近时，对中更要仔细。

2. 整平误差

整平误差会引起竖轴倾斜，正倒镜观测时影响相同，因而不能消除，故观测时应严格整平仪器。整平误差的影响类似于横轴与竖轴不垂直的情况，当观测目标与仪器大致等高时，其影响较小，但在山区或丘陵地区观测水平角时，该项误差随着两个观测目标高差的增大而增大，所以在山区测角时应特别注意整平。当发现水准管气泡偏离零点超过 1 格时，要重新整平仪器，重新观测。

(三)标杆倾斜误差

测角时，常用标杆立于目标点上作为照准标志。当标杆倾斜而又瞄准标杆上部时，将使照准点偏离地面目标点而产生目标偏心差。

设照准点至地面的标杆长度为 l，标杆与铅垂线的夹角为 γ，则照准点的偏心距为：

$$e' = l \sin \gamma \tag{3.12}$$

e' 对水平角的影响，类似于对中误差的影响，边长越短，标杆越倾斜，瞄准点越高，影响就越大。因此，在观测水平角时，标杆要竖直，并尽量瞄准其底部，以减小误差。

（四）观测误差

1. 瞄准误差

影响瞄准的因素很多，现只从肉眼的鉴别能力作简单说明。肉眼分辨两个点的最小视角约为 60″，以此作为眼睛的鉴别角。当使用放大率为 V 的望远镜瞄准目标时，鉴别能力可提高 V 倍，这时的瞄准误差为：

$$m_V = \pm 60''/V \tag{3.13}$$

设望远镜的放大率为 28 倍，则该仪器的瞄准误差为：

$$m_V = \pm 60''/28 \approx \pm 2.1''$$

在观测过程中，观测员操作不正确或视差没有消除，都会产生较大的照准误差。因此，在观测时应仔细调焦和照准。

2. 读数误差

由于受眼睛分辨率的影响，读数时也会产生一定的误差。用分微尺测微器读数，一般可估读到最小格的 1/10。可以此作为读数误差 m_0。

$$m_0 = \pm 0.1\, t$$

式中：t 为分微尺的最小格值。设 $t = \pm 0.1'$，则读数误差 $m_0 = \pm 6''$。

（五）外界条件的影响

外界条件对观测质量有直接影响。如松软的土壤和大风影响仪器的稳定，日晒和温度变化影响仪器的整平，大气层受地面热辐射的影响会引起物像的跳动，等等，因此，要选择目标成像清晰稳定的有利时间观测，设法克服不利条件的影响，以提高观测成果的质量。

找问题 提素养——电子经纬仪使用（动画）

【学程设计】

学程设计见表 3-4。

表 3-4 项目三任务一“课堂计划”表

<table>
<tr><td colspan="2">学习主题：
项目三 测量角度
任务一 测量水平角(6 学时)</td><td>学习目标</td><td colspan="3">价值塑造：通过学习经纬仪水平角观测规程，让学生敬畏并自觉遵守测量工作制度及相关技术要求，强调外业的安全意识。
知识传授：熟悉水平角测量的基本原理。掌握光学经纬仪的基本构造、操作方法与读数方法。
能力培养：学会进行水平角测量的测回法和方向观测法的观测和计算。
素质养成：具有较强的信息采集与处理的能力；具有决策和计划的能力，自我控制与管理能力，团队协作能力。</td></tr>
<tr><td>时间</td><td>教学内容</td><td>教师的活动</td><td>学生的活动</td><td>教学方法</td><td>媒体</td></tr>
<tr><td>45 min</td><td>水平角测量原理</td><td>1. 布置任务
2. 播放动画
3. 监控课堂
4. 讲授</td><td>1. 观看动画
2. 阅读教材
3. 听课、记录</td><td>讲授法与自主学习法</td><td>教材、PPT、动画(找问题提素养——电子经纬仪使用)</td></tr>
<tr><td>45 min</td><td>光学经纬仪的构造</td><td>1. 安排阅读任务
2. 播放视频
3. 讲授各部构造及功能</td><td>1. 阅读教材
2. 观看视频
3. 研讨各部件功能
4. 利用交互动画练习掌握经纬仪的构造</td><td>讲授法与自主学习法</td><td>教材、PPT、实物、交互(电子经纬仪的构造)</td></tr>
<tr><td>45 min</td><td>光学经纬仪的使用方法</td><td>1. 演示：对中、整平、瞄准、读数、强调注意事项
2. 指导
3. 总结</td><td>1. 观看教师演示
2. 分组实际操作
3. 利用交互动画练习强化经纬仪的使用</td><td>小组学习法，实际操作</td><td>电子经纬仪、标杆、交互(电子经纬仪的使用)</td></tr>
<tr><td>90 min</td><td>水平角测量方法</td><td>1. 测回法：播放视频
2. 讲授方向观测法</td><td>1. 测回法的测量与计算：观看视频
2. 方向观测法的测量与计算</td><td>讲授法</td><td>PPT、视频(水平角观测)</td></tr>
<tr><td>45 min</td><td>水平角测量误差</td><td>1. 误差种类
2. 误差减少的方法</td><td>1. 听课
2. 记录</td><td>讲授法</td><td>教材、PPT</td></tr>
</table>

【技能训练】

电子经纬仪测回法水平角测量

一、技能训练要求

掌握用电子经纬仪测回法水平角观测的操作、记录和计算方法。

二、技能训练内容

(1)经纬仪的使用方法,主要包括安置、整平、瞄准、读数等一系列对经纬仪的操作。

(2)测回法测量水平角的外业数据采集及内业计算成果整理。

三、技能训练步骤

测回法为测定某一单独的水平角最常用的方法。设测站为 B,右目标为 A,左目标为 C,测定水平角 β,其方法与步骤如下。

(1)经纬仪安置于测站 B,对中和整平,盘左位置(垂直度盘在望远镜左侧)瞄准左目标点 C,得读数 L_C,记下该水平度盘读数。

(2)瞄准右目标点 A,得读数 L_A,记下该水平度盘读数。

(3)计算盘左半测回测得的水平角值:$\beta_{左}=L_A-L_C$。

(4)倒转望远镜成盘右位置(垂直度盘在望远镜的右边)。瞄准右目标点 A,得读数 R_A,记下该水平度盘读数。

(5)瞄准左目标点 C,得读数 R_C,记下该水平度盘读数。

(6)计算盘右半测回测得的水平角值:$\beta_{右}=R_A-R_C$。

(7)如果 $\beta_{左}$ 与 $\beta_{右}$ 的差值不大于 40″,则取其平均值作为一个测回的水平角度值 β 为:

$$\beta = 0.5\times(\beta_{左}+\beta_{右})$$

(8)若进行第二个测回时,盘左瞄准左目标后,用水平度盘位置变换手轮,改变度盘读数约为 90°然后再进行精确读数。

观测时,每一水平度盘读数均当场填入"水平角观测手簿(测回法)"表中(参考表 3-1),并当场计算半测回角值和平均角值。观测者大声读出观测值,记录者先大声重复一遍,观测者无异议后,记录者将数据写入记录表中。

每人至少应独立进行一测回的水平角观测,并将该测回的观测和计算成果上交。

四、技能训练评价

技能训练评价见表 3-5,每组上交一份水平角观测成果(表 3-6)。

表 3-5 项目三任务一技能训练评价表——电子经纬仪测回法水平角测量

经纬仪的安置	按照完成时间的先后顺序各组分别计分。分值分别为 30 分、25 分、20 分、15 分、10 分、5 分
观测读数	按记录数据的规范程度各组分别计分。分值分别为 30 分、25 分、20 分、15 分、10 分、5 分
成果评价	按照测回法测量水平角的步骤及成果的准确程度分别计分。分值分别为 40 分、30 分、20 分、10 分

表 3-6 项目三任务一水平角观测手簿(测回法)

日期：＿＿＿＿ 仪器号：＿＿＿＿ 观测者：＿＿＿＿ 记录者：＿＿＿＿

气候：＿＿＿＿ 组 别：＿＿＿＿ 计算者：＿＿＿＿

测站	竖盘位置	目标	水平度盘读数	半测回角值	一测回角值	各测回平均角值	备注
1	2	3	4	5	6	7	8

【知识拓展】

电子经纬仪

一、概述

随着电子技术的发展，20 世纪 80 年代出现了能自动显示、自动记录和自动传输数据的电子经纬仪。这种仪器的出现标志着测角工作向自动化迈出了新的一步。

电子经纬仪与光学经纬仪相比，外形结构相似，但测角和读数系统有很大的区别。电子经纬仪测角系统主要有以下三种。

(1)编码度盘测角系统，是采用编码度盘及编码测微器的绝对式测角系统。

(2)光栅度盘测角系统，是采用光栅度盘及莫尔干涉条纹技术的增量式读数系统。

(3)动态测角系统，是采用计时测角度盘及光电动态扫描绝对式测角系统。

二、电子经纬仪的主要功能

图 3-12 是瑞士 WILD 公司的 T2000 电子经纬仪。该仪器测角精度为±0.5″。其竖直角测量采用硅油液体补偿器，可实现竖盘自动归零。补偿器工作范围为±10′，补偿精度为±0.1″。

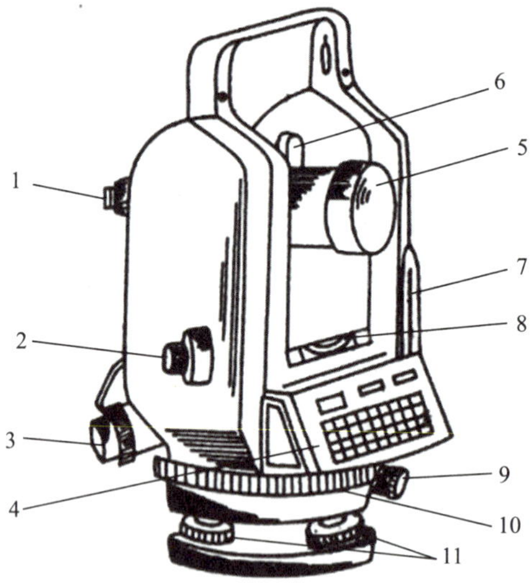

1. 目镜　2. 望远镜制动、微动螺旋　3. 水平制动、微动螺旋　4. 操纵面板　5. 望远镜　6. 瞄准器
7. 内嵌式电池盒　8. 管水准器　9. 轴座连接螺旋　10. 概略定向度盘　11. 脚螺旋

图 3-12　T2000 电子经纬仪

仪器两侧都设有操纵面板，由键盘和三个显示器组成。键盘上有 18 个键。在三个显示器中，一个提示显示内容，另外两个显示数据。

仪器的测角模式有两种：一种是单次测量，精度较高；另一种是跟踪测量，它将随着经纬仪的转动自动测角。跟踪测量模式精度较低，适合于放样及跟踪活动目标。测角显示可以设置到0.1″、1″、10″或1′。

仪器内嵌有电池盒。充满后可用单次测角1 500个。测量结果存储在仪器内，通过数据传输线传到计算机。

若将电子经纬仪与光电测距仪联机，即构成电子速测仪，或称为电子全站仪。

三、电子经纬仪测角原理

由于目前电子经纬仪大部分是采用光栅度盘测角系统和动态测角系统，现介绍这两种测角原理。

1. 光栅度盘测角原理

在光学玻璃上均匀地刻划出许多等间隔细线，即构成光栅。刻在直尺上用于直线测量，称为直线光栅。刻在圆盘上由圆心向外辐射的等角距光栅，称为径向光栅，用于角度测量，又称为光栅度盘，如图3-13所示。

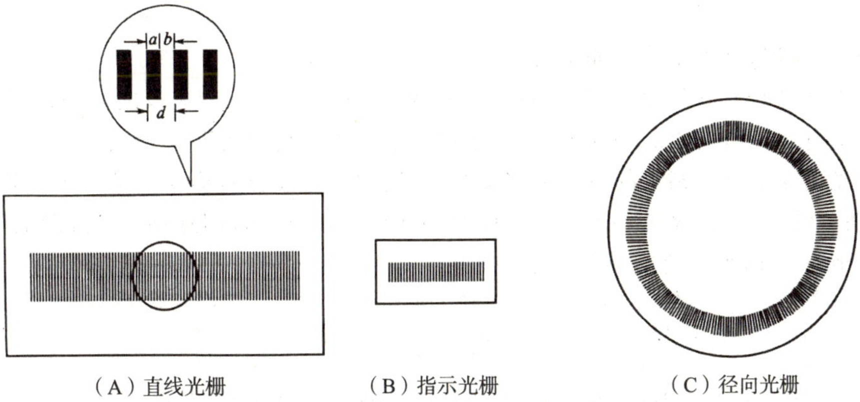

图3-13 光栅

光栅的基本参数是刻划线的密度和栅距。密度为1 mm内刻划线的条数。栅距为相邻两栅的间距。光栅宽度为a，缝隙宽度为b，栅距为$d = a + b$。

电子经纬仪是在光栅度盘的上、下对称位置分别安装光源和光电接收管。由于栅线不透光而缝隙透光，可将光栅盘是否透光的信号变为电信号。当光栅度盘移动时，光电接收管就可对通过的光栅数进行计数，从而得到角度值。这种靠累计计数而无绝对刻度数的读数系统称为增量式读数系统。

由此可见，光栅度盘的栅距就相当于光学度盘的分划，栅距越小，则角度分划值越小，即测角精度越高。例如，在直径80 mm的光栅度盘上，刻划有12 500条细线（刻线密度为50条/mm），栅距分划值为1′44″。要想再提高测角精度，必须对其做进一步的细分，但这样小的栅距再细分实属不易。所以，在光栅度盘测角系统中，采用了莫尔条纹技术进行测微。

所谓莫尔条纹，就是将两块密度相同的光栅重叠，并使它们的刻划线相互倾斜一个很小的角度，光透过时便会出现明暗相间的条纹，如图3-14所示，该条纹称为莫尔条纹。

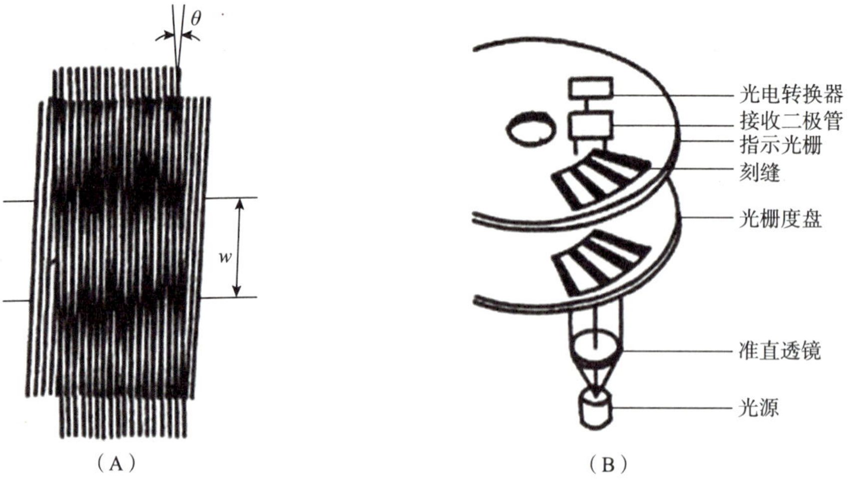

图 3-14　光栅度盘测角原理

根据光学原理，莫尔条纹有如下特点：

(1)两光栅之间的倾角越小，条纹间距 w 越宽，相邻明条纹或暗条纹之间的距离越大。

(2)在垂直于光栅构成的平面方向上，条纹亮度按正弦规律周期性变化。

(3)当光栅在垂直于刻线的方向上移动时，条纹顺着刻线方向移动。光栅在水平方向上相对移动一条刻线，莫尔条纹则上下移动一周期，如图 3-14A 所示，即移动一个纹距 w。

(4)纹距 w 与栅距 d 之间满足如下关系：

$$w=\frac{d}{\theta}\rho' \tag{3.14}$$

式中：ρ' 为 3 438′；θ 为两光栅(图 3-14 中的指示光栅和光栅度盘)之间的夹角。

例如，当 $\theta=20'$时，纹距 $w\approx172\ d$，即纹距比栅距放大了 172 倍。这样，就可以对纹距进一步细分，以达到提高测角精度的目的。

使用光栅度盘的电子经纬仪，如图 3-14B 所示，其指示光栅、发光管(光源)、光电转换器和接收二极管位置固定，而光栅度盘与经纬仪照准部一起转动。发光管发出的光信号通过莫尔条纹落到接收管上，度盘每转动 1 个栅距(d)，莫尔条纹就移动 1 个周期(w)。所以，当望远镜从一个方向转动到另一个方向时，流过光电管光信号的周期数，就是两个方向间的光栅数。由于仪器中两光栅之间的夹角是已知的，所以通过自动数据处理，即可算得并显示两方向间的夹角。为了提高测角精度和角度分辨率，仪器工作时，在每个周期内再均匀地填充 n 个脉冲信号，计数器对脉冲计数，则相当于光栅刻划线的条数又增加了 n 倍，即角度分辨率就提高了 n 倍。

为了判别测角时照准部旋转的方向，采用光栅度盘的电子经纬仪其电子线路中还必须有判向电路和可逆计数器。判向电路用于判别照准时旋转的方向，顺时针旋转时计数器累加，逆时针旋转时计数器累减。

2. 动态测角原理

前述 WILDT2000 电子经纬仪采用的就是动态测角原理。该仪器的度盘仍为玻璃圆环，测角时，由微型马达带动而旋转。度盘分成 1 024 个分划，每 1 分划由 1 对黑白条纹组成，白的透光，黑的不透光，相当于栅线和缝隙，其栅距设为ϕ_0，如图 3-15 所示。光阑L_S固定在基座上，称固定光阑（也称光闸），相当于光学度盘的零分划。光阑L_R在度盘内侧，随照准部转动，称活动光阑，相当于光学度盘的指标线。它们之间的夹角即为要测的角度值。因此这种方法称为绝对式测角系统。两个光阑距度盘中心远近不同，照准部旋转以瞄准不同目标时，彼此互不影响。为消除度盘偏心差，同名光阑按对径位置设置，共 4 个（两对），图中只绘出两个。竖直度盘的固定光阑指向天顶方向。

光阑上装有发光二极管和光电二极管，分别处于度盘上、下侧。发光二极管发射红外光线，通过光阑孔隙照到度盘上。当微型马达带动度盘旋转时，因度盘上明暗条纹而形成透光亮的不断变化，这些光信号被设置在度盘另一侧的光电二极管接收，转换成正弦波的电信号输出，用以测角。

测量角度，首先要测出各方向的方向值，有了方向值，角度也就可以得到。方向值表现为L_R与L_S间的夹角ϕ，如图 3-15 所示。

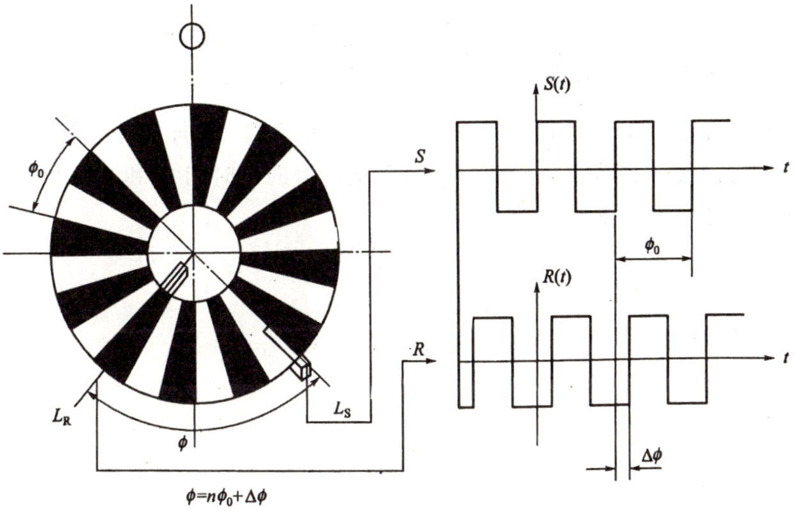

图 3-15　动态测角原理

设一对明暗条纹（即一个分划）相应的角值即栅距为ϕ_0，其值为：

$$\phi_0 = \frac{360^\circ}{1\ 024} = 21.094' = 21'05.64''$$

由图 3-15 可知，角度ϕ为n个整周期ϕ_0和不足整周数的$\Delta\phi$分划值之和。它们分别由粗测和精测求得，即

$$\phi = n\phi_0 + \Delta\phi \tag{3.15}$$

（1）粗测，求出ϕ_0的个数n。

为进行粗测，度盘上设有特殊标志（标志分划），每 90°一个，共 4 个。光阑对度盘扫描时，当某一标志被L_R或L_S中的一个首先识别后，脉冲计数器立即计数，当该标志达到另一光阑后，计数停止。由于脉冲波的频率是已知的，所以由脉冲数可以统计相应的时间T_i。马达的转速是已知的，其相应于转角ϕ_0所需的时间T_0也就知道。将T_i/T_0取整（即取其比值的整数部分，舍去小数部分）就得到n_i，由于有 4 个标志，可得到n_1、n_2、n_3、n_4 4 个数，经微处理器

比较，如无差异可确定 n 值，从而得到 $n\phi_0$。由于 L_R 、L_S 识别标志的先后不同，所测角可以是 ϕ，也可以是 $360°-\phi$，这可由角度处理器作出正确判断。

(2)精测，测算 $\Delta\phi$。

如图 3-15 所示，当光阑对度盘扫描时，L_R 、L_S 各自输出正弦波电信号 R 和 S ，经过整形成方波，运用测相技术便可测出相位差 $\Delta\phi$。$\Delta\phi$的数值是采用在此相位差里填充脉冲数计算的，由脉冲数和已知的脉冲频率(约 1.72 MHz)算得相应时间 ΔT。因度盘上有 1 024 个分划(栅格)，度盘转动一周即输出 1 024 个周期的方波，那么对应于每一个分划均可得到一个$\Delta\phi_i$：若ϕ_0 对应的周期为 T_0，$\Delta\phi_i$ 所对应的时间为 ΔT_i 则有：

$$\Delta\phi_i=\frac{\phi_0}{T_0}\Delta T_i \tag{3.16}$$

测量角度时，仪器内微处理器自动将整周度盘的 1 024 个分划所测得的 $\Delta\phi_i$ 值取平均值作为最后结果，即 $\Delta\phi_i$：

$$\Delta\phi=\frac{\sum\Delta\phi_i}{n}=\frac{\phi_0}{T_0}\frac{\sum\Delta T_i}{n} \tag{3.17}$$

粗测和精测信号送角度处理器处理并衔接成完整的角度(方向)值，送中央处理器，然后由液晶显示器显示或记录于数据终端。动态测角直接测得的是时间 T 和 ΔT，因此，微型马达的转速要均匀、稳定，这是十分重要的。

【自我测试】

一、单项选择题

1. 用经纬仪观测水平角时，尽量照准目标的底部，其目的是消除（　　）误差对测角的影响。

A. 对中　　B. 照准　　C. 目标偏离中心　　D. 整平

2. 当经纬仪的望远镜上下转动时，竖直度盘（　　）。

A. 与望远镜一起转动　　B. 与望远镜相对转动

C. 不动　　D. 有时一起转动有时相对转动

3. 经纬仪安置时，整平的目的是使仪器的（　　）。

A. 竖轴位于铅垂位置，水平度盘水平　　B. 水准管气泡居中

C. 竖盘指标处于正确位置　　D. 水平度盘位于铅垂位置

4. 采用盘左、盘右的水平角观测方法，可以消除（　　）误差。

A. 对中　　B. 十字丝的竖丝不铅垂

C. 整平　　D. $2c$

5. 在角度测量中，水平角的角值范围是（　　）。

A. 0°～360°　　B. 0°～±180°　　C. 0°～ ±90°　　D. 0°～ 90°

6. 用回测法观测水平角，测完上半测回后，发现水准管气泡偏离 2 格多，在此情况下应（　　）。

A. 继续观测下半测回　　B. 整平后观测下半测回

C. 继续观测或整平后观测下半测回　　D. 整平后全部重测

7. 地面上两条相交直线的水平角是（　　）的夹角。

A. 这两条直线的空间实际线　　B. 这两条直线在水平面的投影线

C. 这两条直线在竖直面的投影线　　D. 这两条直线在某一倾斜面的投影线

二、判断题

（　　）1. 角度测量中，当发现水准管气泡偏离零点超过 1 格时，要重新整平仪器，继续观测。

（　　）2. 经纬仪整平时，管水准器与两个脚螺旋连线平行，气泡运动方向与左手大拇指运动方向一致。

（　　）3. 经纬仪测量水平角，需要先整平再对中。

（　　）4. 角度测量中，通常用望远镜旋转仪器。

（　　）5. 经纬仪水平角读数时，水平制动螺旋可以不制动。

三、填空题

1. 经纬仪安置在三脚架架头上，要用到__________螺旋。

2. 安置经纬仪三脚架时，要求__________大致水平。

3. 电子经纬仪对中时，要打开__________，红色光斑对准测站中心点即为对中。

4. 旋转__________可以使十字丝清晰，旋转__________可以使物像清晰。

5. 电子经纬仪的使用步骤是__________、__________、__________、__________。

四、简答题

1. DJ_6 型光学经纬仪由哪几个部分组成？
2. 经纬仪上有几对制动、微动螺旋？各起什么作用？

测量水平角自我测试
参考答案

任务二 测量竖直角

【学习目标】

- 理解竖直角测量的基本原理。
- 掌握竖盘的基本构造及竖直角的观测与计算方法。
- 掌握竖盘指标差的检验与校正。
- 了解光学经纬仪的检验与校正方法。

【任务分解】

通过学习本任务，能够正确完成测量工作中竖直角的测量。具体学习任务见图 3-16。

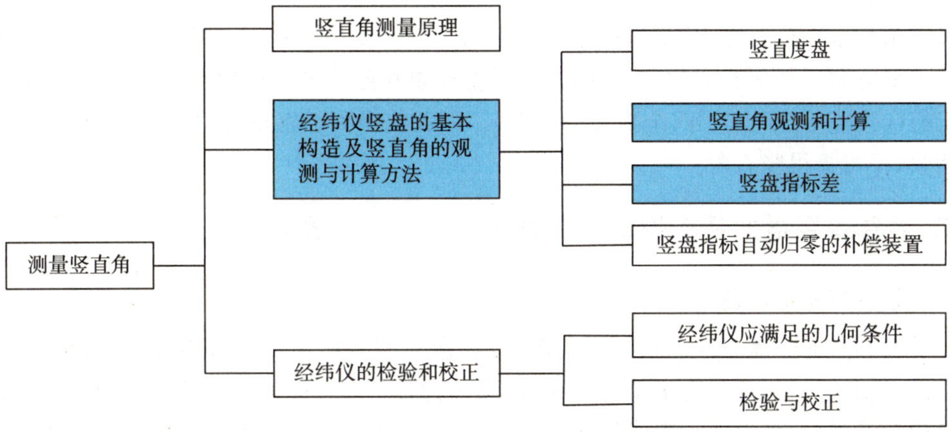

图 3-16 测量竖直角学习任务分解

【基础知识】

竖直角测量用于测定高差或将倾斜距离换算为水平距离。

一、竖直角测量原理

竖直角是指在同一铅垂面内，某目标方向的视线与水平线间的夹角 α，也称为垂直角或高度角；竖直角的角值为 0°～±90°。

视线与铅垂线的夹角称为天顶距，天顶距 z 的角值范围为 0°～180°。

当视线在水平线以上时竖直角称为仰角，角值为正；视线在水平线以下时竖直角称为俯角，角值为负，如图 3-17 所示。

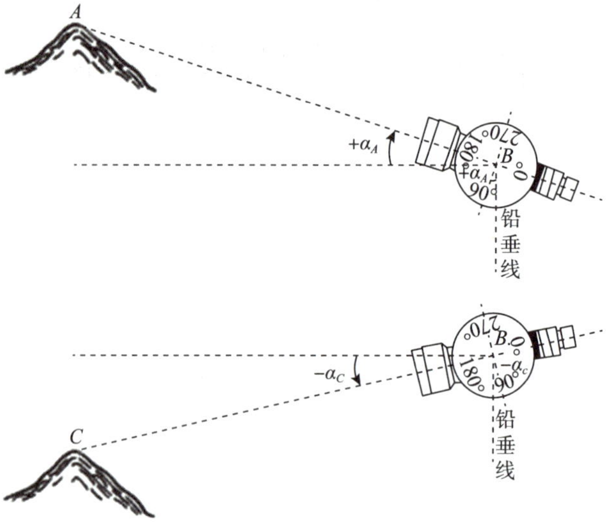

图 3-17　竖直角测量原理

为了测量竖直角，用于测量竖直角的经纬仪还必须装有一个能铅垂放置的度盘——竖直度盘，或称为竖盘。

竖直角与水平角一样，其角值也是度盘上两个方向读数之差，不同的是这两个方向中必有一个是水平方向。任何类型的经纬仪，制作时都要求在望远镜视准轴水平时，其竖盘读数是一个固定值（0°、90°、180°、270°四个数中的一个）。因此在观测竖直角时，只要观测目标点一个方向并读数，便可算得竖直角。

二、经纬仪竖盘的基本构造及竖直角的观测与计算方法

（一）竖盘的基本构造

光学经纬仪的竖盘装置包括竖直度盘、竖盘指标水准管和竖盘指标水准管微动螺旋。竖盘固定在横轴的一端，且垂直于望远镜横轴，随望远镜一起在竖直面内转动。测微尺零分划线是竖盘读数的指标，可以把它看成是和竖盘指标水准管连在一起的。当指标水准管气泡居中时，指标处于正确位置，而望远镜视准轴水平，竖盘读数应为 90°的整数倍（0°、90°、180°、270°四个数中的一个），称为始读数。当望远镜转动时，竖盘随之转动而指标线不动，因而可读得望远镜不同位置的竖盘读数，以计算竖直角。光学经纬仪的竖盘是由玻璃制成，刻划的注记有顺时针方向与逆时针方向两种。盘左时始读数有的为 90°，有的为 0°。现在 DJ_6 型光学经纬的竖盘注记多为 90°的形式。

（二）竖直角的观测和计算

1. 竖直角计算公式

不论竖盘注记采取什么形式，计算竖直角都是倾斜方向读数与水平方向读数之差。如图 3-18 所示，竖盘构造为天顶式顺时针注记，当望远镜视线水平，竖盘指标水准管气泡居中时，读数指标处于正确位置，竖盘读数正好为一常数 90°或 270°。

在图 3-18A 中，将竖盘置于盘左位置，当视线水平时竖盘读数为 90°。望远镜往上仰，读数减小，倾斜视线与水平视线所构成的竖直角为 α_L。设视线方向的读数为 L，则盘左位置的竖直角为：

$$\alpha_L = 90° - L \tag{3.18}$$

在图 3-18B 中，盘右位置，视线水平时竖盘读数为 270°。当望远镜往上仰时，读数增大，倾斜视线与水平视线所构成的竖直角为 α_R，设视线方向的读数为 R，则盘右位置的竖直角为：

$$\alpha_R = R - 270° \tag{3.19}$$

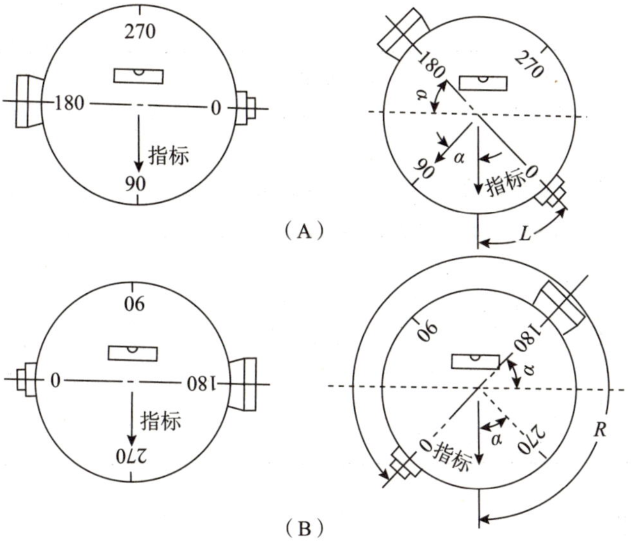

图 3-18　竖直角计算

对于同一目标，由于观测中存在误差，以及仪器本身和外界条件的影响，盘左、盘右所获得的竖直角 α_L 和 α_R 不完全相等，则取盘左、盘右的平均值作为竖直角的结果，即

$$\alpha = \frac{\alpha_L + \alpha_R}{2}$$

或

$$\alpha = \frac{1}{2}(R - L - 180°) \tag{3.20}$$

根据式(3.20)的分析，并推广到其他注记形式的竖盘，可得竖直角计算公式的通用差别法。

(1)当望远镜视线往上仰，竖盘读数逐渐增加，则竖直角的计算公式为：

α＝瞄准目标时的读数－视线水平时的常数

(2)当望远镜视线往上仰，竖盘读数逐渐减小，则竖直角的计算公式为：

α＝视线水平时的常数－瞄准目标时的读数

在运用上两式时，对不同注记形式的竖盘，应首先正确判读视线水平时的常数，且同一仪器盘左、盘右的常数差为 180°。

2. 竖直角观测和计算的方法

(1)仪器安置于测站上,盘左瞄准目标点 A,使十字丝中丝精确地切于目标顶端。

(2)转动竖盘指标水准管微动螺旋,使竖盘指标水准管气泡居中,读取竖盘读数 L(81°18′42″),记入竖直角观测手簿(表 3-7)第 4 栏。

(3)盘右,再瞄准 A 点,并使竖盘指标水准管气泡居中,读取竖盘读数 R(278°41′30″),记入表 3-7 第 4 栏。

(4)计算竖直角 α。按照竖直角计算公式,将计算结果分别填入表 3-7 中第 5、第 7 栏。低处目标 C 的观测、计算方法与此相同。

表 3-7 竖直角观测手簿

日期:5.4　仪器号:2　观测者:王　源　记录者:李纪星

天气:晴　组　别:1　计算者:李　萍

测站	目标	竖盘位置	竖盘读数	半测回角值	指标差	一测回平均角值	备注
1	2	3	4	5	6	7	8
B	A	左	81°18′42″	+8°41′18″	+6″	+8°41′24″	
		右	278°41′30″	+8°41′30″			
	C	左	124°03′30″	−34°03′30″	+12″	−34°03′18″	
		右	235°56′54″	−34°03′06″			

(三)竖盘指标差

上述竖直角的计算,是认为指标处于正确位置上,此时盘左始读数为 90°,盘右始读数为 270°。事实上,上述条件常常不满足,指标不恰好在 90°上,而相差一个小角度 x,x 称为竖盘指标差。盘左时始读数为 $90°+x$,则正确的竖直角应为:

$$\alpha=(90°+x)-L \tag{3.21}$$

同样,盘右时正确的竖直角应为:

$$\alpha = R-(270°+x) \tag{3.22}$$

将式(3.18)和式(3.19)代入式(3.21)和式(3.22)两式,可得:

$$\alpha = \alpha_L + x \tag{3.23}$$

$$\alpha = \alpha_R - x \tag{3.24}$$

此时 α_L、α_R 已不是正确的竖直角。将式(3.23)、式(3.24)两式相加并除以 2,可得:

$$\alpha = 0.5\times(\alpha_L+\alpha_R)$$

与前述所求 α 的式(3.20)相同。可见在竖直角观测中,用正倒镜观测取其均值可以消除竖盘指标差的影响,提高成果质量。

将式(3.23)、式(3.24)两式相减并除以 2,可得:

$$x = 0.5 \times (\alpha_R - \alpha_L) \tag{3.25}$$

将式(3.18)和式(3.19)代入式(3.25),可得:

$$x = 0.5 \times (R + L - 360^\circ) \tag{3.26}$$

指标差 x 可用来检查观测质量。同一测站上观测不同目标时,指标差的变动范围,对 DJ_6 经纬仪一般不应超过 25″。另外,在精度要求不高,或不便纵转望远镜时,可先测定 x 值,求得 α_L,按式(3.23)计算竖直角。

(四)竖盘指标自动归零的补偿装置

观测竖直角时,为使指标处于正确位置,每次读数都需要将竖盘指标水准管的气泡调节居中,这很不方便,所以一些经纬仪在竖盘光路中加装了补偿器,以取代水准管,使仪器在一定的倾斜范围内,都能读出相当于水准管气泡居中时的读数,称为竖盘指标自动归零。DJ_6 型光学经纬仪竖盘指标自动归零补偿器是通过在成像光路中悬吊一块厚的平行玻璃,利用重力和空气阻尼器的共同作用,达到自动归零的目的。在将支架上的自动归零补偿器旋钮打开,能够听到叮当响声时,表示补偿器处于正常工作状态。竖直角观测完毕,要将补偿器旋钮关上,防止吊丝震坏。

三、经纬仪的检验和校正

经纬仪的检验和校正,就是用一定的方法检查仪器各轴线是否满足所要求的条件,若不满足,则进行校正使其满足。经纬仪检验和校正的项目较多,但通常只进行主要轴线间的几何关系的检校。

(一)经纬仪应满足的几何条件

如图 3-19 所示,经纬仪的主要轴线有:照准部的旋转轴(即竖轴)VV、照准部水准管轴 LL、望远镜的旋转轴(即横轴)HH 及视准轴 CC。各轴线之间应满足的几何条件有:

(1)照准部水准管轴应垂直于仪器竖轴,即 $LL \perp VV$。

(2)望远镜十字丝竖丝应垂直于仪器横轴 HH。

(3)视准轴应垂直于仪器横轴,即 $CC \perp HH$。

(4)仪器横轴应垂直于仪器竖轴,即 $HH \perp VV$。

除此以外,经纬仪一般还应满足竖盘指标差为零,以及光学对点器的光学垂线与仪器竖轴重合等条件。

一般仪器在出厂时,以上各条件都能满足,但在搬运或长期使用中也会使各方面条件发生变化,因此,在使用仪器作业前,必须对仪器进行检验与校正,即使新仪器也不例外。

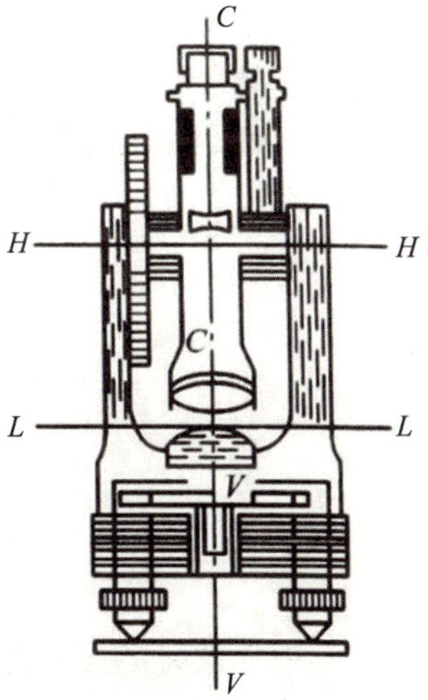

图 3-19 经纬仪几何条件

(二)检验与校正

在经纬仪检校之前,应先做一般性检验,如三脚架是否稳定完好,仪器与三脚架头的连接是否牢固,仪器各部件有无松动,仪器各螺旋是否灵活有效等。确认性能良好后,可继续进行仪器检校。否则,应查明原因并及时处理。

1. 水准管轴垂直于竖轴的检验与校正

(1)检验。首先将仪器粗略整平，然后转动照准部使水准管平行于任意两个脚螺旋连线方向，调节这两个脚螺旋使水准管气泡居中，再将仪器旋转 180°，如果气泡仍然居中，表明条件满足，否则，需要校正。

(2)校正。若竖轴与水准管轴不垂直，则如图 3-20A 所示，当水管轴水平时，竖轴倾斜，且与铅垂线偏离了 α 角。当仪器绕竖轴旋转 180°后，竖轴不垂直于水准管轴的偏角为 2α，如图 3-20B 所示。角 2α 的大小可由气泡偏离的格数来度量。

校正时，先用校正针拨动水准管一端的校正螺丝，使气泡返回偏离量的一半，如图 3-20C 所示。再转动角螺旋，使气泡居中，此时水管轴水平并垂直于竖轴，如图 3-20D 所示。此项检校需反复进行，直到仪器旋转到任意方向，气泡仍然居中或偏离不超过 1 个分划格。

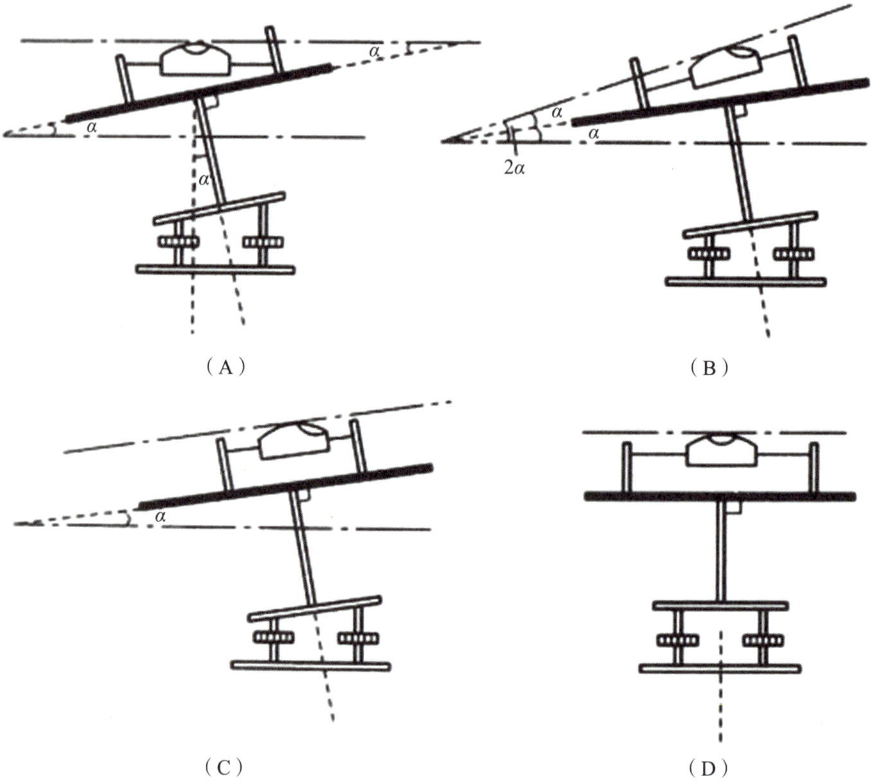

图 3-20 照准部水准管轴的检验与校正

2. 十字丝的竖丝垂直于横轴的检验与校正

(1)检验。用十字丝的上端或下端精确对准远处一明显的目标点，固定水平制动螺旋和望远镜制动螺旋，用望远镜微动螺旋使望远镜绕横轴做微小转动，如果目标点始终在竖丝上移动，说明条件满足。否则，就需要校正，如图 3-21 所示。

(2)校正。与水准仪中横丝应垂直于竖轴的校正方法相同，只不过此处应使竖丝竖直。如图 3-22 所示，微微旋松十字丝环的四个固定螺丝，转动十字丝环，直到望远镜上下俯仰时竖丝与点状目标始终重合为止。最后拧紧各固定螺丝，并旋上护盖。此项检校也需反复进行，直到条件满足。

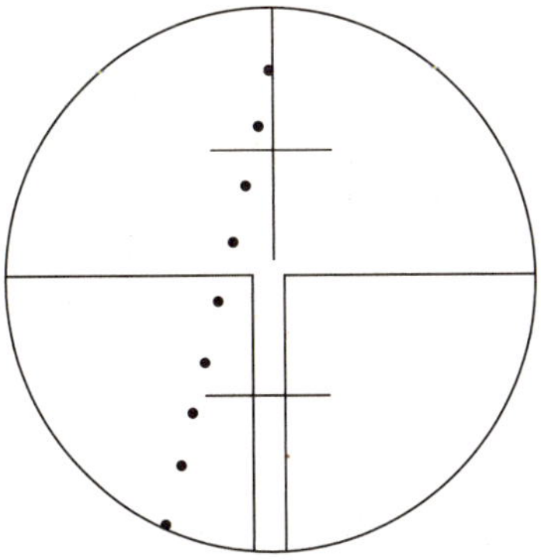

图 3-21 十字丝校正条件

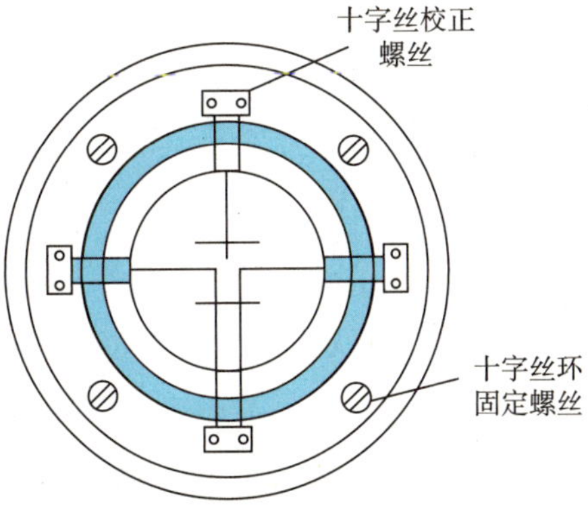

图 3-22 十字丝校正示意图

3.视准轴垂直于横轴的检验与校正

当望远镜绕横轴旋转时，若视准轴与横轴垂直，视准轴所扫过的面为一竖直平面；若视准轴与横轴不垂直，所扫过的面则为圆锥面。检校的方法有两种。

(1)盘左盘右瞄点法。

①检验。先在盘左位置瞄准远处水平方向一明显目标点 A，读取水平度盘读数，设为 M_L；然后在盘右位置瞄准同一目标点 A，读取水平度盘读数，设为 M_R。若 $M_L=M_R$，说明条件满足；否则，条件不满足。视准轴不垂直于横轴所偏离的角度称为视准轴误差，用 c 表示，即按式(3.4)计算的结果除以 2。对普通经纬仪，当 c 超过 $\pm 1'$ 时，需进行校正。

②校正。在盘右位置用水平微动螺旋使水平度盘读数为：

$$\overline{M}_R = \frac{1}{2}[M_R + (M_L \pm 180°)] \tag{3.27}$$

再从望远镜中观察，此时十字丝交点已偏离目标点 A。校正时，取下十字丝环的保护罩，通过调节十字丝环的左右两个校正螺丝(图 3-22)，使十字丝交点重新照准目标点 A。此项检校应反复进行，直至 $c \leqslant \pm 1'$。

这种方法适用于 DJ_2 经纬仪和其他双指标读数的仪器。对于单指标读数的经纬仪(DJ_6 或 DJ_6 以下)，只有在度盘偏心差很小时才能见效。否则，$2c$ 中包含了较大的偏心差，校正时将得不到正确结果。因此，对于单指标读数仪器，常用另一种方法检校。

(2)四分之一法。

①检验。在平坦地面上选择 A，B 两点，相距应大于 20 m，将经纬仪安置在 A，B 中间的 O 点处，并在 A 点设置一瞄准标志，在 B 点横置一支有毫米刻划的尺子。注意标志和横置的直尺应与仪器同高。以盘左位置瞄准 A 点，固定照准部，倒转望远镜，在 B 点横尺上读得 B_1 点，如图 3-23A 所示。再以盘右位置照准 A 点，固定照准部，倒转望远镜。在 B 点横尺上读得 B_2 点，如图 3-23B，若 B_1、B_2 两点重合，说明条件满足，否则，需要校正。

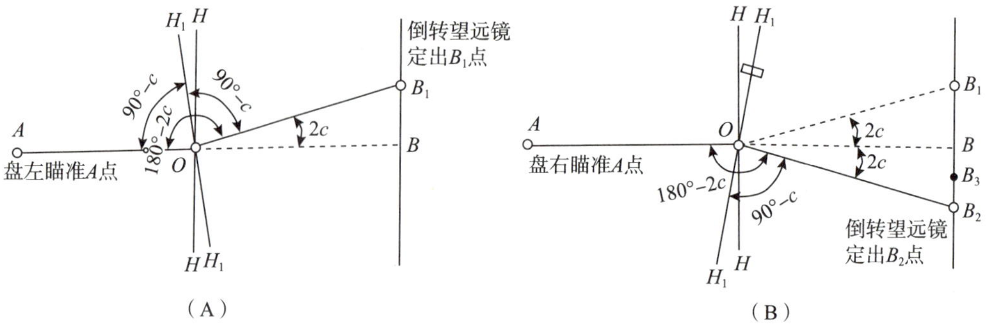

图 3-23　四分之一法检验校正

由图 3-23 可以看出，若仪器至横尺的距离为 D，以米为单位。则 c 可写成：

$$c = \rho \frac{B_1 B_2}{4D} \tag{3.28}$$

式中：B_1B_2 为 B_1，B_2 两点连线的长度，单位为米。

②校正。校正时，在横尺上定出 B_1，B_2 两点连线中点 B 点的位置，然后定出 BB_2 两点连线中点 B_3 的位置。此时，与盘左盘右瞄点法的校正方法一样先取下十字丝环的保护罩，再通过调节十字丝环的校正螺丝，使十字丝交点对准 B_3 点。

4. 横轴垂直竖轴的检验与校正

此项检校的目的是使仪器水平时，望远镜绕横轴旋转所扫过的平面成为竖直状态，而不是倾斜的。

(1)检验。在距墙壁 30 m 处安置经纬仪，盘左位置瞄准一明显的目标点 P 点(可事先做好贴在墙面上)，如图 3-24 所示，要求望远镜瞄准 P 点时的仰角大于 30°。固定照准部，调整竖盘指标水准管气泡居中后，读取竖盘读数 L，然后放平望远镜，在墙上标出十字丝中点所对位

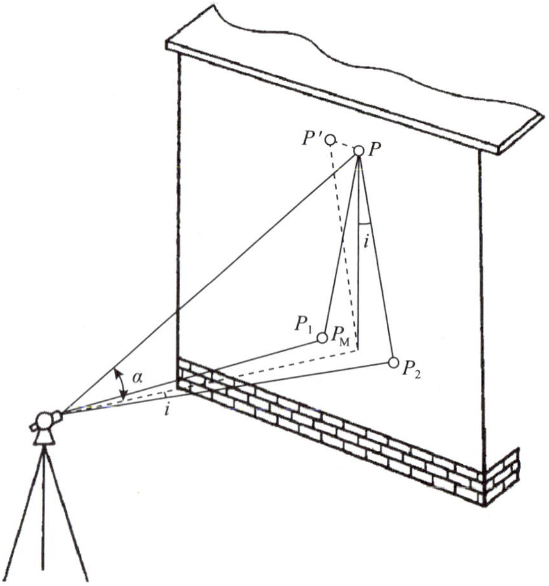

图 3-24　横轴垂直竖轴的检验校正

置 P_1。盘右位置同样瞄准 P 点，读得竖盘读数 R，放平望远镜后在墙上得出另一点 P_2，P_1 和 P_2 放在同一高度。若 P_1、P_2 两点重合，说明条件满足，若 P_1、P_2 两点不重合，则需要校正。

(2)校正。如图 3-24 所示，在墙上定出 P_1P_2 的中点 P_M。调节水平微动螺旋使望远镜瞄准 P_M 点，再将望远镜往上仰，此时，十字丝交点必定偏离 P 点而照准 P' 点。校正横轴一端支架上的偏心环，使横轴的一端升高或降低，移动十字丝交点位置，并精确照准 P 点。横轴不垂直于竖轴所构成的倾斜角 i 可通过下式计算：

$$i = \frac{\Delta \cot \alpha}{2D} \rho \tag{3.29}$$

式中：α 为瞄准 P 点的竖直角，通过瞄准 P 点时所得的 L 和 R 算出；D 为仪器至建筑物的距离；Δ 为 P_1，P_2 两点的间距。ρ 为将弧度转换为角度的换算系数 206 265″。

反复检校，直至 i 角值不大于 1′为止。

由于，近代光学经纬仪将横轴密封在支架内，故使用仪器时，一般只进行检验，如 i 值超过规定的范围，应由专业修理人员进行修理。

5. 竖盘指标差的检验与校正

(1)检验。在地面安置好经纬仪，用盘左、盘右分别瞄准同一目标，正确读取竖盘读数，并按式(3.20)和式(3.26)分别计算出竖直角 α 和指标差 x。当 x 值超过±1′时，应加以校正。

(2)校正。用盘右位置照准原目标。调节竖盘指标水准管微动螺旋，使竖盘读数对准正确读数。

$$\text{正确读数 } R = \alpha + \text{盘右视线水平时的读数} \tag{3.30}$$

此时，气泡不再居中，用校正针调节竖盘指标水准管校正螺丝，使气泡居中，注意勿使十字丝偏离原来的目标。应反复检校，直至指标差在±1′以内为止。

6. 光学对中器的检验与校正

检校的目的是使光学对中器的视准轴与仪器旋转轴(竖轴)重合，即仪器对中后，绕竖轴旋转至任何方向仍然对中。

(1)检验。先安置好仪器，整平后在仪器正下方放置一块白色纸板，将光学对点器分划板中心投影到纸板上，如图 3-25A 所示，并做一标志点 P。然后，将照准部旋转 180°，若 P 点仍在光学对点器分划圈内，说明条件满足，否则需校正。

(2)校正。在纸板上画出分划圈中心与 P 点的连线，取中点 P''。通过调节对点器上相应的校正螺钉，使 P 点移至 P''，如图 3-25B 所示。反复 1～2 次，直到照准部旋转到任何位置时，目标都落在分划圈中心为止。要注意的是，仪器类型不同，校正部位也不同，有的校正直角转向棱镜，有的校正光学对点器分划板，有的两者均可校正。

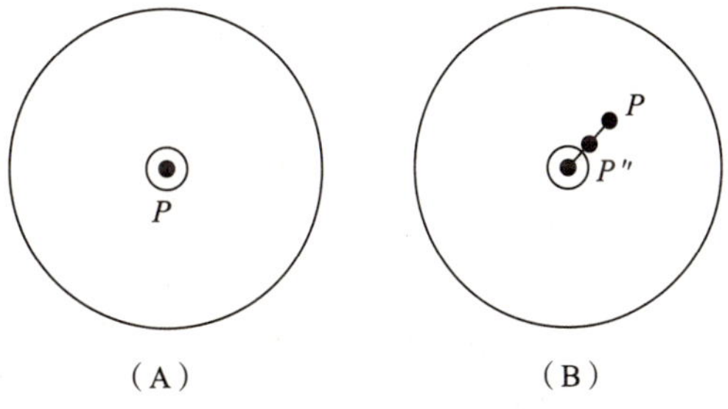

图 3-25 光学对中器的检验校正

要使经纬仪的各项检校满足理论上的要求是相当困难的，在实际检校中，只要求达到实际作业需要的精度即可。

【学程设计】

学程设计见表 3-8。

表 3-8　项目三任务二“课堂计划”表

<table>
<tr><td colspan="2">学习主题：
项目三 测量角度
任务二 测量竖直角
(4 学时)</td><td>学习目标</td><td colspan="4">价值塑造：通过学习经纬仪竖直角观测规程，让学生敬畏并自觉遵守测量工作制度及相关技术要求，强调外业的安全意识。通过内业计算，强调测量工作的精准性及相关技术要求，培养严谨细致的测量习惯。
知识传授：熟悉竖直角测量的基本原理；掌握光学经纬仪的基本构造与操作、竖直角读数方法、竖盘的基本构造。
能力培养：学会进行竖直角的观测和计算。
素质养成：具有信息采集与处理的能力；具有团队合作能力，口头表达能力，人际沟通能力。</td></tr>
<tr><td>时间</td><td>教学内容</td><td colspan="2">教师的活动</td><td>学生的活动</td><td>教学方法</td><td>媒体</td></tr>
<tr><td>45 min</td><td>竖直角测量原理</td><td colspan="2">1. 布置任务
2. 监控课堂
3. 讲授</td><td>1. 阅读教材
2. 听课
3. 记录</td><td>讲授法与自主学习法</td><td>教材、PPT</td></tr>
<tr><td>90 min</td><td>经纬仪竖盘的基本构造及竖直角的观测与计算方法</td><td colspan="2">1. 从仪器开始认知各部件构造
2. 竖直角观测
3. 竖直角计算</td><td>1. 认识仪器
2. 研讨各部件功能
3. 听课
4. 操作与计算</td><td>讲授与自主学习法</td><td>PPT、电子经纬仪、标杆</td></tr>
<tr><td>45 min</td><td>经纬仪的检验和校正</td><td colspan="2">1. 几何条件
2. 检验与校正</td><td>1. 阅读教材
2. 分组实际操作
3. 总结
4. 点评</td><td>小组学习法，实际操作。</td><td>PPT、视频展台</td></tr>
</table>

【技能训练】

电子经纬仪竖直角观测

一、技能训练要求

(1)了解电子光学经纬竖盘的构造及注记形式。

(2)掌握竖直角观测、记录、计算及成果整理。

二、技能训练内容

(1)经纬仪的竖盘构造,竖盘指标差的计算。

(2)竖直角观测、记录,整理成果。

三、技能训练步骤

(1)在指定地面点安置经纬仪,进行对中、整平,转动望远镜,从读数镜中观察竖盘读数的变化,确定竖盘的注记形式,并在记录表中写出垂直角及竖盘指标差的计算公式。

(2)选定某一觇牌或其他明显标志作为目标。盘左,整平,瞄准目标(用十字丝中横丝切于目标基部或平分目标),读取竖直度盘读数,用竖盘公式计算盘左半测回竖直角值 $\alpha_{左}$。

(3)盘右,做同样的观测、记录和计算,得盘右半测回竖直角值 $\alpha_{右}$。

(4)按下式计算指标差 x 及一测回竖直角 α:

$$x = 0.5 \times (\alpha_{右} - \alpha_{左})$$
$$\alpha = 0.5 \times (\alpha_{左} + \alpha_{右})$$

(5)每人应至少对同一目标观测两测回,或向两个不同目标各观测一测回,指标差对于同一仪器应为常数,因此,各测回测得指标差互差不应大于 25″。

四、技能训练评价

技能训练评价见表 3-9,每组上交一份竖直角观测成果(表 3-10)。

表 3-9 项目三任务二技能训练评价表——电子经纬仪竖直角观测

观测读数	按记录数据的规范程度各组分别计分。分值分别为 30 分、25 分、15 分
成果评价	按照竖直角测量的步骤及成果的准确程度各组分别计分。分值分别为 70 分、50 分、30 分、10 分

表 3-10　项目三任务二竖直角观测手簿

日期：__________　仪器号：__________　观测者：__________　记录者：__________

天气：__________　组　别：__________　计算者：__________

<table>
<tr><th>测站</th><th>目标</th><th>竖盘位置</th><th>竖直度盘读数</th><th>半测回竖直值</th><th>指标差</th><th>一测回平均角值</th><th>备注</th></tr>
<tr><td>1</td><td>2</td><td>3</td><td>4</td><td>5</td><td>6</td><td>7</td><td>8</td></tr>
<tr><td rowspan="4"></td><td rowspan="2"></td><td></td><td></td><td></td><td rowspan="2"></td><td rowspan="8"></td><td rowspan="8"></td></tr>
<tr><td></td><td></td><td></td></tr>
<tr><td rowspan="2"></td><td></td><td></td><td></td><td rowspan="2"></td></tr>
<tr><td></td><td></td><td></td></tr>
<tr><td rowspan="4"></td><td rowspan="2"></td><td></td><td></td><td></td><td rowspan="2"></td></tr>
<tr><td></td><td></td><td></td></tr>
<tr><td rowspan="2"></td><td></td><td></td><td></td><td rowspan="2"></td></tr>
<tr><td></td><td></td><td></td></tr>
</table>

【知识拓展】

经纬仪导线测量

地形测量一般分为两个工序，首先是控制测量，其次是碎部测量。控制测量分为平面控制测量和高程控制测量。平面控制测量是测定各控制点的平面位置，采用的主要方法是三角测量和导线测量。高程控制测量是测定各控制点的高程，采用的方法是水准测量和三角高程测量。下面简要介绍经纬仪导线测量。

一、概述

导线测量是一条折线或多边形，观测各个折角和边长，再根据起始边的方位角（直接观测或连测）及起始点坐标，推算各点坐标。

经纬仪导线测量分为外业和内业。外业工作包括选点、测角和量距等。内业工作是计算各点坐标和高程。

在进行导线测量之前，首先对测区进行实地踏勘，了解测区的地形条件、范围大小和测图要求，并收集测区原有控制点和地形图资料，然后根据这些因素在旧有地形图上进行导线测量的技术设计，在设计时必须考虑导线的图形、导线的总长、如何与高级点连接等问题。当室内设计完成后，即可进行导线外业工作。

二、导线的布设形式与等级

用导线测量的方法进行小地区平面控制测量，根据测区范围及精度要求，分为一级导线、二级导线、三级导线和图根导线四个等级。它们可作为国家四等控制点或国家E级GPS点的加密，也可以作为独立地区的首级控制。各级导线测量的主要技术要求参考表3-11。

表3-11 导线测量的主要技术要求

等级	导线长度/km	平均边长/km	测角中误差/(″)	测回数		角度闭合差/(″)	相对闭合差
				DJ_6	DJ_2		
一级	4	0.5	5	4	2	$10\sqrt{n}$	1/15 000
二级	2.4	0.25	8	3	1	$16\sqrt{n}$	1/10 000
三级	1.2	0.1	12	2	1	$24\sqrt{n}$	1/5 000
图根	≤1.0M	≤1.5测图最大视距	20	1		$40\sqrt{n}$	1/2 000

注：表中n为测站数，M为测图比例尺的分母。

根据测区的情况和工程要求，导线可布设成以下形式：

1. 附合导线

附合导线是布设在两已知点间的导线。如图3-26所示，从一高级控制点出发，最后附合到另一高级控制点上。附合导线多用在带状地区做测图控制。此外，也广泛用于公路、铁路、管线、河道等工程的勘测与施工。

2. 闭合导线

闭合导线起止同一已知点。如图 3-27 所示，从一已知点出发，经过 1，2，3，4 点，最后又回到已知点，组成一闭合多边形。闭合导线本身具有严密的几何条件，具有检核作用。导线附近若有高级控制点(三角点或导线点)，应尽量使导线与高级控制点连接。连接的目的是获得起算数据，使之与高级控制点连成统一的整体。闭合导线多用在面积较宽阔的独立地区作测图控制。

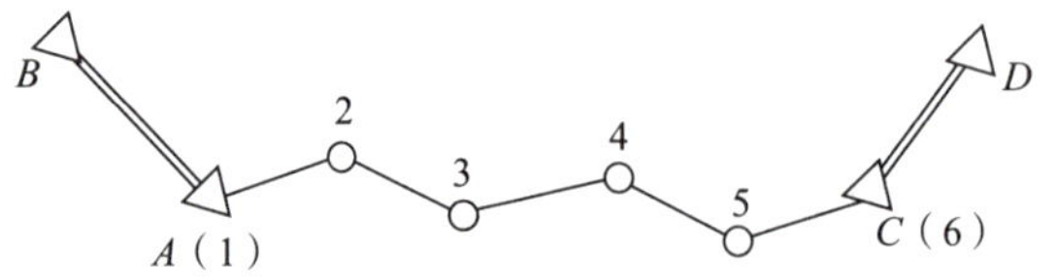

图 3-26 附合导线

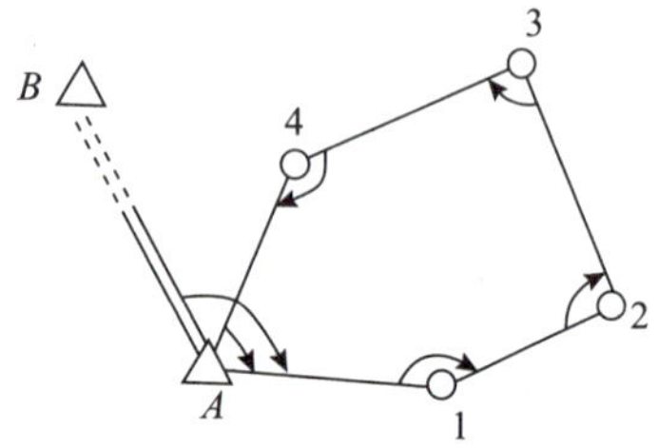

图 3-27 闭合导线

3. 支导线

如图 3-28 所示，从一已知点出发，既不闭合到原始起点，也不附合于另一已知点上，这种导线称为支导线。支导线缺乏检核条件，其边数一般不得超过 4 条，适用于图根控制加密。

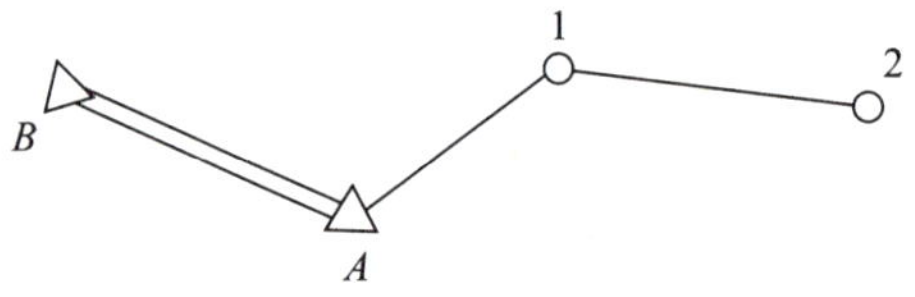

图 3-28 支导线

在导线测量中，闭合导线和附合导线本身可以检查，精度较好，可以做独立控制用。支导线由于没有图形检查，精度较差，只作补充控制用。适用于较平坦和通视困难地区。

三、导线测量的外业工作

1. 选点

根据图上选定导线点的概略位置，到实地进行核对，如有不当之处再作改动。选点要注意以下几点。

(1)导线点应选在地形较高而视野开阔的地方，以便测量碎部，点位能长期保存，能安置仪器，且应选在土质坚硬和便于观测的地方。

(2)相邻导线点要互相通视，同时要求相邻点间地面比较平坦，或坡度比较均匀，便于丈量距离。

(3)导线点要均布全测区，不能集中于某一局部，以便施测碎部。

(4)导线边长相差不宜过大，一般为 70～150 m，个别短边不得短于 30 m，可减小因望远镜调焦带来的误差。

导线点选定后应立标志，临时性导线点可用 40 cm 长的木桩，永久性的导线点可用 50 cm

长的水泥桩或石桩，也可利用地面上固定的标志，如牢固的石头、消火栓等。在桩上钉一小钉或刻上十字表示点位，在桩顶或侧面写上编号。必要时可画一草图，草图标明导线点位置和导线点周围地物，以便寻找。

2. 测角

用 DJ_6 型光学经纬仪观测转折角 1～2 测回。一般观测右角，即沿导线前进方向右侧角度，也可观测左角，但一条导线中若规定观测右角，则左角就不观测。闭合导线一般观测内角，测角方法一般采用测回法，一个测回正镜和倒镜角值之差不应超过 40″，经纬仪对中误差应小于 3 mm。当在结点同时要观测几个方向时，则用方向观测法较为方便。

观测时，在测站安置经纬仪，在前后导线上插一测钎或标杆，尽量照准测钎或标杆下部。

当需要与高级控制点进行连测时，需进行连接测量，如图 3-29 所示。为一闭合导线，A，B 为其附近的已知高级控制点，则 β_A，β_1 为连接角，D_{A1} 为连接边。这样可根据 A 点坐标和 AB 的方位角及测定的连接角、连接边，计算出 1 点的坐标和边 1—2 的方位角，作为闭合导线的起始数据。布设的导线如果无法与已知控制点连测，可建立独立的坐标系统，这时没有已知方位角，还要用罗盘仪观测起始边的磁方位角或磁象限角作为整个测区的起算方位角。并假定起始点坐标作为起算数据。

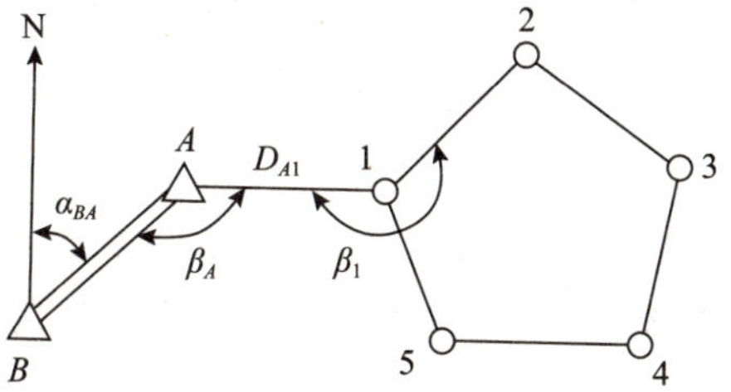

图 3-29　连接测量

附合导线在两端已知点也要设站，观测已知高级边和导线边的夹角，这两个角称为连接角。

3. 量距

经纬仪导线边长是用鉴定过的钢卷尺或短程光电测距仪测量，一般往返丈量各一次，或单程丈量两次。如果丈量斜距，要改算成水平距离。丈量精度在平坦地区不低于 1∶3 000，困难地区不低于 1∶2 000。

当导线边跨越河流或其他障碍，不能直接丈量时，可采用辅助点间接求距离的方法。如图 3-30 所示，导线边 FG 跨越河流，这时可以沿河一岸较平坦地段选定一个辅助点 P，使基线 FP 便于丈量，且接近等边三角形。丈量基线长度 b，观测内角 α，β，γ，当内角和与 180°之差不超过±60″时，可将闭合差反符号分配于三个内角，然后按改正后的内角，根据三角形正弦定理解算 FG 边的边长。

$$FG = b\frac{\sin\alpha}{\sin\gamma}$$

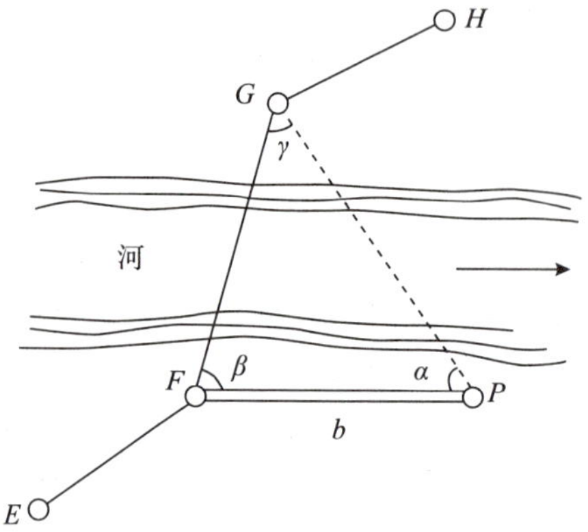

图 3-30　间接测定边长

四、导线测量的内业计算

导线测量内业计算的目的，就是根据已知的起算数据和外业的观测成果，经过误差调整，推算出各导线点的平面坐标。进行导线内业计算前，应当全面地检查导线测量外业成果有无遗漏、记错、算错，成果是否都符合精度要求。然后绘制导线略图，注明实测的边长、转折角、起始方位角数据。

1. 坐标计算的基本公式

(1)坐标正算。根据已知点坐标、边长和该边方位角计算未知点坐标，称为坐标正算。

如图 3-31 所示，设 A 点坐标(x_A, y_A)，AB 边长 D_{AB} 和方位角 α_{AB} 为已知时，在直角坐标系中的 A,B 两点坐标增量为：

$$\Delta x_{AB} = x_B - x_A = D_{AB}\cos\alpha_{AB} \tag{3.31}$$

$$\Delta y_{AB} = y_B - y_A = D_{AB}\sin\alpha_{AB} \tag{3.32}$$

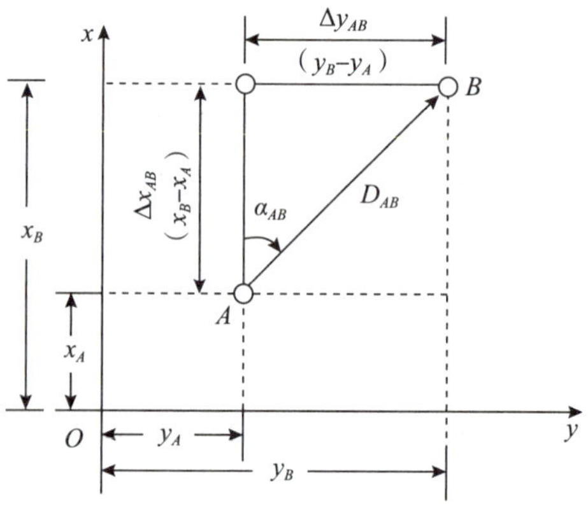

图 3-31　坐标增量换算

根据 A 点的坐标及算得的坐标增量，计算 B 点的坐标：

$$x_B = x_A + \Delta x_{AB} \tag{3.33}$$

$$y_B = y_A + \Delta y_{AB} \tag{3.34}$$

(2)坐标反算。在导线与已知点连测时，一般应根据两已知高级点的坐标反算出两点间的方位角或边长，作为导线的起算数据和校核之用。另外，在施工测设中也要按坐标反算方法计算出放样数据。这种由两个已知点的坐标反算两点间坐标方位角和边长，称为坐标反算。

如图 3-31 所示，A，B 两点的坐标已知，分别为(x_A, y_A)和(x_B, y_B)。

$$\alpha_{AB} = \arctan\frac{\Delta y_{AB}}{\Delta x_{AB}} = \arctan\frac{y_B - y_A}{x_B - x_A} \tag{3.35}$$

$$D_{AB} = \sqrt{(x_B - x_A)^2 + (y_B - y_A)^2} \tag{3.36}$$

计算方位角时应注意，按上式计算出的是象限角，必须根据 Δx，Δy 的正、负号决定 AB 边所在的象限后，才能换算为 AB 边的坐标方位角。

2. 附合导线计算

如图 3-32 所示为一附合导线，下面将以图中所注数据为例，结合表 3-12 介绍附合导线的计算步骤。

计算时，首先应将外业观测资料和起算数据填写在表 3-12 中的相应栏目内，起算数据用下划线标明。

(1)角度闭合差的计算与调整。如图 3-32 所示，A，B，C，D 为已知点，起始边的方位角 α_{AB}($\alpha_{始}$)和终止的方位角 α_{CD}($\alpha_{终}$)为已知或用坐标反算求得。根据导线的转折角和起始边的方位角，按方位角推算公式推算各边的方位角：

$$\alpha_{B1} = \alpha_{AB} + 180° - \beta_B \qquad \alpha_{12} = \alpha_{B1} + 180° - \beta_1 \qquad \alpha_{23} = \alpha_{12} + 180° - \beta_2$$

$$\alpha_{34} = \alpha_{23} + 180° - \beta_3 \qquad \alpha_{4C} = \alpha_{34} + 180° - \beta_4 \qquad \alpha_{CD} = \alpha_{4C} + 180° - \beta_C$$

将以上各式相加，得：$\alpha_{CD} = \alpha_{AB} + 6 \times 180° - \sum\beta$

或

$$\sum\beta = \alpha_{AB} - \alpha_{CD} + 6 \times 180°$$

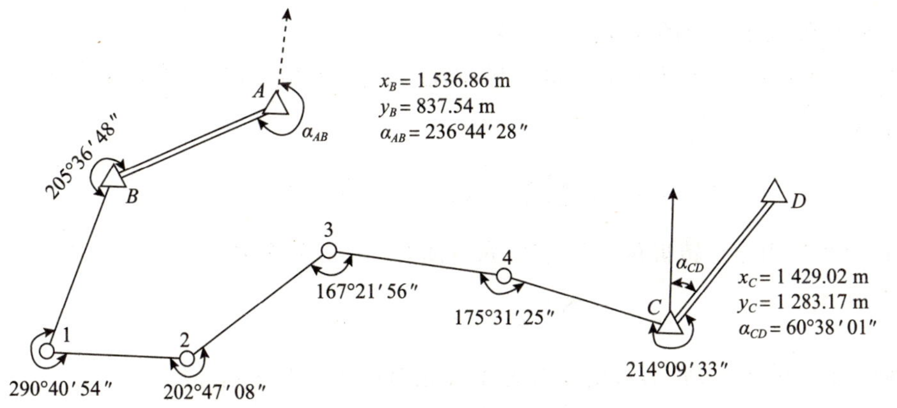

图 3-32　附合导线计算

表 3-12　附合导线坐标计算表

点号	观测角（右角）/(° ′ ″)	改正数/(″)	改正角/(° ′ ″)	坐标方位角 α /(° ′ ″)	距离 D/m	增量计算值/m Δx	增量计算值/m Δy	改正后增量/m Δx	改正后增量/m Δy	坐标值/m x	坐标值/m y
1	2	3	4=2+3	5	6	7	8	9	10	11	12
A				236 44 28							
B	205 36 48	−13	205 36 35							1536.86	837.54
				211 07 53	125.36	+4 −107.31	−2 −64.81	−107.27	−64.83		
1	290 40 54	−12	290 40 42							1429.59	772.71
				100 27 11	98.76	+3 −17.92	−2 +97.12	−17.89	+97.1		
2	220 47 08	−13	202 46 55							1411.70	869.81
				77 40 16	114.63	+4 +30.88	−2 +141.29	+30.92	+141.27		
3	167 21 56	−13	167 21 43							1442.62	1011.08
				90 18 33	116.44	+3 −0.63	−2 +116.44	−0.6	+116.42		
4	175 31 25	−13	175 31 12							1442.02	1127.50
				94 47 21	156.25	+5 −13.05	−3 +155.7	−13	+155.67		
C	214 09 33	−13	214 09 20							1429.02	1283.17
				60 38 01							
D											
总和	1256 07 44	−77	1256 06 25		641.44	−108.03	+445.74	−107.84	+445.63		
辅助计算	$f_\beta=\sum\beta_{测}-\alpha_{始}+\alpha_{终}-n\times180°=+77''$ $f_{\beta容}=\pm40\sqrt{6}=\pm98''$					$f_x=-0.19(m)$ $f_y=+0.11(m)$ $f_D=\sqrt{f_x^2+f_y^2}=0.22(\text{m})$				$K=\frac{0.22}{641.44}=\frac{1}{2\ 900}$ $K_{容}=\frac{1}{2\ 000}$	

假设导线各转折角在观测中不存在误差，上式应成立，则 $\sum\beta$ 称为理论值，写成一般形式为：

$$\sum\beta_{理}=\alpha_{始}-\alpha_{终}+n\times180°$$

式中：n 为包括连接角在内的导线转折角数。

由于观测中存在误差，因此观测角总和 $\sum\beta_{测}$ 与 $\sum\beta_{理}$ 不相等，其差值为角度闭合差 f_β，则 $f_\beta=\sum\beta_{测}-\sum\beta_{理}$，即

$$f_\beta=\sum\beta_{测}-\alpha_{始}+\alpha_{终}-n\times180° \tag{3.37}$$

同理，可推导当导线转折角为左角时，角度闭合差的计算公式为

$$f_\beta=\sum\beta_{测}+\alpha_{始}-\alpha_{终}-n\times180° \tag{3.38}$$

各级导线角度闭合差的容许值参考表 3-11 所列。本例为图根导线：

$$f_{\beta_{容}}=\pm40\sqrt{n}''$$

若 $|f_\beta|\leqslant|f_{\beta_{容}}|$，则可进行角度闭合差的调整，否则，应分析原因进行重测。角度闭合差

的调整原则是将 f_β 以相反的符号平均分配到各观测角中。

即各角的改正数为：

$$V_\beta = -f_\beta / n \tag{3.39}$$

改正后的角度为：$\beta_{改} = \beta_{测} + V_\beta$

计算时，根据角度取位的要求，改正数可凑到 1″、6″或 10″。若不能均分，一般情况下，给短边的夹角多分配一点，使各角改正数的总和与反号的闭合差相等，即 $\sum V_\beta = -f_\beta$，此条件用于计算检核。

(2)推算各个边的坐标方位角。根据起始边已知坐标方位角和改正后角值，按方位角推算公式推算各边的坐标方位角，并填入表 3-12 的第 5 栏内。

本例导线转折角为右角，方位角推算公式为：$\alpha_{前} = \alpha_{后} + 180° - \beta_{右}$。

若转折角为左角，方位角推算公式为：$\alpha_{前} = \alpha_{后} + \beta_{左} - 180°$

按上述方法按前进方向逐边推算坐标方位角，最后算出终边坐标方位角，应与已知的终边坐标方位角相等，否则应重新检查计算。必须注意，当计算出的方位角大于 360°时，应减去 360°，为负值时应加上 360°。

(3)坐标增量的计算。根据已推算出的导线各边的坐标方位角和相应边的边长，按式(3.31)与式(3.32)计算各边的坐标增量。例如，导线边 $B-1$ 的坐标增量为：

$$\Delta x_{B1} = D_{B1}\cos\alpha_{B1} = 125.36\ \text{m} \times \cos 211°07'53'' = -107.31\ \text{m}$$
$$\Delta y_{B1} = D_{B1}\sin\alpha_{B1} = 125.36\ \text{m} \times \sin 211°07'53'' = -64.81\ \text{m}$$

同法算得其他各边的坐标增量值，填入表 3-12 的第 7、8 栏的相应格内。

(4)坐标增量闭合差的计算和调整。理论上，各边的纵、横坐标增量代数和应等于终、始两已知点间的纵、横坐标差，即

$$\sum \Delta x_{理} = x_C - x_B,\ \sum \Delta y_{理} = y_C - y_B$$

而实际上，由于调整后的各转折角和实测的各导线边长均含有误差，导致实际计算的各边纵、横坐标增量的代数和不等于附合导线终点和起点的纵、横坐标之差。它们的差值即为纵、横坐标增量闭合差 f_x 和 f_y，即

$$f_x = \sum \Delta x - \sum \Delta x_{理} = \sum \Delta x - (x_C - x_B)$$
$$f_y = \sum \Delta y - \sum \Delta y_{理} = \sum \Delta y - (y_C - y_B)$$

坐标增量闭合差的一般公式为：

$$f_x = \sum \Delta x - (x_{终} - x_{始}) \tag{3.40}$$

$$f_y = \sum \Delta y - (y_{终} - y_{始}) \tag{3.41}$$

由于 f_x 和 f_y 的存在、使导线不能和 CD 连接，存在一个缺口 $C-C'$。$C-C'$ 的长度称为导线全长闭合差(图 3-33)，用 f_D 表示，计算公式为：

$$f_D = \sqrt{f_x^2 + f_y^2} \tag{3.42}$$

导线越长，全长闭合差也越大。因此，以 f_D 值的大小不能显示导线测量的精度，应当将 f_D 与导线全长 $\sum D$ 相比较。通常用相对闭合差来衡量导线测量的精度，计算公式为：

$$K=\frac{f_D}{\sum D}=\frac{1}{\sum D/f_D} \tag{3.43}$$

导线的相对全长闭合差应小于容许相对闭合差 $K_{容}$。不同等级的导线，其容许相对闭合差 $K_{容}$ 不同。图根导线的 $K_{容}$ 为 1/2 000，见表 3-12。

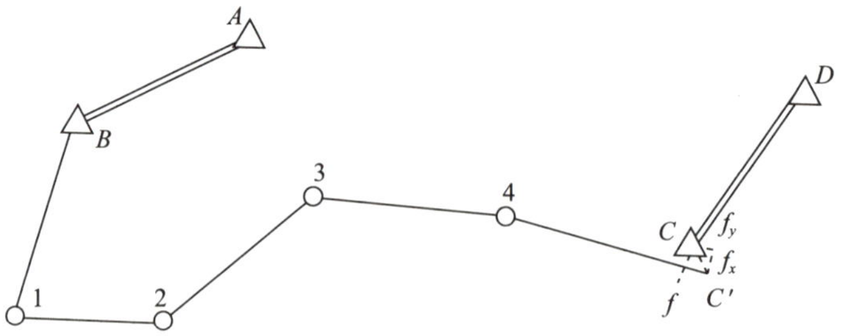

图 3-33　附合导线全长闭合差

本例中，f_x 、f_y 、f_D 及 K 的计算见表 3-12 辅助计算栏。

若 K 大于 $K_{容}$ ，则说明成果不合格，应首先检查内业计算有无错误，然后检查外业观测成果，必要时重测。若 K 不超过 $K_{容}$ ，则说明测量成果符合精度要求，可以进行调整。调整的原则是：将 f_x 、f_y 以相反的符号按与边长成正比分配到相应的纵、横坐标增量中去。以 v_{xi} 、v_{yi} 分别表示第 i 边的纵、横坐标增量改正数，即

$$v_{xi}=-\frac{f_x}{\sum D}\times D_i \tag{3.44}$$

$$v_{yi}=-\frac{f_y}{\sum D}\times D_i \tag{3.45}$$

利用以上公式求得各导线边的纵、横坐标增量改正数填入表 3-12 的第 7、8 栏相应坐标增量值的上方。

纵、横坐标增量改正数之和应满足下式：

$$\sum v_x=-f_x,\quad \sum v_y=-f_y \tag{3.46}$$

各边坐标增量计算值加改正数，即得各边的改正后的坐标增量，即

$$\Delta x_{i改}=\Delta x_i+v_{xi},\quad \Delta y_{i改}=\Delta y_i+v_{yi} \tag{3.47}$$

求得各导线边的改正后坐标增量，填入表 3-12 的第 9、10 栏内。

经过调整，改正后的纵、横坐标增量之代数和应分别等于终、始已知点坐标之差，以资检核。

(5)导线点的坐标计算。根据导线起始点 B 的已知坐标及改正后的坐标增量，按式(3.31)与式(3.32)依次推算出其他各导线点的坐标，填入表 3-12 中的第 11、12 栏内。最后推算出终点 C 的坐标，其值应与 C 点已知坐标相同，以此作为计算检核。

3. 闭合导线计算

闭合导线计算步骤与附合导线基本相同，两种导线计算的区别主要是角度闭合差和坐标增量闭合差的计算方法不同，以下是闭合导线角度闭合差和坐标增量闭合差的计算方法。

(1)角度闭合差的计算。图 3-34 为一闭合导线，n 边形闭合导线内角和的理论值应为：

$$\sum \beta_{理} = (n-2) \times 180^{\circ}$$

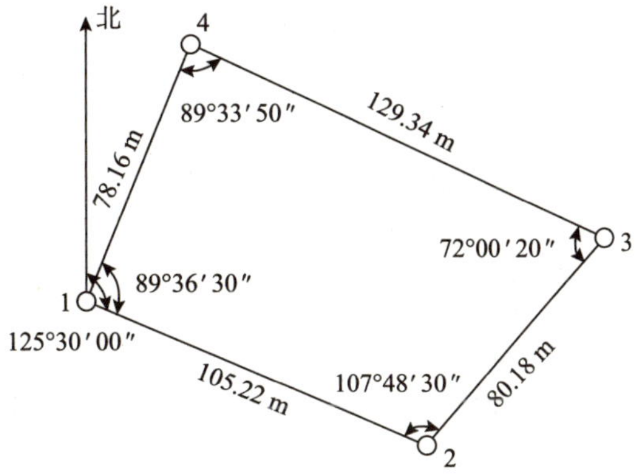

图 3-34 闭合导线

由于观测角不可避免地存在误差，使得实测的内角总和 $\sum \beta_{测}$ 不等于 $\sum \beta_{理}$，其差值为闭合导线的角度闭合差 f_{β}：

$$f_{\beta} = \sum \beta_{测} - \sum \beta_{理} = \sum \beta_{测} - (n-2) \times 180^{\circ} \tag{3.48}$$

当 $|f_{\beta}|$ 小于规定的容许值 $|f_{\beta容}|$ 时，可对角度闭合差进行调整。调整的方法与附合导线相同。

(2)坐标增量闭合差的计算。根据闭合导线本身的几何特点，由边长和坐标方位角计算的各边纵、横坐标增量，其代数和的理论值应等于 0，即

$$\sum \Delta x_{理} = 0, \quad \sum \Delta y_{理} = 0$$

实际上由于量边的误差和角度的闭合差调整后的残余误差，往往使 $\sum \Delta x_{测}$、$\sum \Delta y_{测}$ 不等于零，从而产生坐标增量闭合差，即

$$f_x = \sum \Delta x_{测}, \quad f_y = \sum \Delta y_{测} \tag{3.49}$$

闭合导线坐标增量闭合差的调整与附合导线相同，表 3-13 是一图根闭合导线计算的全过程的算例。

由于电子计算机的广泛使用，使导线计算简单化。实际工作中，可利用闭合导线和附合导线的计算机程序进行计算。

表 3-13　闭合导线坐标计算表

点号	观测角（右角）/(° ′ ″)	改正数/(″)	改正角/(° ′ ″)	坐标方位角 α/(° ′ ″)	距离 D/m	增量计算值/m		改正后增量/m		坐标值/m	
						Δx	Δy	Δx	Δy	x	y
1	2	3	4=2+3	5	6	7	8	9	10	11	12
1										500.00	500.00
				125 30 00	105.22	−2 −61.10	+2 +85.66	−61.12	+85.68		
2	107 48 30	+13	107 48 43							438.88	585.68
				53 18 43	80.18	−2 +47.90	+2 +64.30	+47.88	+64.32		
3	73 00 20	+12	73 00 32							486.76	650.00
				306 19 15	129.34	−3 +76.61	+2 +104.21	+76.58	−104.19		
4	89 33 50	+12	89 34 02							563.34	545.91
				215 53 17	78.16	−2 −63.32	+1 −45.82	−63.34	−45.81		
1	89 36 30	+13	89 36 43							500.00	500.00
				125 30 00							
2											
总和	359 59 10	+50	1256 06 25		392.90	+0.09	−0.07	0.00	0.00		
辅助计算	$f_\beta=\sum\beta_{测}-(n-2)\times180°=-50''$ $f_{\beta容}=\pm40\sqrt{4}=\pm80''$				$f_x=\sum\Delta x_{测}=+0.09(\mathrm{m})$ $f_y=\sum\Delta y_{测}=-0.07(\mathrm{m})$ $f_D=\sqrt{f_x^2+f_y^2}=0.11(\mathrm{m})$				$K=\frac{0.11}{392.90}\approx\frac{1}{3\ 500}$ $K_{容}=\frac{1}{2\ 000}$		

五、查找导线测量错误的方法

计算时，如果导线的角度闭合差或坐标增量闭合差大大超过规定的容许值，经核对原始记录无误后，这时可能是测角或测边长发生了错误，必须进行实地复测。一般来说，错误往往发生在个别的角度或边长上，在进行野外实地复测之前，可以用下述方法查找测量错误发生在哪里，以便有目标地进行复测返工。

1. 个别测角错误的检查

检查的基本方法是通过按一定比例展绘导线来发现测角错误点，以下分别叙述检查闭合导线和附合导线错误的具体方法。

(1)如图 3-35 所示，若闭合导线在点 3 测角发生错误，设测大了 $\Delta\beta$ 角，则点 4、点 1 将绕点 3 旋转 $\Delta\beta$ 角，分别位移至点 4′、点 1′而出现闭合差 1—1′。显然△131′为一等腰三角形，闭合差 1—1′的垂直平分线必然通过点 3。根据这一原理，可用下面方法检查角度错误所在的点，从起点开始，按边长和转折角的观测值，用较大的比例尺展绘导线图，作图中闭合差的垂直平分线，该线通过或靠近的点，就是可能有测角错误的点。

(2)如图 3-36 所示，对于附合导线检查的方法是：先在坐标纸上根据已知点的坐标数据绘

出两侧高级控制点 A,B,C,D 的位置，然后分别由 B 点、C 点开始利用角度与边长数据各自朝另一端展绘导线，即图中的 $B-2-3-4-5'-C'$ 与 $C-5-4-3'-2'-B'$，其交叉点（图中点 4）即为有测角错误的点。

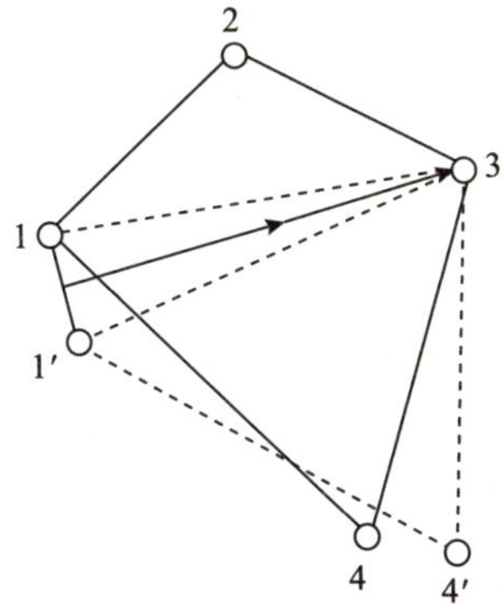

图 3-35　闭合导线测角错误检查

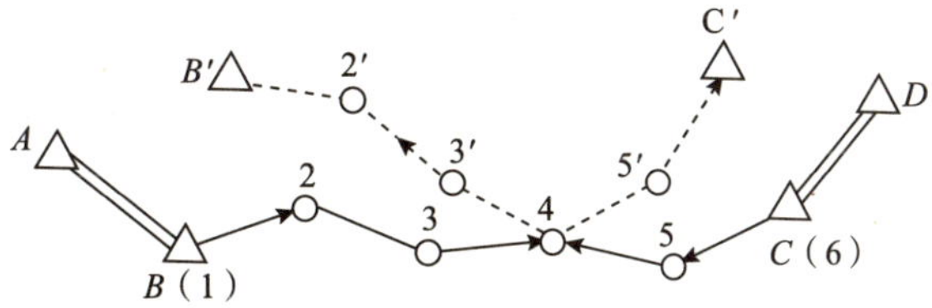

图 3-36　附合导线测角错误检查

2. 个别量边错误的检查

当导线的全长相对闭合差大大超限时，可能是量边错误所致。如图 3-37 所示，若边长 3—4 测量有错误，则闭合差1—1′（即全长闭合差 f）的方向必与错误边相平行。因此，不论是闭合导线还是附合导线，可按下式求出导线全长闭合差 f 的坐标方位角 α_f：

$$\alpha_f = \arctan \frac{f_y}{f_x}$$

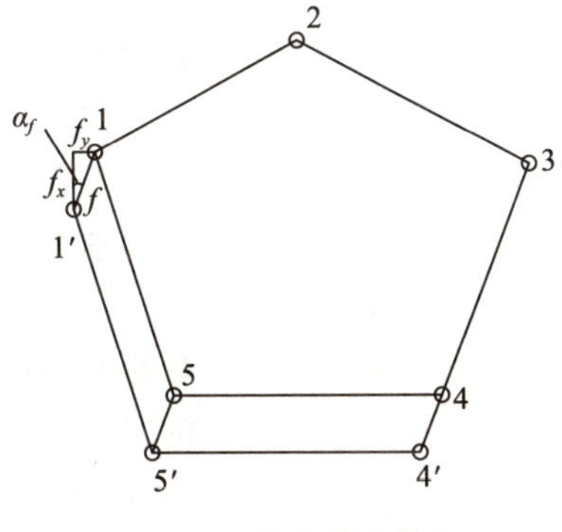

图 3-37　量边错误检查

凡坐标方位角与 α_f 或 $\alpha_f+180°$ 相接近的导线边，是可能发生量边错误的边。因此，实际查找量边错误时，可以通过展绘导线图利用平行关系查找，也可以利用方位角相等关系。此外，还可用 $\frac{f_y}{f_x}$ 与 $\frac{\Delta y}{\Delta x}$ 的比值查找，比值接近时该组 Δx，Δy 对应的边可能存在错误。

以上介绍的方法主要适用于个别转折角或边长发生错误的情况，如果多个角度和边长存在错误，一般难以查出。因此，导线外业观测必须认真，以避免返工重测。

【自我测试】

一、单项选择题

1. 竖直角又称倾角，是指在同一垂直面内倾斜视线与水平线之间的夹角，其角值范围为(　　)。

A. 0°～360°　　B. 0°～±180°

C. 0°～ ±90°　　D. 0°～ 90°

2. 经纬仪的竖盘按顺时针方向注记，当视线水平时，盘左竖盘读数为 90°用该仪器观测一高处目标，盘左读数为 75°10′24″，则此目标的竖直角为(　　)。

A. 57°10′24″　　B. －14°49′36″

C. 104°49′36″　　D. 14°49′36″

3. 经纬仪在盘左位置时将望远镜置平，使其竖盘读数为 90°，望远镜物镜端抬高时读数减少，其盘左的竖直角公式(　　)。

A. $\alpha_{左}=90°-L$　　B. $\alpha_{左}=L-90°$

C. $\alpha_{左}=180°-L$　　D. $\alpha_{左}=L-180°$

4. 在经纬仪照准部的水准管检校过程中，大致整平后使水准管平行于一对脚螺旋，把气泡居中，当照准部旋转 180°后，气泡偏离零点，说明(　　)。

A. 水准管轴不平行于横轴　　B. 仪器竖轴不垂直于横轴

C. 水准管轴不垂直于仪器竖轴　　D. 水准管轴不平行于视准轴

5. 测定一点竖直角时，若仪器高不同，但都瞄准目标同一位置，则所测竖直角(　　)。

A. 相同　　B. 不同

C. 盘左相同，盘右不同　　D. 盘右相同，盘左不同

6. 经纬仪视准轴检验和校正的目的是(　　)。

A. 使视准轴垂直横轴　　B. 使横轴垂直于竖轴

C. 使视准轴平行于水准管轴　　D. 使视准轴平行于横轴

7. 测量竖直角时，采用盘左、盘右观测，其目的之一是可以消除(　　)误差的影响。

A. 对中　　B. 视准轴不垂直于横轴

C. 整平　　D. 指标差

二、判断题

(　　)1. 一点到一目标点视线与水平视线的夹角称为竖直角。

(　　)2. 经纬仪整平后，管水准器气泡居中，圆水准器气泡也居中。

(　　)3. 竖直角是同一竖直面内倾斜视线与水平线间的夹角，其角值在 $-90°\leqslant\alpha\leqslant+90°$ 之间。

(　　)4. 竖直角有正、负之分，仰角为正，俯角为负。

(　　)5. 利用经纬仪观测时，应手扶照准部旋转仪器。

三、填空题

1. 竖直角是同一竖直面内__________与__________间的夹角。

2. 电子经纬仪整平后，__________和__________气泡都会居中。

3.安置经纬仪时首先要调整__________长度。

四、简答题

经纬仪有哪几条主要轴线？它们应满足什么条件？

测量竖直角自我测试
参考答案

项目四

测量距离

任务一　测量距离

【学习目标】

· 熟悉距离丈量工具，掌握距离丈量的方法。
· 掌握直线定线的方法。
· 学会利用经纬仪进行直线定线、视距测量，并能计算平坦地区两点间距离。
· 了解红外光电测距的原理。

【任务分析】

通过学习本任务，对测量距离有个全面的认识。具体学习任务见图 4-1。

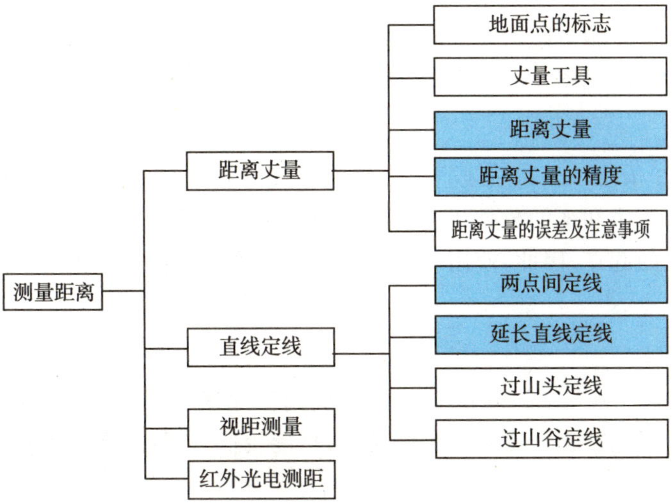

图 4-1　测量距离学习任务分解

【基础知识】

一、距离丈量

水平距离是指通过地面两点的铅垂线投影到同一水平面的直线长度。如图 4-2 所示，A，B 两点的水平距离为 D。

(一)地面点的标志

在测量工作中被测定的点称为测点。测量时,测点须在地面上加以标定。用于标定地面点的标志分临时性和永久性,见图 4-3。临时性的可用长约 30 cm、粗约 5 cm 的木桩打入地下,并在桩顶钉一小钉或刻一“十”字,以便精确表示点位。永久性的,可用水泥桩或石桩,或在岩石上凿一记号,并用红漆涂上。为了远处能看到目标,可在点位上竖立标杆,并在杆顶扎一小旗。

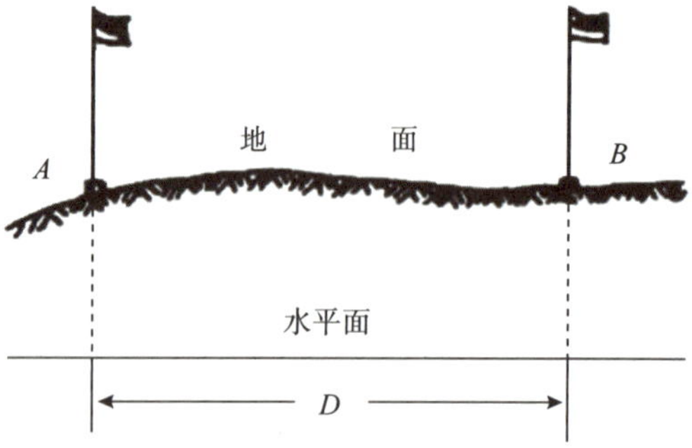

图 4-2 水平距离

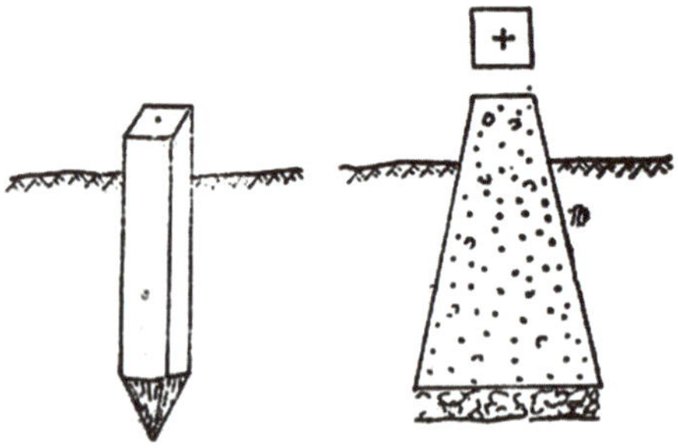

图 4-3 地面点的标志

(二)丈量工具

丈量距离的工具是由量距所需的精度决定的。通常有钢尺、皮尺和测绳,此外,还有辅助工具标杆、测钎和垂球,见图 4-4、图 4-5。

1. 钢尺

长度一般有 15 m、20 m、30 m 或 50 m 等。在尺的起点 1 dm 内刻划至毫米,其他部分刻划至厘米。在尺的分米和米的分划线上有数字注记。尺的零点有从尺的端点开始,也有从尺上刻一条线作为尺的起点,因此,使用时必须注意尺的零点的位置。钢尺一般用于精度较高的量距工作(图 4-4A)。

2. 皮尺

长度一般有 20 m、30 m 或 50 m 等。尺上刻划至厘米。皮尺的零点都在尺的最外端,即尺长从始端拉环的外侧算起。皮尺伸缩性较大,精度较低。因此,常用于精度较低的量距工作(图 4-4B)。

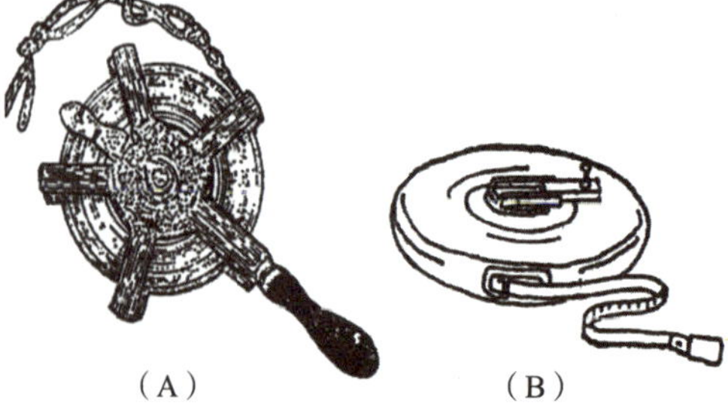

(A) (B)

图 4-4 钢尺与皮尺

3. 测绳

长度一般有 50 m、100 m 等。尺的起点包有“0”符号的金属环，每 1 m 处都有一标记，精度比皮尺还低。

此外，还有丈量的辅助工具——标杆(图 4-5A)、测钎(图 4-5B)和垂球(图 4-5C)。测钎是用 8# 铁线制成的，长 30 cm 左右，每环有 11 根或 6 根，用以标志点位和记数；标杆(又称花杆)，木材或玻璃钢制成，长度 2 m 或 3 m，杆上涂有 20 cm 间隔的红、白漆，用以标定直线方向或标定点位。

寻根溯源——七尺男儿到底有多高(动画)

(A)　　(B)　　(C)

图 4-5　丈量的辅助工具

(三)距离丈量

1. 平坦地面的距离丈量

丈量工作由两人进行，后尺员拿着尺的零端和一根测钎留在起点 A，如图 4-6 所示。前尺员拿着尺的末端和其余的测钎走在前面，当尺子到一尺段时，前尺员即按照后尺员的指挥，左右移动尺子，同时将尺子铺在 AB 直线上，此时后尺员将尺的零端对准起点 A，两人拉紧、拉直尺子，准备好后，前尺员即用测钎对准尺的终点刻划，将测钎竖直地插在地面上的 1 点，这样就完成了第一尺段的丈量。然后，后尺员拿上原有的一根测钎，两人举起钢尺前进，至点 1 处停止，同法量取一尺段到点 2。量完后后尺员随手拔起点 1 处的测钎，这时后尺员手中已有 2 根

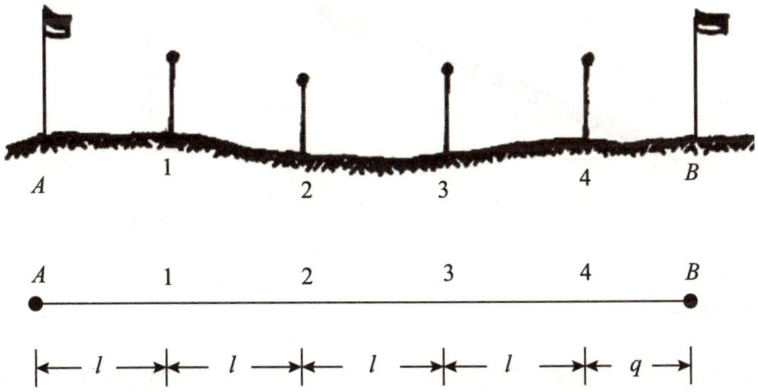

图 4-6　平坦地面的距离丈量

测钎，因此后尺员手中的测钎数即为所量的尺段数，同法继续丈量，直到点 B。距离丈量中，最后不足一整尺的长度称为余长，必须细致量出。据此，直线全长 D 可按式(4.1)计算：

$$D = nl + q \tag{4.1}$$

式中：n 为后尺员手中的测钎数，即整尺段数；l 为尺段长度；q 为不足一整尺的余长。

2. 倾斜地面的距离丈量

(1)平量法。在倾斜地面进行丈量水平距离时，可将尺子一端抬高，目估使尺子水平，并用垂球将尺子悬空的端点在地面上标出。当地面倾斜较大，量整尺有困难时，可分小段进行丈量，最后计算全长，如图 4-7 所示。A，B 两点间水平距离为各段的长度之和。

倾斜地面的距离丈量——平量法(动画)

$$D = D_{A-1} + D_{1-2} + D_{2-3} + D_{3-B}$$

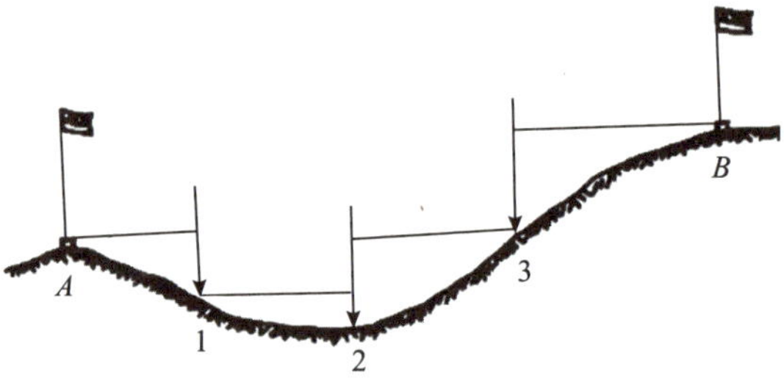

图 4-7 平量法

(2)斜量法。当地面坡度比较均匀，如图 4-8 所示，可将尺子沿地面丈量斜距 L，并用仪器测出竖直角 α，水平距离 D 可按下式求出：

$$D = L\cos\alpha \tag{4.2}$$

式中：L 为倾斜距离；α 为竖直角。

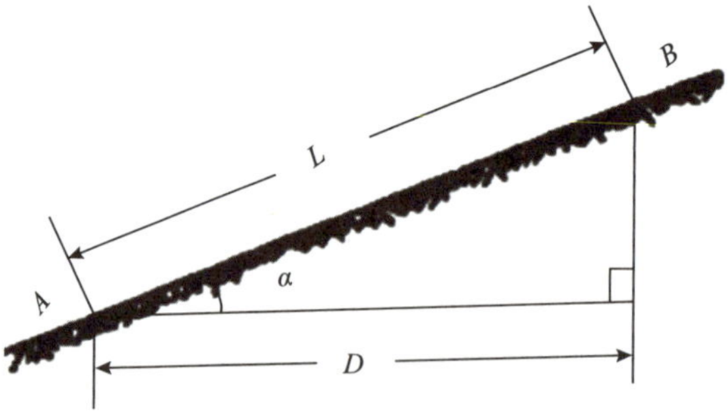

图 4-8 斜量法

(四)距离丈量的精度

为了进行校核和提高丈量精度，对需丈量的每一段距离都要求进行往返丈量。丈量精度用相对误差 K 表示，即往返丈量的距离之差与距离平均值之比，化为分子为 1 的分数表示。

$$K=\frac{|D_{往}-D_{返}|}{\frac{1}{2}(D_{往}+D_{返})}=\frac{1}{N} \tag{4.3}$$

在平坦地区，钢尺量距的相对误差不大于1/3 000；地势变化较大地区应不大于1/2 000；在量距困难地区，相对误差也不应大于1/1 000。如符合要求，取往、返丈量的平均值作为最后结果。否则，分析原因，重新丈量。

【例4-1】 距离 AB，往测的结果为272.83 m，返测的结果为272.78 m，问测量结果是否符合精度要求？如符合，AB 为多少？

解：根据式(4.3)

$$K=\frac{|D_{往}-D_{返}|}{\frac{1}{2}(D_{往}+D_{返})}=\frac{|272.83-272.78|}{\frac{1}{2}(272.83+272.78)}\approx\frac{1}{5\,456}$$

1/5 456<1/3 000，所以测量结果符合精度要求，可计算 AB 的距离。

$$D_{AB}=\frac{1}{2}(D_{往}+D_{返})=\frac{1}{2}(272.83+272.78)=272.805(\mathrm{m})$$

即 AB 为272.805 m。

(五)距离丈量的误差及注意事项

1.距离丈量的误差来源

(1)尺长误差。名义长度与实际长度不等。

(2)定线误差。直线长度变成折线长度，弯曲。

(3)丈量本身的误差。零点未对准，拉力不均，余长读数不准等。

2.距离丈量应注意的事项

距离丈量是一项重复而细致的工作。看起来比较简单，但若不按丈量的要点认真去做，是不易达到精度要求的。工作中的疏忽也会发生错误，造成返工的现象，因此，在思想上必须加以重视。在具体工作中应注意下列几个方面。

(1)丈量前应对丈量工具进行检验，并认清尺子的零点位置。

(2)为了减少定线的误差，必须按照定线的要求去做。

(3)丈量过程中拉力要均匀，不要忽紧忽松，尺子应放在测钎的同一侧。

(4)丈量到终点量余长时，要注意尺上的注记方向，以免造成错误。

(5)计算全长时，应校核一下两人手中的测钎数，注意最末一段余长的测钎不应计算在内。

(6)记录要清晰，不要涂改，记好后要回读检验，以防记错。

(7)注意爱护仪器，钢尺质脆易折，不要被人践踏、车辆碾压或在地上拖行。发现圈结，应打开后再拉，以免将钢尺拉断。

(8)钢尺用完后，应擦净上油，以防生锈。

二、直线定线

测定两点间距离时，如果直线较长，或直线间地势起伏不平，需分若干尺段进行丈量，这时就要在直线方向上竖立若干标杆，来标定直线的位置和走向，这项工作称为直线定线。

直线定线，在平坦地区每隔 100 m 或 150 m 竖一标杆，在山区、地形起伏较大的地方每隔 20～100 m 竖一标杆，或根据实际情况小于尺段设立一个标杆。

直线定线的方法一般采用目测定线，精度要求较高时，可用经纬仪定线。现将平坦地区目测定线的方法介绍如下。

(一)两点间定线

如图 4-9A 所示，A，B 为地面上相互通视的两点，现要在该方向线上定出点 1、点 2。定线由两人进行。先在 A，B 两点各插一标杆，甲站在 A 点标杆后 1～2 m 处，通过 A 点标杆，瞄准 B 点标杆。乙持标杆站在点 1 附近按甲的指挥，左右移动标杆，直到点 1 标杆在 A，B 方向线上，即可定出点 1，同理，再定出点 2。定线时，标杆必须竖直，目视应从标杆同一侧面看出，即视线与标杆的边缘相切，并以标杆底部为准。

(二)延长直线定线

如图 4-9B 所示，设 A，B 两点为直线的两端点，现要把 A，B 直线延长。观测者只需在定点的地方(点 1 附近)，观测自己所竖标杆是否与 A，B 两标杆重合，否则可左右移动，直到 A，B，1 三杆重合为止。同法可标出其他各点。

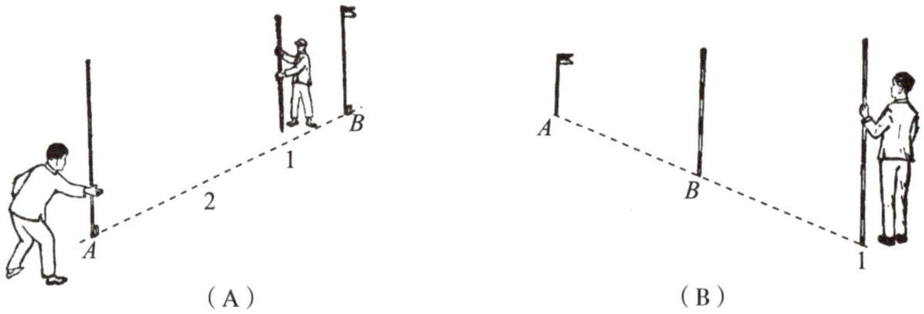

图 4-9　两点间定线与延长直线定线

(三)过山头定线

当 A，B 两点不通视时，如图 4-10 所示，先在 A，B 点立标杆，甲立在山头的一侧 C_1 处，C_1 处要能看到 A，B 点的标杆，然后指挥乙在 C_1B 方向上的 D_1 点立杆(D_1 点与 A 点应通视)使

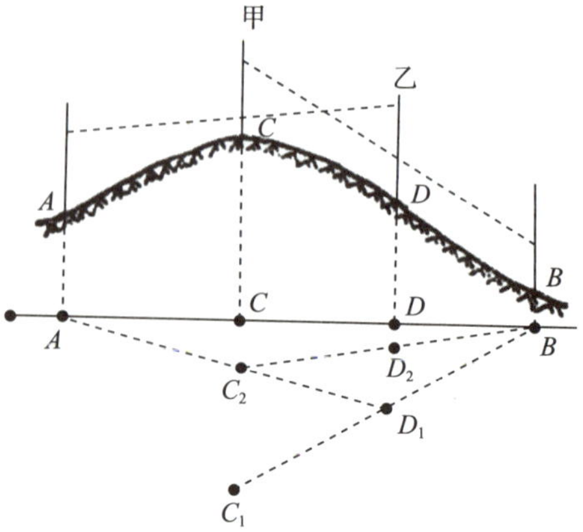

图 4-10　过山头定线

过山头定线(动画)

C_1,D_1,B 三点在一直线上。乙再指挥甲将 C_1 移至 C_2 点,使 C_2 在 D_1A 连线上,立杆(C_2 点与 B 点应通视),如此,相互指挥移动直至 A,C,D,B 均在一直线上。此法也可应用在两点通视但点位不能到达的情况。

(四)过山谷定线

如图 4-11 所示,直线两端点 A,B 通视,但有山谷相隔。定线时,甲、乙二人分别将标杆立在端点处,由甲指挥丙在 AB 连线上的点 1 立杆,然后由乙指挥丙在 BA 连线上的点 2 立杆,接着由乙继续指挥丙在 $B1$ 两点延长线上的点 3 立杆,如此,A,2,3,1,B 均在一直线上为止。此法应根据山谷的地形灵活运用。

过山谷定线(动画)

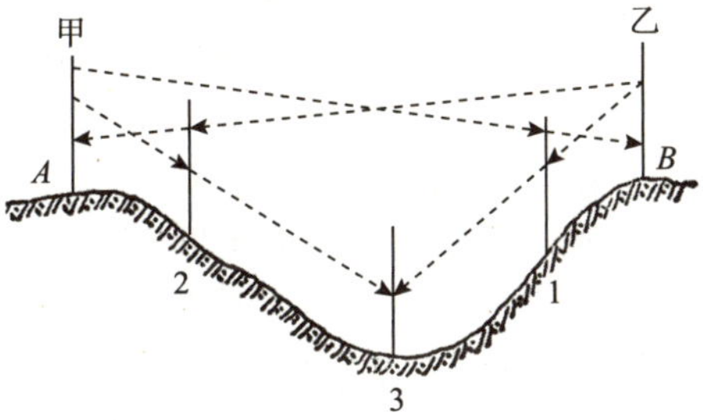

图 4-11　过山谷定线

【学程设计】

学程设计见表 4-1。

表 4-1　项目四任务一“课堂计划”表

<table>
<tr><td colspan="3">学习主题：
项目四　测量距离
任务一　测量距离
（4 学时）</td><td>学习目标</td><td colspan="4">价值塑造：丈量工具的优化，让学生感受到科技创新无处不在，增强使命担当意识；从倾斜地区距离丈量，培养学生严谨求实、爱岗敬业的测绘精神；通过小组施测，培养团队合作意识和人际交流能力。
知识传授：了解红外光电测距的原理；熟悉距离丈量工具；掌握距离丈量、直线定线的方法。
能力培养：学会利用经纬仪进行直线定线、视距测量，并能计算平坦地区两点间距离。
素质养成：具有较强的信息采集与处理的能力；具有决策和计划的能力，自我控制与管理能力，团队协作能力。</td></tr>
<tr><td>时间</td><td colspan="3">教学内容</td><td>教师的活动</td><td>学生的活动</td><td>教学方法</td><td>媒体</td></tr>
<tr><td rowspan="5">45 min</td><td rowspan="5">距离丈量</td><td colspan="2">1. 地面点的标志</td><td rowspan="5">1. 讲授 1、2 部分内容
2. 布置任务，安排学生学习 3、4、5 部分内容，完成成果演示
3. 监控课堂
4. 听取汇报
5. 点评</td><td rowspan="5">1. 听课、记录
2. 阅读教材
3. 总结距离测量的方法及精度、距离计算
4. 成果展示
5. 点评</td><td rowspan="5">讲授法
案例教学法</td><td rowspan="5">教材、PPT、动画（倾斜地面的距离丈量——平量法）</td></tr>
<tr><td colspan="2">2. 丈量工具</td></tr>
<tr><td colspan="2">3. 距离丈量</td></tr>
<tr><td colspan="2">4. 距离丈量的精度</td></tr>
<tr><td colspan="2">5. 注意事项</td></tr>
<tr><td rowspan="2">45 min</td><td rowspan="2">直线定线</td><td colspan="2">目测法定线</td><td rowspan="2">1. 布置任务，学生分 4 组学习目测法定线，展示学习成果
2. 监控课堂
3. 听取汇报
4. 点评
5. 讲授仪器观测法</td><td rowspan="2">1. 阅读教材
2. 小组总结直线定线的方法
3. 成果展示
4. 点评
5. 听课、记录</td><td rowspan="2">小组学习法
讲授法</td><td rowspan="2">5 根标杆、电子经纬仪、动画（过山头定线）、动画（过山谷定线）</td></tr>
<tr><td colspan="2">仪器观测法定线</td></tr>
<tr><td>90 min</td><td colspan="3">直线定线与丈量</td><td>1. 布置任务，安排组长领工具
2. 指导实施
3. 点评
4. 技能训练测试
5. 检查仪器设备、实验室记录本</td><td>1. 组长领工具
2. 操作实施
3. 点评
4. 技能训练测试
5. 整理、归还仪器设备</td><td>小组工作法
实验法</td><td>钢尺（皮尺）、测钎、标杆 3 根、实验仪器使用记录本</td></tr>
</table>

【技能训练】

找问题 提素养——钢卷尺使用(动画)

直线定线与丈量

一、技能训练要求

通过实际测量，掌握直线定线、用钢尺（皮尺）进行一般量距的方法和测定步长的方法。

二、技能训练内容

(1)在指定的 A,B 两点间用钢尺（皮尺）丈量其水平距离。

(2)测定步长。

三、技能训练步骤

1. 在指定的 A,B 两点间用钢尺（皮尺）丈量其水平距离

(1)往测。

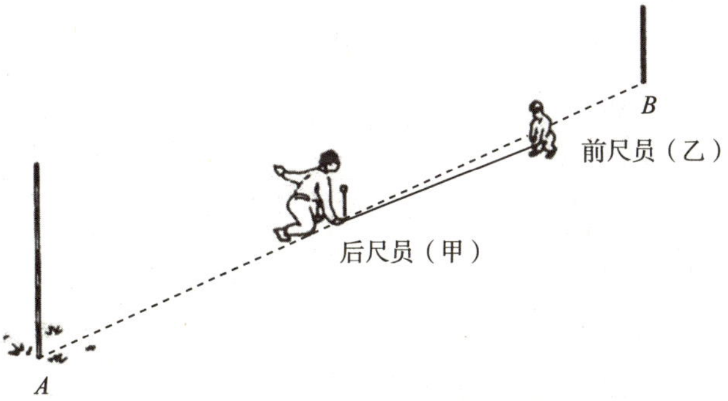

后尺员手提一根测钎在 A 点处，前尺员手提余下测钎并提尺盒和标杆向 B 点方向前进，行至整尺距离附近时，立标杆听后尺员进行定线，当标杆在视线方向上即在地面上定出其位置，后尺员、前尺员沿地面并通过定线地面点位拉紧钢尺（皮尺），后尺员将零点对准 A 点，并喊好！前尺员立即在整尺终点分划处插入一根测钎于地面，此时第一尺段丈量结束。然后前尺员、后尺员抬尺等速向 B 点前进，重复上述操作丈量整尺段数。最后一段不足整尺时，前尺员对准 B 点后读出余长 q（读至毫米）并记入手簿（表 4-2）。则往测全长

$$L_{往} = nl + q \tag{4.4}$$

式中：n 为丈量整尺段数；l 为整尺长；q 为余长。

(2)返测。与往测方法相同，由 B 点向 A 点进行返测，返测全长。

$$L_{返} = nl + q \tag{4.5}$$

(3)计算相对误差 K。

$$K=\frac{|L_{往}-L_{返}|}{\frac{1}{2}(L_{往}+L_{返})}$$

若 $$K\leqslant 1/3\ 000$$

则 $$L_{AB}=\frac{L_{往}+L_{返}}{2}$$

2.测定步长

(1)每人以寻常步伐,在已知 AB 长度上进行往返步测。

(2)计算平均步长。

$$l=L/n$$

其中,$n=(n_1+n_2)/2$,n_1、n_2 分别为往、返步数。

(3)计算百米所需步数。

$$N_{100}=100/l$$

表 4-2 项目四任务一距离丈量手簿

日期:__________ 尺　号:__________ 前尺员:__________ 后尺员:__________

气候:__________ 组　别:__________ 观测者:__________ 记录者:__________

测线		往测/m			返测/m			往返平均/m	相对误差	备注
起点	终点	nl	q	$nl+q$	nl	q	$nl+q$			

四、技能训练评价

技能训练评价见表 4-3。

表 4-3 项目四任务一技能训练评价表——直线定线与丈量

实施速度	按照完成时间的先后顺序各组分别计分。分值分别为 3 分、2 分、1 分、0 分
成果评价	按照实施步骤及测量成果打分。分值分别为 7 分、5 分、3 分、1 分

【知识拓展】

一、视距测量

视距测量是利用经纬仪、水准仪的望远镜内十字丝分划板上的视距丝在视距尺(水准尺)上读数,根据光学和几何学原理,测定仪器到地面点的水平距离和高差的一种方法。这种方法具有操作简便、速度快、不受地面起伏变化影响的优点,被广泛应用于碎部测量中。但其测距精度低,为 1/300～1/200。因此,这种方法常用于低精度的测量工作中。

(一)视距测量原理

如图 4-12 所示,m,n 与十字丝的横丝平行,且与横丝距离相等的两条丝,这两条横丝 m,n 称为视距丝。现介绍内对光望远镜视距法测量距离与高差的公式。

1. 视线水平的视距测量

如图 4-13 所示,欲测定 A,B 两点间的水平距离 D 和高差 h,可在 A 点安置经纬仪,在 B 点立水准尺,调整仪器使望远镜视线水平瞄准 B 点的水准尺,此时视线与水准尺垂直。设仪器旋转中心到物镜的距离为 δ,物镜焦距为 f,焦点 F 至水准尺的距离为 d,上、下丝 m,n 分别切于水准尺上的 M,N 处,M 和 N 间的长度称为尺间隔,设为 n,p 为两视距丝在十字丝分划板上的间距,由 $\Delta m'n'F$ 与 ΔMNF 相似得

$$\frac{d}{n} = \frac{f}{p} \tag{4.6}$$

即

$$d = \frac{f}{p}n$$

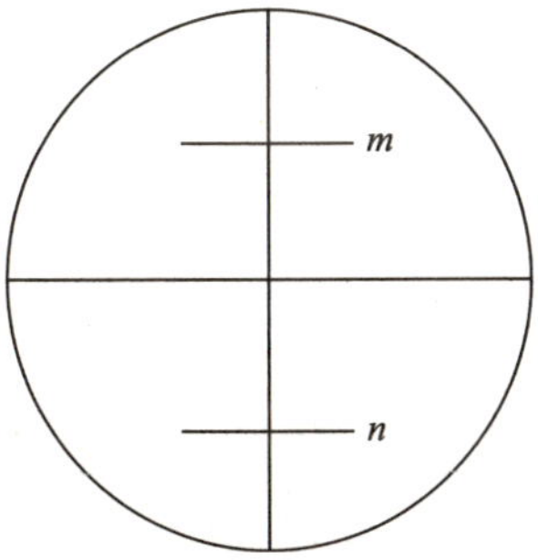

图 4-12 十字丝与视距丝

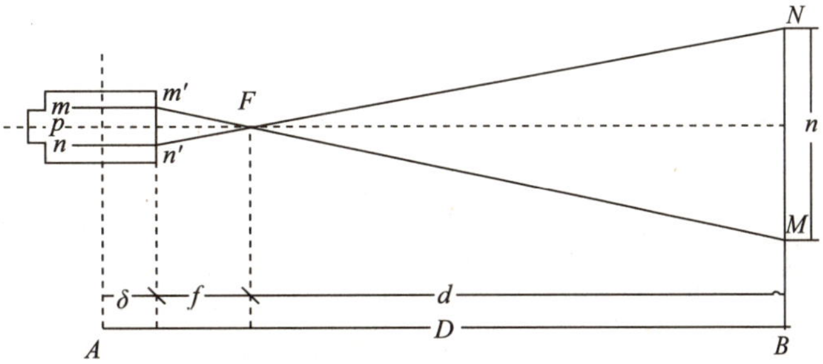

图 4-13 视线水平时的视距测量原理

则 A,B 两点间的水平距离 D 为:

$$D = \delta + f + d = \delta + f + \frac{f}{p}n$$

令 $K = f/p$,称为视距乘常数,一般的视距乘常数为 100;$c = \delta + f$,称为视距加常数。对于内对光望远镜通过调整 c 值可为 0。则求距公式为:

$$D = Kn(\text{其中 } K = 100, n \text{ 为尺间距}) \tag{4.7}$$

在平坦地区当视线水平时，读取十字丝中丝的读数 v，量取仪器高 i，则测站点与待测点两点之间的高差 h 为：

$$h = i - v \tag{4.8}$$

2. 视线倾斜的视距测量

在地形起伏较大地区进行视距测量时，望远镜视准轴往往是倾斜的，如图 4-14 所示。如果设想将水准尺也相应地倾转 α 角，则假想状态的水准尺 $M'N'$ 就与视准轴垂直。此时，只要根据实测尺间隔 n 与竖直角 α 即可求出假想状态的尺间隔 n'。

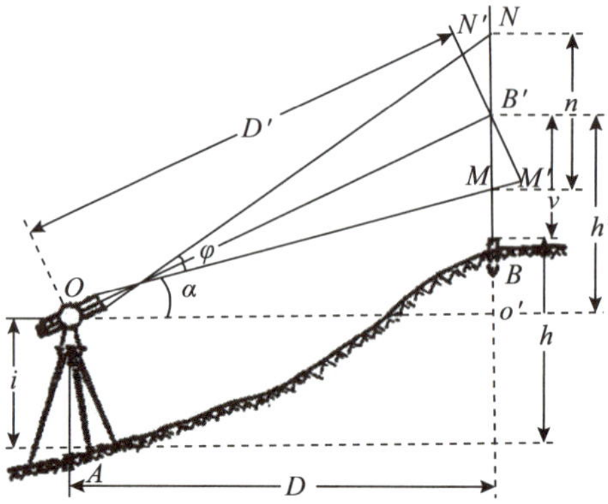

图 4-14　视线倾斜时的视距测量原理

由于上、下丝与中丝间的夹角 φ 很小(约 17′)，$\Delta B'M'M$ 与 $\Delta B'N'N$ 中的 $\angle B'M'M$ 与 $\angle B'N'N$ 可近似地看成直角。因此得到

$$n' = n\cos\alpha$$

倾斜距离 $$D' = kn' = kn\cos\alpha$$

水平距离 $$D = D'\cos\alpha = kn\cos^2\alpha$$

当视线倾斜时，测站点与待测点两点之间的高差 h 为：

$$h = h' + i - v = D\tan\alpha + i - v$$

实际观测时，常使 $i = v$，则高差公式成为：

$$h = D\tan\alpha \text{ 或 } h = \frac{1}{2}kn\sin 2\alpha$$

(二)视距测量的观测方法及计算

1. 视距测量的观测

(1)在测站点 A 安置经纬仪，对中、整平后，用皮尺量取仪器高 i(地面点至经纬仪横轴的高度，量至厘米)，并假定测站点的高程 $H_A = 10.00$ m。

(2)视距测量一般以经纬仪的盘左位置进行观测，水准尺立于若干待测定的地物点上(设为 B 点)。瞄准直立的水准尺，转动望远镜微动螺旋，以十字丝的中丝对准尺上某一整分米数，读取下丝读数 n、上丝读数 m、中丝读数 v，然后打开竖直度盘指标自动归零装置的开关，读取竖盘读数，立即算出垂直角 α（应具有正、负号）。

(3)记录者在“视矩测量记录”表中，除了记下测站点号、测站点高程和量得的仪器高 i 以外，对每一立尺点，应记下点号和观测值，包括：视距丝读数 n，m（均读至毫米）和垂直角 α（读至秒）。

(4)每人至少独立测定 2 个点，并进行视距计算。

2. 视距测量的观测与计算

视距测量的计算可直接用公式计算水平距离和高差，见表 4-4。

表 4-4 视距测量记录计算表

仪器型号：TDJ_6E 测站：A 测站高程：10.00 m 仪器高：1.42 m

测点	水准尺读数/m			尺间隔/m	竖直度盘读数	竖直角	水平距离/m	高差/m	高程/m
	上丝	中丝	下丝						
B	0.934	1.35	1.768	0.834	80°26′	9°34′	81.06	13.75	23.75
C	0.660	1.42	2.182	1.522	88°11′	1°49′	151.90	4.82	14.82

注意事项：

(1)观测竖直角时，每次读数前必须使竖直度盘归零装置的开关转到“ON”。

(2)读取上、中、下丝读数时，应注意消除视差，水准尺要正立、竖直并保持稳定。

二、红外光电测距

(一)测距仪的分类

采用红外线波段作为载波的测距仪称为红外光电测距仪，是电磁波测距仪中的一种。红外光电测距是近代一种较先进的测距方法，它具有测程长、精度高、受地形限制小及作业效率高等优点。

按测程可将红外光电测距仪分为：短程（<5 km）、中程（5～15 km）和远程（>15 km）。

按测距精度可将红外光电测距仪分为：Ⅰ级（$|m_D| \leqslant 5$ mm）、Ⅱ级（5 mm $\leqslant |m_D| \leqslant$ 10 mm）和Ⅲ级（$|m_D| \geqslant 10$ mm）。m_D 为 1 km 的测距中误差。

按测距方式可将红外光电测距仪分为：脉冲式测距仪和相位式测距仪。

(二)光电测距原理

如图 4-15 所示，光电测距的基本原理是通过测定光波在待测距离上往返传播的时间 t_{2D}，利用式(4.9)来计算待测距离 D：

$$D = \frac{1}{2}Ct_{2D} \tag{4.9}$$

式中：C 为电磁波在大气中的传播速度；t_{2D} 为电磁波在测线上的往返传播时间。

电磁波在测线上的往返传播时间 t_{2D}，可以直接测定，也可以间接测定。根据测定时间 t 的方法不同，可分为脉冲法和相位法两种。

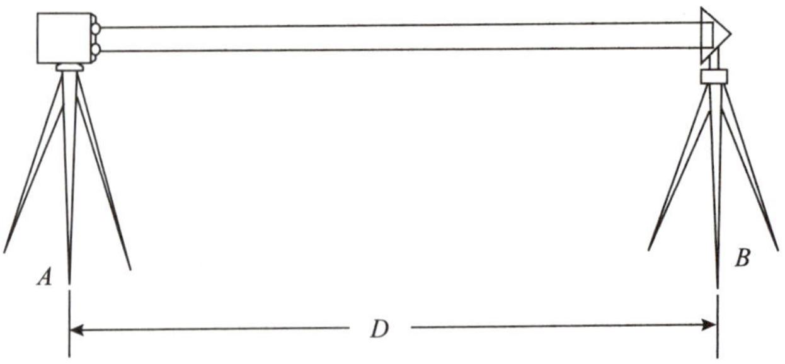

图 4-15 光电测距原理

1. 脉冲法

由测距仪的发射系统发出光脉冲，经被测目标反射回来，再由仪器接收器接收，最后由仪器的显示系统显示出脉冲在测线上往返传播的时间 t_{2D} 或直接显示出测线的斜距，这种测距仪称为脉冲式测距仪。

2. 相位法

相位法是通过测量连续的调制光波信号，在待测距离上往返传播所产生的相位变化，代替信号传播时间 t_{2D}，从而获得被测距离 D。图 4-16 表示调制光波在测线上往返程展开后的形状。

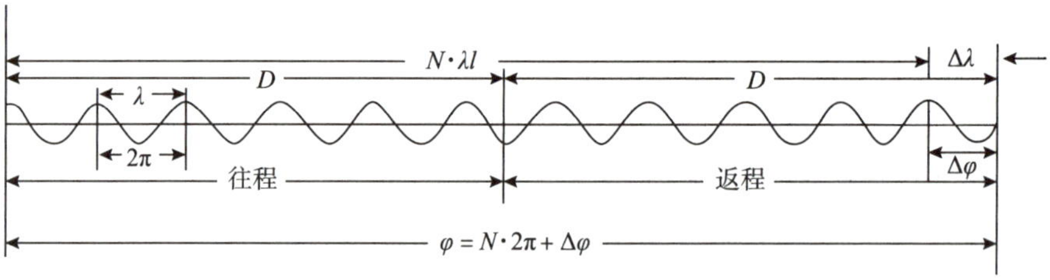

图 4-16 调制光波在测线上往返程展开图

设调制光波的调制频率为 f，它的周期 $T = 1/f$，相应的调制波长 $\lambda = cT = c/f$。由图 4-16 可知，调制光波往返于测线传播过程所产生的总相位变化 φ 中，包括 N 个整周变化 $N \cdot 2\pi$ 和不足一周的相位尾数 $\Delta\varphi$，即

$$\varphi = N \cdot 2\pi + \Delta\varphi \tag{4.10}$$

根据相位 φ 和时间 t_{2D} 的关系式 $\varphi = wt_{2D}$，其中 w 为角频率，则

$$t_{2D} = \varphi/w = \frac{1}{2\pi f}(N \cdot 2\pi + \Delta\varphi)$$

将上式代入式(4.10)中，得

$$D = \frac{c}{2f}\left(N + \frac{\Delta\varphi}{2\pi}\right) = L(N + \Delta N) \tag{4.11}$$

式中：$L = c/2f = \lambda/2$ 为测尺长度；N 为整周数；$\Delta N = \Delta\varphi/2\pi$ 为不足一周的尾数。

式(4.11)为相位式红外光电测距的基本公式。由此可以看出，这种测距方法同钢尺量距相类似，用一把长度为 $\lambda/2$ 的"尺子"来丈量距离，对某一频率的调制光波波长 L 是已知的，所以只要能够测量发射与接收调制光波相位移的整周期数 N 和不足整周期的比例数 ΔN，即可求得距离 D。

相位法与脉冲法相比，其主要优点在于测距精度高。目前精度高的光电测距仪能达到毫米级，甚至高达 0.1 mm 级。但由于发射功率不可能很大，测程相对较短。

红外测距仪的种类很多，使用时请参照仪器说明书。

【自我测试】

一、单项选择题

1. 量距困难地区，距离丈量的相对误差不大于(　　)。

A. 1/3 000　　B. 1/2 000　　C. 1/1 000　　D. 1/500

2. 地势变化较大地区，距离丈量的相对误差不大于(　　)。

A. 1/3 000　　B. 1/2 000　　C. 1/1 000　　D. 1/500

3. 平坦地区，距离丈量的相对误差不大于(　　)。

A. 1/3 000　　B. 1/2 000　　C. 1/1 000　　D. 1/500

4. 距离丈量的结果是求得两点间的(　　)。

A. 斜线距离　　B. 水平距离

C. 折线距离　　D. 坐标差值

5. 在距离丈量中衡量精度的方法是用(　　)。

A. 往返较差　　B. 相对误差

C. 闭合差　　D. 绝对误差

6. 在测量学中，距离测量的常用方法有钢尺量距、电磁波测距和(　　)测距。

A. 视距法　　B. 经纬仪法

C. 水准仪法　　D. 罗盘仪法

7. 在两点的直线上或其延长线上标定出一些点的工作，称为(　　)。

A. 定向　　B. 定线　　C. 定段　　D. 定标

二、多项选择题

1. 直线距离丈量的误差来源(　　)。

A. 尺长误差　　B. 定线误差

C. 零点未对准　　D. 尺子拉力不均

E. 余长读数不准

2. 两点距离丈量工具包括(　　)。

A. 钢尺　　B. 标杆　　C. 测钎　　D. 垂球

三、判断题

(　　)1. 距离丈量精度用相对误差表示，即往返丈量的距离平均值与距离之和之比，化为分子为 1 的分数表示。

(　　)2. 两点距离丈量过程中，尺子拉力松紧随意，尺子可随意放在测钎任何一侧。

(　　)3. 直线定线，在山区、地形起伏较大的地方每隔 20 m 或 100 m 竖一标杆。

(　　)4. 两点间水平距离是指通过地面两点的铅垂线投影到同一水平面的直线长度。

(　　)5. 直线定线，在平坦地区每隔 100 m 或 150 m 竖一标杆。

四、填空题

1.视距测量是在一个测站上同时测量出两点之间的__________和__________。

2.地面点的标志，按保存时间长短可分为__________和__________。

3.往返丈量直线 AB 的长度为：$D_{AB}=126.72\ m$，$D_{BA}=126.76\ m$，其相对误差为__________。

五、计算题

在地面上两条不同长度的直线，经丈量所得水平距离如下：1—2 直线往测为 183.78 m，返测为 183.69 m；2—3 直线往测为 67.33 m，返测为 67.39 m。问哪条直线的丈量精度高？

测量距离自我测试
参考答案

项目五

测量直线方向

任务一　测量直线方向

【学习目标】

- 掌握直线方向的表示方法。
- 掌握罗盘仪的构造及使用罗盘仪测定磁方位角的方法。
- 了解罗盘仪碎部测量的方法。

【任务分解】

通过学习本任务，对直线方向的测量有个全面的认识。具体学习任务见图 5-1。

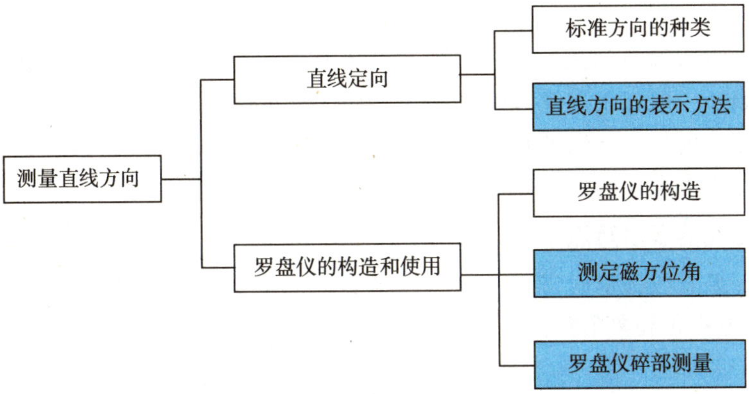

图 5-1　测量直线方向学习任务分解

【基础知识】

一、直线定向

确定地面上两点之间的相对位置，仅仅知道两点间的水平距离是不够的，还必须确定该直线的方向，即选定一个标准方向作为直线定向的依据。如果测出一条直线与标准方向之间的水平角，该直线的方向就可以确定。确定直线与标准方向之间的角度关系，称为直线定向。

(一)标准方向的种类

1. 真子午线方向

通过地面上某点指向地球南北极的方向线，称为该点的真子午线方向。又可解释为通过地面上一点的真子午线的切线方向。真子午方向是用天文测量的方法测定的，在国家大面积测图中常采用它作为定向的标准。真子午线切线北端所指的方向为真北方向。

指南针的由来（动画）

2. 磁子午线方向

地面上某点当磁针静止时所指的方向线，称为该点的磁子午线方向。磁子午线方向可用罗盘仪测得，在小面积地形测量中常采用磁子午线方向作为定向的标准。由于地球的磁南、北极与地球的真南、北极是不重合的，因此地面上某一点的真子午线方向与磁子午线方向通常是不重合的。它们之间的夹角称为磁偏角，以 δ 表示。当磁子午线方向的北端偏向真子午线方向以东时，称为东偏，δ 为正值；偏向真子午线方向以西时，称为西偏，δ 为负值。磁偏角在不同的地点，有不同的角值和偏向。我国磁偏角的变化范围大约在 $+6°$（西北地区）和 $-10°$（东北地区）之间。北京约为西偏 5°。磁针北端所指的方向为磁北方向。

3. 坐标纵轴线方向

坐标纵轴线方向就是直角坐标系中纵坐标轴的方向。由于地面上各点的子午线方向都是指向地球的南、北极，故不同地点的子午线方向不是互相平行的，这就给计算工作带来不便。因此在普通测量中一般都采用纵坐标轴方向作为标准方向。这样，测区内地面各点的标准方向就都是互相平行的。坐标纵轴北端所指的方向为坐标北方向。

上述三种基本方向中的北方向，总称为“三北方向”。

(二)直线方向的表示方法

对地面上一条直线的定向，就是要测定该直线与任一标准方向线的夹角。这种夹角有两种表示方法，即方位角和象限角。

1. 方位角

由标准方向的北端顺时针方向量至某一直线的水平角，称为该直线的方位角，常用 A 表示。A 的大小在 0°～360°，如图 5-2 所示，直线 $O1$ 的方位角为 A_{O1}，直线 $O2$ 的方位角为 A_{O2}，直线 $O3$ 的方位角为 A_{O3}，直线 $O4$ 的方位角为 A_{O4}。

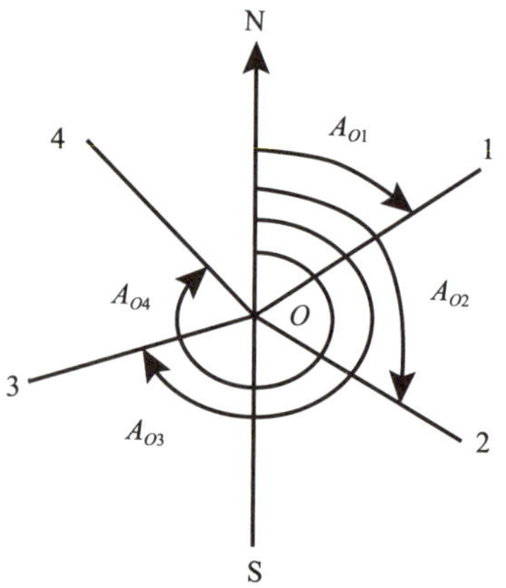

图 5-2　方位角

2. 象限角

标准方向的北端或南端与直线所夹的锐角，称为该直线的象限角，常用 R 表示。如图 5-3 所示的 R_{O1}、R_{O2}、R_{O3}、R_{O4}。

象限角的角值在 0°～90°。但除注明角度大小之外，还必须在角度前注明所在象限的名称。

3. 象限角与方位角的换算关系

在实际工作中，为了计算方便，常将方位角换算成象限角，从图 5-4 可以看出象限角与方位角之间的换算关系，其换算关系如表 5-1 所示。

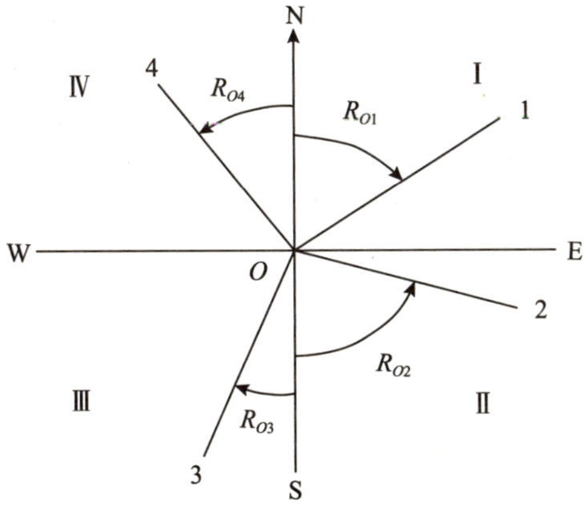

图 5-3 象限角

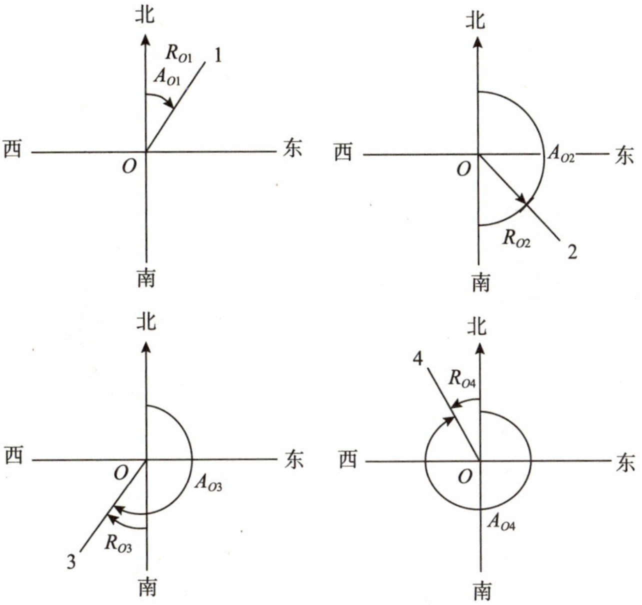

图 5-4 象限角与方位角之间的换算关系

表 5-1 象限角与方位角的换算关系

直线方向	已知象限角求方位角	已知方位角求象限角
北东(Ⅰ)	$A=R$	$R=A$
南东(Ⅱ)	$A=180°-R$	$R=180°-A$
南西(Ⅲ)	$A=180°+R$	$R=A-180°$
北西(Ⅳ)	$A=360°-R$	$R=360°-A$

二、罗盘仪的构造和使用

罗盘仪是利用磁针确定直线磁方位角的仪器。它构造简单，使用方便，操作技术容易掌握，常用于精度要求较低的测量工作，如小面积果园规划和农田规划、农村道路及农村建筑物定向等工作。

罗盘仪的构造（动画）

（一）罗盘仪的构造

如图 5-5 所示，罗盘仪主要由望远镜、磁罗盘和安平机构组成。仪器望远镜系统具有良好的成像质量。瞄准测距采用分划板，精度高，性能稳定。磁罗盘主要由磁针和度盘组成，其磁针磁性能稳定可靠，经久耐用。当磁针自由静止时，磁针两端所指的方向即为该点的磁子午线方向。我国位于北半球，磁针北端所受的磁力较大，使磁针失去平衡，其北端下倾与水平线成倾斜角称为磁倾角。因此，我国的罗盘仪都在磁针的南端绕几圈铜丝或涂白漆，使磁针保持水平状态，同时，也易于分辨磁针的南北端。为了避免顶针尖不必要的磨损，不用时可旋紧磁针止动螺旋，将磁针压在玻璃板上。刻度盘，有方位式和象限式两种。但目前普遍采用的是方位罗盘仪，刻度盘上标有 0°～360°，逆时针方向，1°一刻划，每隔 10°一注记。安平机构由转轴和球臼连接器组成。它既可安平仪器，又能与三脚架连接。

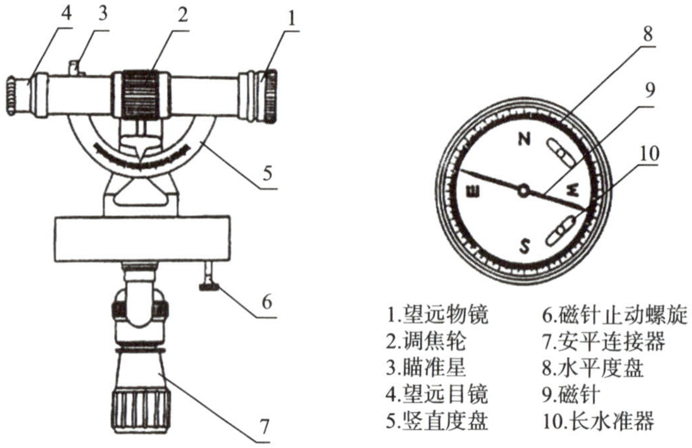

图 5-5　罗盘仪的构造

（二）测定磁方位角

用罗盘仪测定一条直线的磁方位角，其操作步骤如下：

（1）对中。安装罗盘仪，在三脚架头下方悬挂垂球，移动三脚架使垂球尖对准地面点中心，即为对中。对中容许误差 2 cm。

（2）整平。松开球臼螺旋，用手前后、左右调整罗盘盒，使两水准器气泡居中，然后拧紧球臼螺旋，即仪器安平。

（3）瞄准。转动望远镜目镜调焦螺旋使十字丝清晰；旋松竖直制动螺旋与水平制动螺旋，转动仪器并利用望远镜上的准星和缺口粗瞄准目标后，将竖直制动螺旋和水平制动螺旋拧紧；调整物镜对光螺旋使物象清晰，最后，转动竖直微动螺旋并微动罗盘盒，将十字丝交点精确对准目标基部。

（4）读数。放开磁针止动螺旋，待磁针静止后，北端所指的数值（估读至分），即为所测直线的磁方位角；若刻度盘上的 0°分划线在望远镜的目镜一端，则应按磁针南端读数。如图 5-6 所示。

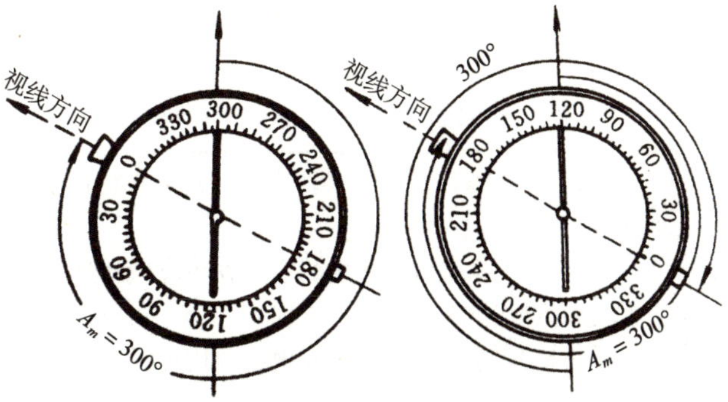

图 5-6 磁方位角的读取

为了防止错误和提高测量结果的精度，往往在测得直线的正方位角以后，还要测量其反方位角。在测区较小的范围内，可认为磁子午线方向是互相平行的，其正、反方位角之差在理论上应为 180°。其误差的容许值应在±0.5°。

在倾斜地面的距离丈量中，需要测定地面两点连线的倾斜角，此时，将十字丝交点对准标杆上和仪器等高之处，然后在竖直度盘上读数即可。

使用罗盘仪时，不要将小刀、钢尺、测钎等铁质物体接近仪器；也不宜在铁桥、高压电线、铁轨及较大的钢铁物体旁测量；观测应将磁针固定，避免轴尖与玛瑙轴承的磨损；在读数时，观测者的视线方向与磁针应在同一竖直面内，避免读数不准。

罗盘仪的构造（交互）

【学程设计】

学程设计见表 5-2。

表 5-2　项目五任务一"课堂计划"表

学习主题： 项目五　测量直线方向 任务一　测量直线方向 (4 学时)	学习目标	价值塑造：通过讲述四大发明之一指南针的由来，增强民族自豪感及自身的使命担当。 知识传授：掌握直线方向的表示方法、罗盘仪的构造和使用、罗盘仪测定磁方位角的方法。 能力培养：学会用罗盘仪测定磁方位角。 素质养成：具有较强的信息采集与处理的能力；具有决策和计划的能力，自我控制与管理能力，团队协作能力。			
时间	教学内容	教师的活动	学生的活动	教学方法	媒体
45 min	直线定向	1. 介绍标准方向的种类 2. 布置任务：直线方向的表示方法 3. 监控课堂 4. 听取汇报 5. 点评	1. 阅读教材 2. 总结直线方向的表示方法 3. 成果展示 4. 点评	旋转木马法	教材、PPT、动画（指南针的由来）
130 min	罗盘仪的构造和使用	1. 播放视频，介绍罗盘仪的构造及各部件的功能 2. 演示测定磁方位角的方法 3. 布置任务，安排组长领工具 4. 指导实施 5. 点评 6. 技能训练测试 7. 布置自学任务——罗盘仪碎部测量	1. 观看视频，学习罗盘仪的构造 2. 观看教师演示磁方位角的测定方法 3. 接受任务，组长领工具 4. 小组操作实施 5. 点评 6. 技能训练测试 7. 自学罗盘仪碎部测量	小组工作法 实验法	动画（罗盘仪的构造）、罗盘仪、标杆、实验仪器使用记录本、交互（罗盘仪的构造）、交互（罗盘仪的使用）
5 min	整理、归还仪器设备	检查仪器设备	整理、归还仪器设备	小组工作法	罗盘仪、标杆、实验仪器使用记录本

【技能训练】

罗盘仪定向

一、技能训练要求

(1)熟悉罗盘仪的构造。

(2)练习使用罗盘仪测定直线磁方位角。

二、技能训练内容

(1)认识罗盘仪的结构。

(2)使用罗盘仪测定磁方位角。

三、技能训练步骤

仪器和工具:每组罗盘仪 1 台,标杆 1 根。

1. 罗盘仪主要结构

该仪器主要由望远镜、磁罗盘和安平机构组成。仪器望远镜系统具有良好的成像质量。瞄准测距采用分划板,精度高,性能稳定。磁罗盘主要由磁针和度盘组成,其磁针磁性能稳定可靠,经久耐用。安平机构由转轴和球臼连接器组成。它即可安平仪器,又能与三脚架连接。

2. 罗盘仪使用方法

用罗盘仪测定地面上 AB 直线的磁方位角,其操作步骤如下。

(1)安置。在 A 点安置罗盘仪,B 点立标杆。移动三脚架,使仪器纵轴大致在竖直状态,并将垂球尖端对准测站点。

(2)整平。调整安平机构,即松开球窝轴,调整罗盘盒使两水准器气泡居中,即仪器安平。仪器安平时,其各调整部位均应处中间位置。

(3)瞄准。首先,根据眼睛的视力调节目镜调焦螺旋,使之清晰地看清十字丝;然后,通过粗照准器,大致瞄准观测目标,再调整对光螺旋,直至准确的看清目标;最后,将十字丝交点精确对准目标。

(4)读数。放开磁针止动螺旋,待磁针静止后,北端所指的数值(估读至分),即为 AB 直线的磁方位角 A_{mAB}。

(5)返测。将罗盘仪安置在 B 点,在 A 点立标杆,同法测出 AB 的反磁方位角 A_{mBA}。

(6)计算平均值。正、反磁方位角应相差 180°,限差为±1°。满足要求后取平均值 $A_{mAB}=(1/2)[A_{mAB}+(A_{mBA}\pm180^\circ)]$。最后结果填入表 5-3。

表 5-3 直线定向记录手簿

日期：______ 仪器号：______ 观测者：______

气候：______ 组 别：______ 记录者：______

测线		正磁方位角	反磁方位角	差数	平均磁方位角	备注
起点	终点					

3. 注意事项

(1)使用罗盘仪时，一定要认清磁针的南端和北端，并要避开对磁性有影响的物质(如金属、高压线等)。

(2)仪器在不使用时，应将磁针固定，避免轴尖与玛瑙轴承的磨损。

(3)仪器微调机构、横轴及纵轴非必要时，不可随意拆卸。

(4)光学系统各零部件拆装或修理后，须经严格校正方可使用。

(5)仪器应保存在清洁、干燥、无酸碱侵蚀及铁磁物干扰的库房内。

罗盘仪的使用(交互)

四、技能训练评价

技能训练评价见表 5-4。

表 5-4 项目五任务一技能训练评价表——罗盘仪定向

速度	按照完成时间的先后顺序各组分别计分。分值分别为 10 分、8 分、6 分、5 分、4 分、3 分、2 分、1 分
质量	1. 仪器使用符合操作规程计 5 分，违规操作一次扣 1 分，5 分扣完为止 2. 测量数据依据精度高低分别计分。分值分别为 5 分、4 分、3 分、2 分、1 分、0 分

【知识拓展】

罗盘仪碎部测量

罗盘仪可用于小区域平面图的测绘，为农田、果园、林地等规划设计提供图面资料，也可用于森林区划线的测定，造林地面积的测验标准地的布设，调查样点的定位，以及小型渠道、农村道路、山区公路的中线测设等。

将导线点作为测站，用罗盘仪配合皮尺分别测定各导线点周围的各种地物的平面位置，并将地物的形状和大小按比例缩绘成图，这一系列的过程称为罗盘仪碎部测量。具体方法有极坐标法、角度交会法、直角坐标法、环绕法四种。

1. 极坐标法

以控制为点为中心，测定它与附近各碎部点的距离和方位角，以确定各碎部点的平面位置。如图 5-7 所示，欲测定(导线)控制点 A 附近的房屋、电线线路等地物的位置，分别测出地物特征点 1，2(房角)和 3，4(电线杆)的方位角和距离，就可以在图上标出 1，2，3，4 点的位置，然后连接 1—2 点为房屋的坐落位置，再丈量出房宽，就可确定整个房屋图形，连接 3—4 点即为电线线路的走向。

2. 角度交会法

对于量距困难但通视良好的碎部点，可采用角度交会法。如图 5-8 所示，A，B 为控制点，欲测定河对岸的河岸线上 1，2 两点位置，先在 A 点上用罗盘仪测出 $A-1$，$A-2$ 的磁方位角，并将其方向线绘在图上，然后在 B 点上，用同法测出 $B-1$，$B-2$ 的磁方向角。也将其方向线绘在图上，则在图上两两对应方向线的交点即为河岸线 1，2 在图上的位置。若将若干个河岸点连接勾绘，就得到整个河岸线的形状。

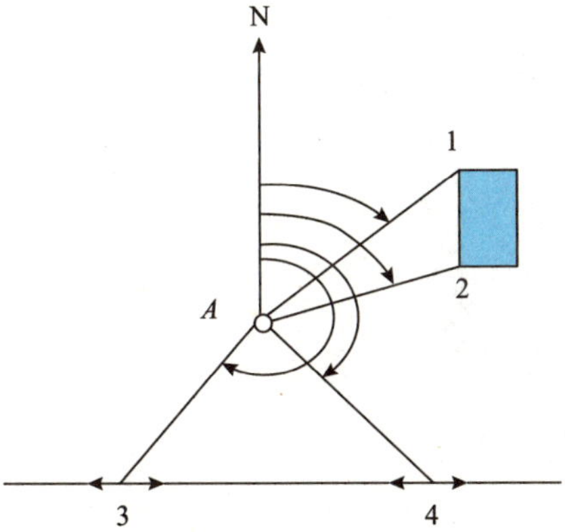

图 5-7　极坐标法

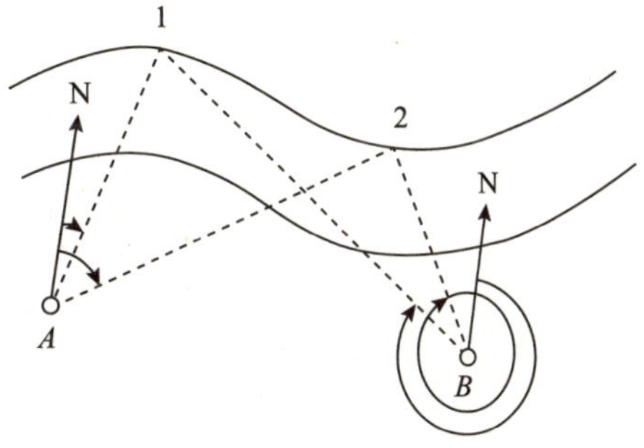

图 5-8　角度交会法

相应的两条方向线的夹角，如$\angle A1B$ 和$\angle A2B$ 称为交会角，应用交会法时要注意使交会角在 30°～150°，测量精确度要求(交会点在图上的点精度)。另外，对于重要地物点，使用交会法时一定要用第三个控制点进行校核。

3. 直角坐标法

直角坐标法又称支距法，适用于地形狭长，平坦，通视良好的在导线边两侧的地物测绘。如图 5-9 所示，C，D 两点为控制点，1，2，…各点为碎部点。过 1 点作导线边 CD 的垂线，丈量出垂足至导线的距离 Y_1 和垂足至 1 点的距离 X_1，利用直角坐标值(X_1，Y_1)，即可绘出 1 点在图上的位置，同理可以测绘出 2，3 各点的位置。若配用(简易直角)三角尺测设垂线更方便。

4. 环绕法

对于内部不通视，具有闭合轮廓线的片状地物，可以采用环绕法进行测绘。如图 5-10 所示，C 点为控制点，混交林地有一闭合轮廓 1—2—3—4—5—6—1。先从 C 点测出点 1 的磁方向角 A_{mC1} 和距离 D_{C-1}，而在图上绘出点 1 位置；然后将罗盘仪直接搬至点 2，观测 2—1 的磁方向角 A_{m21} 和距离 D_{2-1}，再观测 2—3 点的磁方位角 A_{m23} 和 D_{2-3}。绘图时，将 1—2 的反磁方位角 A_{m21} 换算成正磁方位角 A_{m12}。根据 A_{m12} 和 D_{2-1} 确定点 2 的位置，再根据 A_{m23} 和 D_{2-3} 确定点 3 的位置。接着，再将仪器搬迁至点 4 设站，同法测绘出 4，5 两点，依次测绘至点 1。最后在图上进行简单的目估评差，即可得到整个的林地图形。

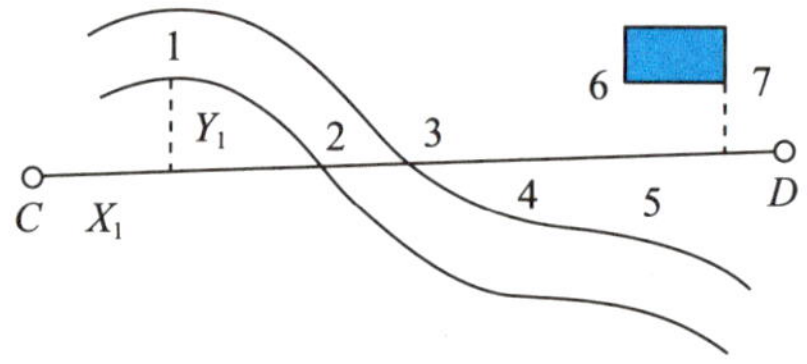

图 5-9　直角坐标法

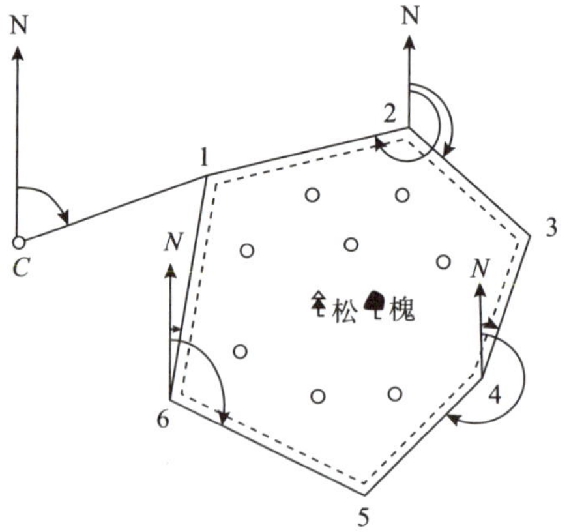

图 5-10　环绕法

【自我测试】

一、单项选择题

1. 能测定直线磁方位角的仪器是(　　)。

A. 经纬仪　　B. 全站仪　　C. 水准仪　　D. 罗盘仪

2. 已知直线 AB 的磁方位角为 186°，则直线 BA 的磁方位角为(　　)。

A. 96°　　B. 276°　　C. 86°　　D. 6°

3. 象限角是指(　　)。

A. 标准方向的北端与直线所夹的夹角

B. 标准方向的南端与直线所夹的夹角

C. 标准方向的东端或西端与直线所夹的锐角

D. 标准方向的北端或南端与直线所夹的锐角

4. 方位角大小在(　　)之间。

A. 0°～90°　　B. 0°～180°　　C. 0°～270°　　D. 0°～360°

5. 象限角大小在(　　)之间。

A. 0°～90°　　B. 0°～180°　　C. 0°～270°　　D. 0°～360°

6. 罗盘仪测定地面上 AB 直线的磁方位角，磁方位角计算公式(　　)。

A. $A_{mAB}=1/2[A_{mAB}+(A_{mBA}\pm180°)]$　　B. $A_{mAB}=1/3[A_{mAB}+(A_{mBA}\pm180°)]$

C. $A_{mAB}=1/4[A_{mAB}+(A_{mBA}\pm180°]$　　D. $A_{mAB}=1/5[A_{mAB}+(A_{mBA}\pm180°)]$

7. 罗盘仪使用正确的操作顺序(　　)。

A. 整平→对中→瞄准→读数　　B. 瞄准→整平→对中→读数

C. 对中→整平→瞄准→读数　　D. 对中→瞄准→整平→读数

8. 方位角是指(　　)。

A. 由标准方向的北端顺时针方向量至某一直线的水平角

B. 由标准方向的北端逆时针方向量至某一直线的水平角

C. 由标准方向的南端顺时针方向量至某一直线的水平角

D. 由标准方向的南端逆时针方向量至某一直线的水平角

9. 罗盘仪测磁方位角时，其正、反方位角之差在理论上应该为 180°，其误差的允许范围在(　　)。

A. ±0.5°　　B. ±1°　　C. ±1.5°　　D. ±2°

10. 过地面上某点的真子午线方向与磁子午线方向常不重合，两者之间的夹角，称为(　　)。

A. 真磁角　　B. 真偏角　　C. 磁偏角　　D. 子午线偏角

二、多项选择题

1. 罗盘仪使用注意事项包括(　　)。

A. 使用罗盘仪时，一定要认清磁针的南端和北端，并要避免对磁性有影响的物质如金属、高压线等

B. 仪器在不使用时，应将磁针固定，避免轴尖与玛瑙轴承的磨损

C. 仪器微调机构、横轴及纵轴非必要时，不可随意拆卸

D. 仪器应保存在清洁、干燥、无酸碱侵蚀及铁磁物干扰的库房内

2. 对地面上一条直线定向，就是要测定该直线与任一标准方向线的夹角。有两种表示方法，分别是(　　)。

A. 方位角　　B. 象限角　　C. 直角　　D. 锐角

3. 罗盘仪的组件包括(　　)。

A. 望远镜　　B. 磁罗盘　　C. 安平机构　　D. 三脚架

三、填空题

1. 直线的象限角是指直线与标准方向的北端或南端所夹的__________角，并要标注所在象限。

2. 我国地处北半球，当罗盘仪磁针静止时，指向地球北极的是磁针的__________极；罗盘仪磁针上缠有铜丝的一端是磁针的__________极。

四、简答题

1. 直线定向与直线定线有何区别?

2. 如下图所示，已知 1—2 边的坐标方位角及各内角值，计算各边的坐标方位角。

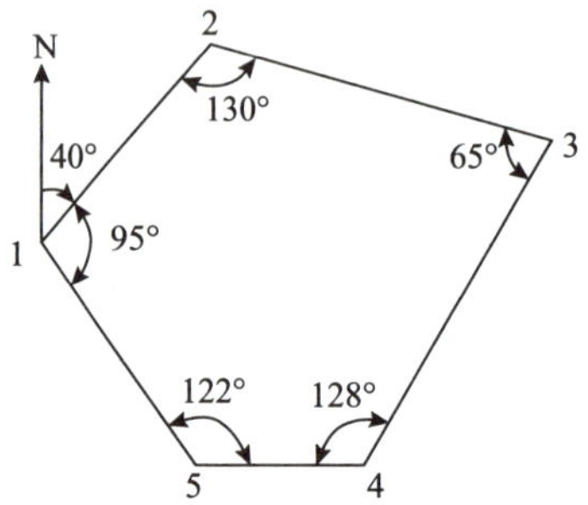

3. 整理下面罗盘仪测量磁方位角记录(表 5-5)。

表 5-5　罗盘仪测量磁方位角手簿

测站	目标	磁方位角			备注
		正磁方位角	反磁方位角	平均方位角	
1	2	43°00′	223°30′		
2	3	119°30′	300°00′		
3	4	179°00′	359°00′		
4	5	239°00′	60°00′		
5	6	355°00′	174°00′		
6	1	293°00′	113°00′		

测量直线方向自我测试
参考答案

项目六

测绘大比例尺地形图

任务一　准备测图

【学习目标】

· 认识平板仪的构造。
· 掌握平板仪的使用方法。
· 熟悉测图前的准备工作。
· 了解地物和地貌的表示方法。

【任务分解】

通过学习本任务，对准备测图工作有个全面的认识，学会使用平板仪。具体学习任务见图6-1。

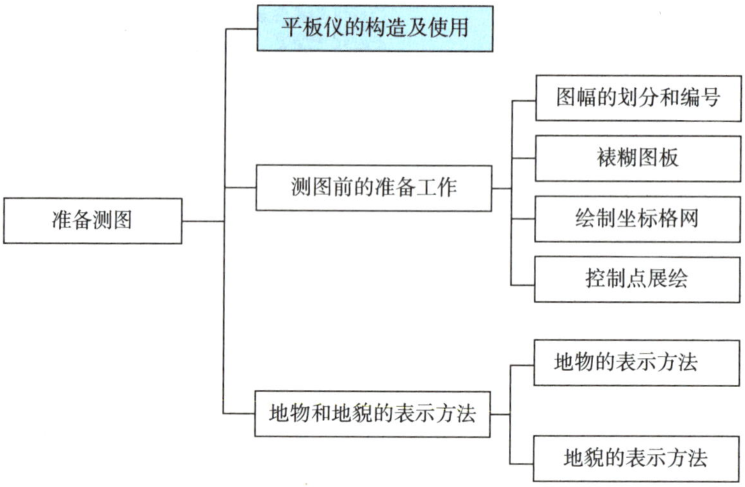

图 6-1　准备测图学习任务分解

【基础知识】

大比例尺地形图的测绘，是在图根控制网建立之后，以图根控制点为测站，测出各测站周围的地物、地貌特征点的平面位置和高程，依测图比例尺缩绘到图纸上，并加绘图式符号，经整饰即成地形图。

地形测量是各种基本测量方法（如量距、测角、测高、视距）和各种测量仪器（如皮尺、经纬仪、水准仪、平板仪)的综合应用,是平面和高程的综合性测量。

地形图按比例尺可分为大、中、小三种。1∶(500～5 000)的比例尺称为大比例尺地形图,多为工程用图。在小区域内,大比例尺地形图常采用大平板仪、经纬仪、经纬仪配合小平板仪测图的方法成图。1∶(10 000～100 000)的比例尺称为中比例尺地形图,它是国家的基本图,由国家测绘部门采用航空摄影测量方法成图。小于 1∶100 000 的比例尺称为小比例尺地形图,它是根据大比例尺地形图和其他测量资料编绘而成。

一、平板仪的构造及使用

平板仪是测绘地形图的常用仪器,其特点是可以同时测量地面点的平面位置和高程,用图解的方法将测站到测点的方向和距离直接测绘在图板上。它包括大平板仪、中平板仪和小平板仪,这里主要介绍中平板仪。

(一)平板仪的构造

1. 照准仪

如图 6-2 所示,采用大通光孔径内调焦式望远镜,整个镜筒全部密封。读数显微镜、竖直度盘、平行尺划线、摩擦止动等都提高了仪器的性能。

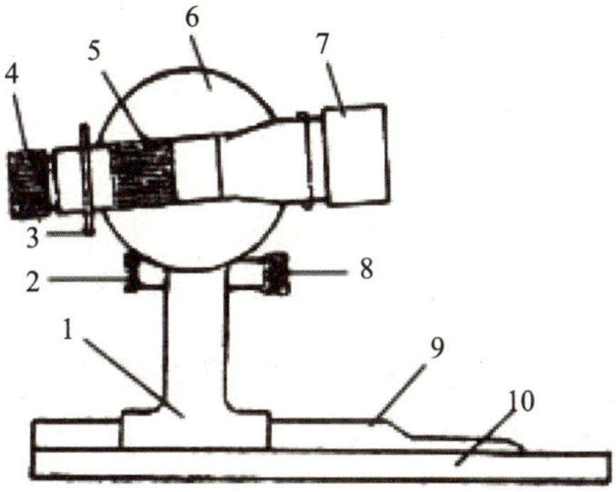

1. 支架　2. 微动手轮一　3. 粗瞄　4. 目镜　5. 调焦手轮　6. 竖盘和游标　7. 物镜
8. 微动手轮二　9. 基尺　10. 比例尺

图 6-2　中平板仪的照准仪

分划板上刻有照准用的十字丝和测距用的视距丝。

尺板上装有平行尺,可横向移动,纵向伸长。

2. 平板

平板由基座、图板、三脚架组成。图板用优质木材制成,伸缩性要求高,浸水不能变形。图板尺寸为 60 cm×60 cm,厚约 3 cm。基座系用直径为 18 cm 的连接圆盘与图板连接,基座圆盘上有三个连接螺旋,用此螺旋将图板和基座固定在一起。基座上有三个脚螺旋。如图 6-3 所示。

3. 附件

附件有移点器(对点器)、长盒罗针(长盒罗盘)、比例尺,如图 6-4 所示。

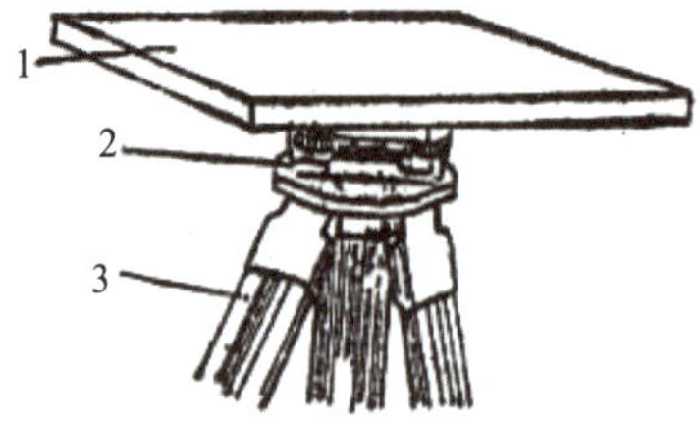

1.图板　2.基座　3.三脚架

图 6-3　平板

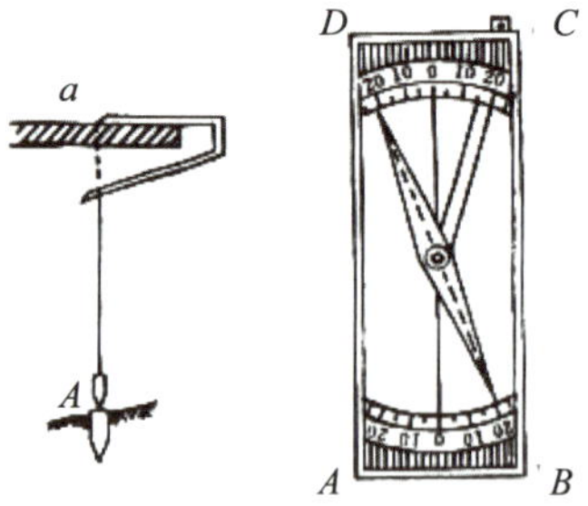

图 6-4　移点器与长盒罗针

(二)平板仪的使用

1.安置

将脚架安放在测站上,使其高低适宜,架头大致水平,用中心螺旋固定图板,放上照准仪,通过基尺上的圆水准器,用脚架上的微调手轮整平图板(球窝式脚架则松开中心螺旋,轻拍图板,图板整平后则需再固定中心螺旋)。

2.对点

把移点器挂上垂球,卡在图板上,使垂球对准测站点。则移点器上面 V 形槽的底尖即为测站点的投影点。

3.定向

仪器附有长盒罗针一个,可在图上定出磁方位角。

4.瞄准和测量

调节目镜,使十字丝成像清晰,先用粗瞄准器大致对准目标,调节望远镜对光螺旋,使目标成像清晰,调节微动手轮,精确瞄准目标,读数。

5.计算水平距离和高差

用分划板上下丝读取标尺上所截数值,即 L 下(下丝读数)、L 上(上丝读数)。

调节指标微动手轮,使竖盘水准器居中,在放大镜中读取竖直角 α。

按下式(或查表)计算水平距离和高差。

$$D = K(L_{下} - L_{上})\cos^2\alpha \tag{6.1}$$

$$H = (1/2)K(L_{下} - L_{上})\sin 2\alpha + i - v \tag{6.2}$$

式中:i 为仪器高;v 为中丝读数;K 为常数,取值 100。

【例 6-1】 已知数据 $K_n = 100, \alpha = +8°12', i = 1.47\ \text{m}, v = 2.03\ \text{m}$,求 h 和 D。

解:根据 $D = K(L_{下} - L_{上})\cos^2\alpha = K_n\cos^2\alpha$

$= 100 \times \cos^2 8°12' = 97.97(\text{m})$

$H = (1/2)K(L_{下} - L_{上})\sin 2\alpha + i - v$

$= (1/2)K_n \sin 2\alpha + i - v = (1/2) \times 100 \sin(2 \times 8°12') + 1.47 - 2.03$

$= 13.56(\text{m})$

即 h 约为 13.56 m,D 约为 97.97 m。

6. 用平行尺划线作图

也可用皮尺(钢尺)量距,按测图比例尺在划好的线段上截取该长度。

(三)平板仪测定点位的基本方法

1. 极坐标法

用一个方向、一段距离来确定一个点的平面位置。安置平板仪于测站 B 上,如图 6-5 所示。对中、整平和定向后,量出仪器高。用照准仪的直尺边靠近图上的测站点 b,瞄准碎部点 1,2,3,…上的标尺,分别读出上、中、下三丝读数和竖盘读数。算出测站到碎部点的水平距离和高程。移动平行尺紧贴测站 b,按比例尺量取测得的水平距离,点出碎部点的位置,注明其高程。

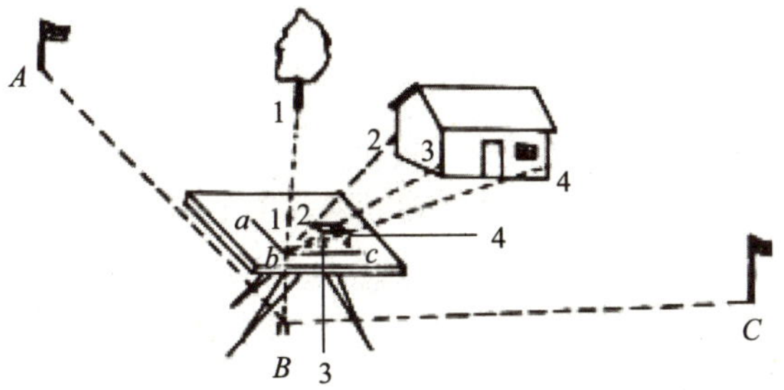

图 6-5 极坐标法

2. 前方交会法

在两已知控制点上安置平板仪来确定点位置的方法,如图 6-6 所示。地面上 A,B 两已知点在图上的位置为 a,b,待定点为 P。首先在 A 点安置平板仪,以 ab 定向后,将照准仪的直尺边缘紧靠 a 点而瞄准 P 点,沿直尺绘出方向线 aP'。再把平板仪安置在 B 点,以 ba 定向后,同法绘出方向线 bP''。先后两方向线的交点 P,即地面 P 点在图上的位置。待测点不易到达。

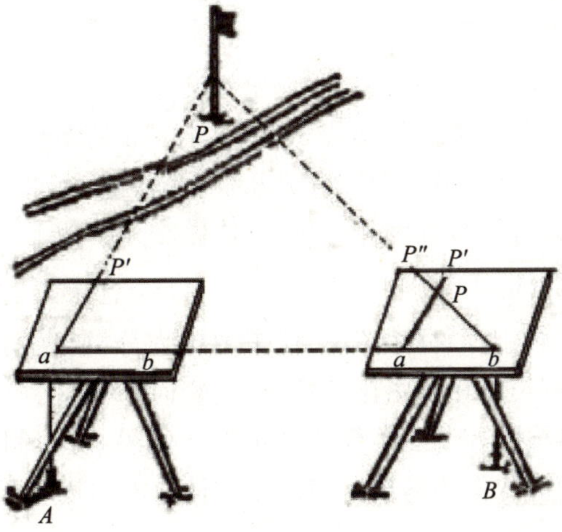

图 6-6 前方交会法

交会的精度取决于交会角的大小，过锐或过钝的交会角对交会精度不利。测量精度要求：交会角最好为 90°，一般要求不小于 30°，不大于 150°。

3. 侧方交会法

在一个已知控制点和一个待定点上安置平板仪，用已知方向来确定待定点的位置，如图 6-7 所示。地面上 A，B 两点在图上的相应点为 a，b，要测定待测点 P 在图上的位置。若 A，B，P 三地面点可以相互通视，但 A，B 两点中的 B 点不能到达，或在 B 点上不能安置平板仪，则此时不能用前方交会法，而要用侧方交会法来确定 P 点在图上的位置。先在 A 点安置平板仪，以方向线定向后，使照准仪直尺边靠紧 a 点瞄准 P 点，绘出 aP' 方向线，然后将平板仪移到 P 点，在 aP' 方向线上估计 P 点的概略位置 P_0，按 P_0 进行对中。在 P_0 点对中、整平并按 $P'a$ 线定向后，将照准仪直尺紧靠图上 b 点而瞄准实地 B 点，沿直尺画方向线 bP'' 与 aP' 相交于 P 点，这个 P 点就是相应于地面上的 P 点。侧方交会角要求同前方交会。

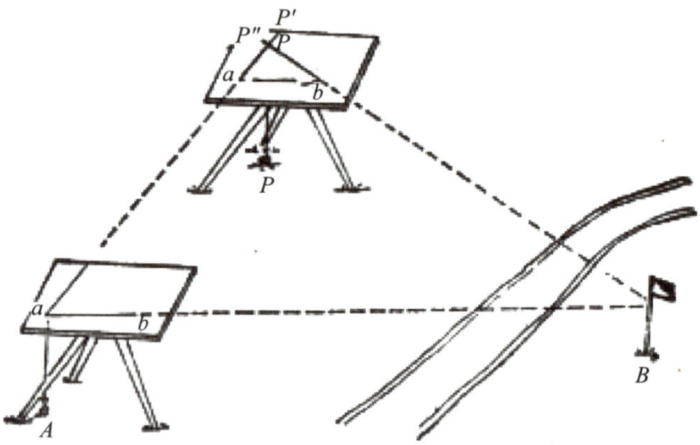

图 6-7　侧方交会法

二、测图前的准备工作

(一)图幅的划分和编号

一幅图的大小要适当，便于使用和保管。大比例尺地形图的正规图幅大小，是按图上尺寸大小来分，有 50 cm×50 cm 的正方形图幅或 50 cm×40 cm 的矩形图幅。当测区较大，一个图幅不能将测区全部测定时，必须把整个测区分成几个图幅进行施测。分幅之后，还要按一定的顺序进行图幅编号。现以正方形分幅编号为例，具体做法介绍如下。

1. 绘制图根控制点图

为了解整个控制点在测区内的分布情况，便于图幅划分，要展绘一张测区控制点图，可在方格纸上进行。绘制的比例尺要比测图比例尺小，展绘时，先根据控制点坐标的最小 x，y 值，来确定西南角的坐标值，再根据控制点坐标按规定的比例尺，将控制点逐点展绘在方格纸上，并注记相应的点号即可，然后根据图的边缘控制点估计把测图边线画出来，如图 6-8 所示。

2. 图幅的划分编号

根据确定的图幅大小在控制点图上进行分幅编号。如确定图幅为 50 cm×50 cm，测图比例尺为 1∶1 000，则图幅的实地纵横距各为 500 m。如图 6-8 所示，将纵横各分为两幅，即整个测区划分成四个图幅，编号为Ⅰ、Ⅱ、Ⅲ、Ⅳ。

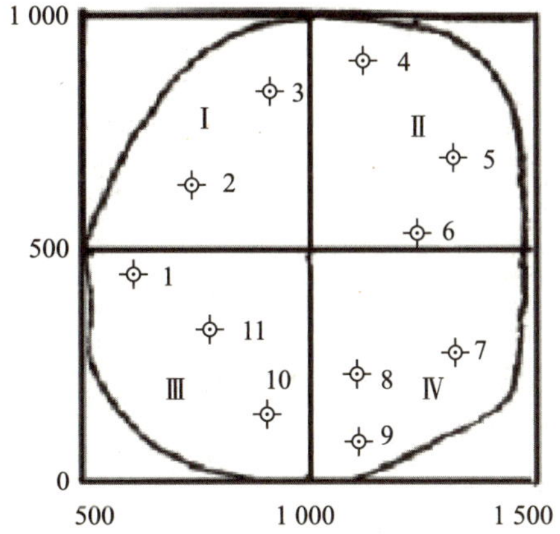

图 6-8　划分图幅

(二)裱糊图板

对测图纸的要求是质地坚韧，伸缩性小，不渗水的优质绘图纸。为了测图时减少图纸变形的影响和保证图纸的平整，可将图纸裱糊在测图板上。

裱糊图纸之前，先将略小于测图板的图纸浸在清水中 3～5 min，然后在擦净的测图板上均匀地涂抹一薄层蛋白液(1 份蛋白和 1.5 份清水搅匀而成)，将湿图纸平整地覆在图板上，用软布或毛巾从图纸中央向外轻轻挤压，去掉中间的气泡并使图纸与图板完全吻合，最后在图纸边缘用涂以浆糊的纸条封边，并放在干燥通气的地方，晾干后使用。

目前，测绘部门广泛应用聚酯薄膜测图，它的厚度为 0.05～0.1 mm，其透明度好，伸缩性小，经热定型处理后，其变形率可小于 0.2‰，又具防潮、不易破损、便于携带和保存，如表面不清洁，还可用水洗涤等特点。其缺点是易燃、易折、易老化。使用聚酯薄膜测图时，先垫一张浅色纸在下面，用胶带纸或铁夹将它固定在测图板上即可，测图后经过清绘，还可直接进行晒图。

(三)绘制坐标格网

地形测图是以控制点为依据进行施测的。故在测图前，应将控制点按其坐标值展绘在图纸上。为了保证点位的精度，首先要绘出边长 10 cm 的坐标格网。坐标格网是展绘控制点的依据，直接影响控制点的展绘精度，必须准确绘制坐标格网，其绘制方法有多种。现主要介绍对角线法。

先用一长直尺在图纸上用削尖的铅笔轻绘两条对角线 AC 和 BD，从对角线的 O 起，沿对角线截取等长的四个线段 OA，OB，OC，OD，连接 A，B，C，D 点即成一正方形，如图 6-9 所示。

然后从 A，B 点各沿 AD，BC 边向右每隔 10 cm 截取各点，再从 A，D 点起各沿 AB，DC 边向上每隔 10 cm 截取各点，最后将各对边的相应点用直线连接即成坐标格网。

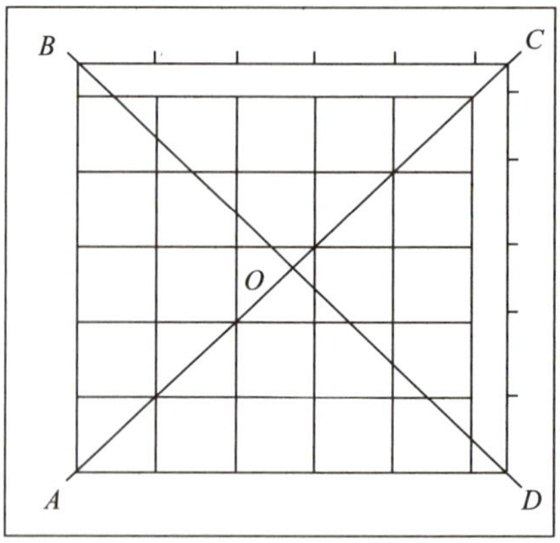

图 6-9　对角线法绘制格网

做完后检查，格网线粗不应超过 0.1 mm；方格边长及对角线图上长度与理论值之差不能超过 0.2 mm。

(四)控制点展绘

方格网绘好以后(图 6-10)，根据图幅划分的坐标，将图幅的西边和南边的坐标值注记好，然后根据图廓线的坐标，从控制测量的成表中查出图幅内的全部控制点。按控制点的坐标值将它们展绘到图纸上。控制点展绘好后，应仔细核对各点的坐标值，并依比例尺量出图上每两个相邻控制点间的距离，看是否与相应的已知距离相等，其误差不得超过图上 0.3 mm。检查合格后，按图式规定绘上控制点符号，在点的右侧画一短线，分子注记点号，分母注上高程。

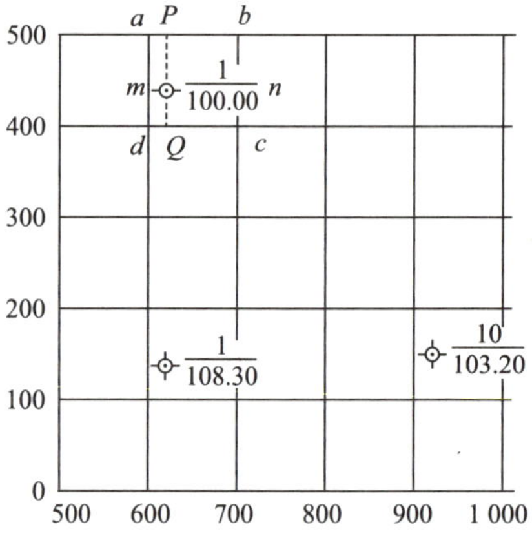

图 6-10　控制点展绘

【学程设计】

学程设计见表 6-1。

表 6-1　项目六任务一“课堂计划”表

学习主题： 项目六　测绘大比例尺地形图 任务一　准备测图 （4 学时）	学习目标	价值塑造：观看纪录片“中国测绘兵”片段，让学生了解一代代测绘兵为国防安全做出的巨大贡献；进行平板仪测绘练习，培养严谨求实的测绘精神。 知识传授：熟悉图幅的划分和编号、绘制坐标格网、控制点展绘；掌握平板仪的构造及使用方法。 能力培养：学会裱糊图板，能结合实例描述图中情况，学会利用平板仪进行单点测绘。 素质养成：具有较强的团队协作能力；具有决策和计划的能力。			
时间	教学内容	教师的活动	学生的活动	教学方法	媒体
30 min	平板仪的构造及使用	1. 播放视频，总结测绘兵对国家安全做出的贡献 2. 讲授：①平板仪的构造，②平板仪的使用，③平板仪测定点位的方法	1. 观看视频、说观感 2. 听课，记录	讲授法	教材、视频（“中国测绘兵”纪录片片段）、PPT、平板仪
15 min	测图前的准备工作	1. 讲授：①图幅的划分和编号，②裱糊图板，③绘制坐标格网，④控制点展绘 2. 布置任务	1. 听课，记录 2. 裱糊图板	讲授法	教材、PPT、自动安平水准仪
45 min	地物和地貌的表示方法	1. 提出学习任务，阅读、研讨。①地物的表示方法，②地貌的表示方法 2. 听取汇报 3. 点评	1. 阅读教材，总结讨论 2. 各组汇报 3. 成果展示	小组学习法	教材、PPT、视频展台
90 min	平板仪的构造及使用实操	1. 布置任务，安排组长领工具 2. 演示平板仪的使用 3. 指导实施 4. 点评 5. 技能训练测试 6. 检查仪器设备	1. 组长领工具 2. 观察学习平板仪使用 3. 操作实施 4. 点评 5. 技能训练测试 6. 整理、归还仪器设备	小组工作法 实验法	平板仪、标杆、钢尺（皮尺）、三棱尺、分规、铅笔、橡皮、绘图纸、实验仪器使用记录本

【技能训练】

平板仪的构造及使用

一、技能训练要求

(1)熟悉平板仪的构造。

(2)练习用平板仪测绘地形图。

二、技能训练内容

(1)认识仪器构造。

(2)平板仪的使用:安置、对点、定向、瞄准和测量、用平行尺划线作图。

三、技能训练步骤

1. 主要结构

(1)照准仪。采用大通光孔径内调焦式望远镜,整个镜筒全部密封,光学系统视场清晰明亮,图像质量良好。读数显微镜、竖直度盘、平行尺划线、摩擦止动等都提高了仪器的性能,观测舒适,大大减轻了测量人员的劳动强度。

分划板上刻有照准用的十字丝和测距用的视距丝。

竖直度盘和游标用铜合金制成,柱面对径刻画±45°。读数放大镜位于望远镜目镜一侧,倾斜45°,读数方便,舒适。

尺板上装有平行尺,可横向移动,纵向伸长,且为向前方伸展式,测绘远离观测边的图线时便于观测。

(2)平板。平板由图板、基座、三脚架组成。

(3)附件。附件有移点器、长盒罗针、比例尺。

2. 仪器的使用

(1)安置。将脚架安放在测站上,使其高低适宜,架头大致水平,用中心螺旋固定图板,放上照准仪,通过基尺上的圆水准器,用脚架上的微调手轮整平图板(球窝式脚架则松开中心螺旋,轻拍图板,图板整平后则需再固定中心螺旋)。

(2)对点。把移点器挂上垂球,卡在图板上,使垂球对准测站点。则移点器上面V形槽的底尖即为测站点的投影点。

(3)定向。仪器附有长盒罗针一个,可在图上定出磁方位角。

(4)瞄准和测量。调节目镜,使十字丝成像清晰,先用粗瞄准器大致对准目标,调节望远镜对光螺旋,使目标成像清晰,调节微动手轮,精确瞄准目标。

用分划板上下丝读取标尺上所截数值。

调节指标微动手轮,使竖盘水准器居中,在放大镜中读取竖直角。

把读取的数值按$L_{下}$(下丝读数),$L_{上}$(上丝读数),α(以垂直角读数)的顺序输入计算器,按动计算命令键,则显示屏上分别显示水平距离D和高差h(详见计算器说明书)。

不用计算器的可按下式(或查表)计算水平距离和高差。

$$D = K(L_{下} - L_{上})\cos^2 \alpha$$
$$h = (1/2)K(L_{下} - L_{上})\sin 2\alpha$$

(5)用平行尺划线作图。用皮尺量距,按测图比例尺在划好的线段上截取该长度。

3.仪器的使用和保管注意事项

(1)仪器应谨防潮湿、剧烈振动等。仪器箱需盖好,勿使灰尘、脏物掉入仪器内。作业结束后,须拂除仪器上灰尘后再装入箱内。

(2)勿用手接触或用脏硬布擦拭镜片,如有赃物,可用擦镜纸或无油污之软布清除。

(3)仪器装箱时,位置要合适,不能勉强关盖,以免压坏仪器。

(4)仪器暂不使用时,应存放在干燥通风的室内。

四、技能训练评价

技能训练评价见表6-2。

表6-2 项目六任务一技能训练评价表——平板仪的构造及使用

认识构造	随机抽查平板仪10个部件,答对一个计1分,满分10分
仪器使用	指定地面上两点 A,B,10 min内完成平板仪的安置、对点、定向、瞄准、划线,满分10分

【知识拓展】

地物和地貌表示方法

所谓地物是指地面上天然的和人造的物体，如河流、湖泊、道路、房屋、森林等。在地形测量时，将地面上的地物，用正射投影的方法，根据不同比例尺测图的要求，运用规定的符号表示在地形图上，这种符号称为地形图图式，如表 6-3 所示，为 1∶500，1∶1 000 和 1∶2 000 地形图所规定的部分地物符号。地物符号可分为四种类型。

一、地物的表示方法

1. 依比例尺符号

当对于较大地物，如房屋、田地、水库、森林等，能按测图比例尺缩小绘在图纸上，它既表示地物的位置，也表示地物的形状和大小，这种符号称为依比例尺符号。这类符号一般用实线或点线表示其外围轮廓，又称轮廓符号。

2. 不依比例尺符号

有些地物的尺寸若按比例尺缩小，无法在图上绘制，只能用符号表示其中心或底部的平面位置，这类符号称为不依比例尺符号。如控制点、水井、钻孔等。

3. 半依比例尺符号

有些成带状的狭长地物，如铁路、通信线路、围墙等，其长度可以按比例尺缩绘，宽度无法表示。这种长度按比例尺表示、而宽度不能按比例尺表示的地物符号，称为半依比例尺符号。

4. 注记符号

为了使符号更完善地反映所表达的内容，还需用文字、数字或特定的符号做必要的注记，故称为注记符号。如高程、楼房层数、河流深度等。

在地形图中，地面上的地物和地貌都是用自然资源部测绘标准化研究所公布的《地形图图式》中规定的符号表示，图式中的符号分地物符号、地貌符号和注记符号三种。表 6-3 是国家测绘标准《国家基本比例尺地图图式　第 1 部分：1∶500　1∶1 000　1∶2 000 地形图图式》(GB/T 20257.1—2017)中规定的部分符号。

表 6-3 地形图图式常用地物、地貌和注记符号

编号	符号名称	符号式样			编号	符号名称	符号式样		
		1∶500	1∶1 000	1∶2 000			1∶500	1∶1 000	1∶2 000
1	三角点 土堆上的 张湾岭-点名 156.718-高程	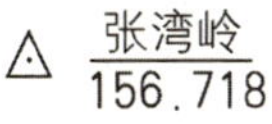			11	医疗点	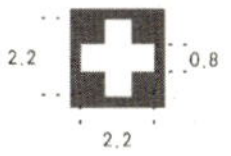		
2	导线点 土堆上的 Ⅰ16-等级、点号 84.46-高程	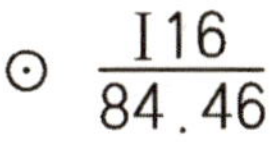			12	门墩 a.依比例尺的 b.不依比例尺的	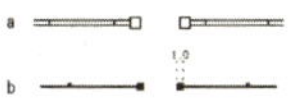		
3	水准点 Ⅱ-等级 京石 5-点名点号 32.805-高程	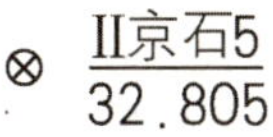			13	栅栏、栏杆			
4	一般房屋 a.一般房屋 混-房屋结构 3-房屋层数				14	篱笆			
5	建筑中房屋				15	铁丝网、电网	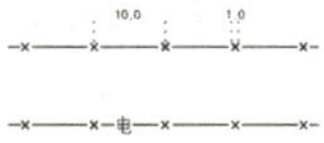		
6	棚房 a.四边有墙的 b.一边有墙的	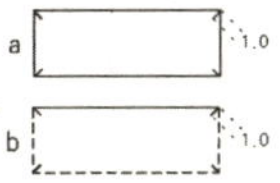			16	标准轨铁路 a.地面上的 a1.电杆	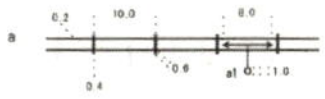		
7	水塔 a.依比例尺的				17	专用公路 有路肩的 ②-技术等级代码 Z301-专用公路 代码及编号			
8	假石山	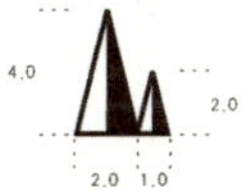			18	内部道路	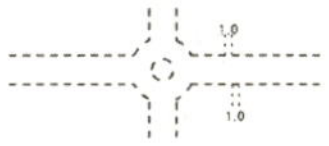		
9	变压器 a.依比例尺的	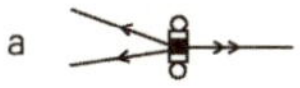			19	乡村路 a.依比例尺的 b.不依比例尺的	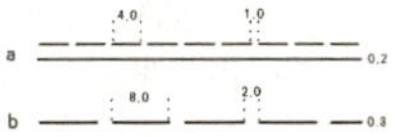		
10	花圃、花坛	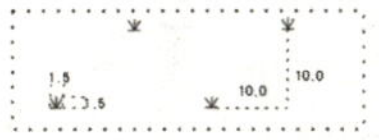			20	露天货、栈材料场 a.有平台的 b.无平台的	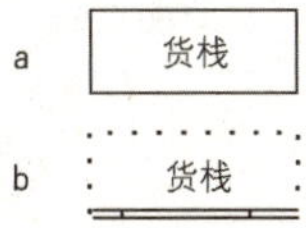		

续表 6-3

编号	符号名称	符号式样 1 : 500	1 : 1 000	1 : 2 000
21	菜地			
22	灌木林 a. 大面积的 b. 独立灌木丛 c. 狭长灌木林	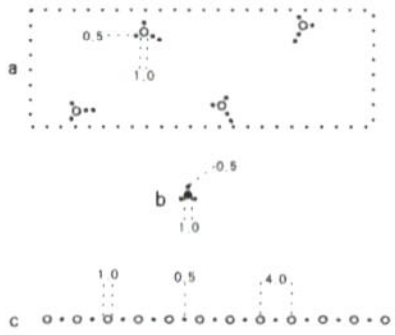		
23	稻田 a. 田埂	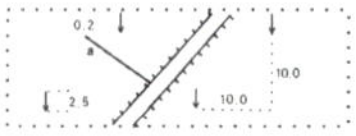		
24	草地 天然草地	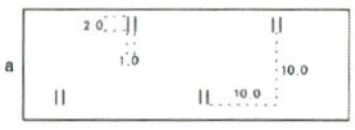		
25	围墙 a. 依比例尺的 b. 不依比例尺的	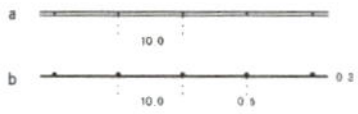		
26	沟堑 a. 已加固的 b. 未加固的 2.6-比高	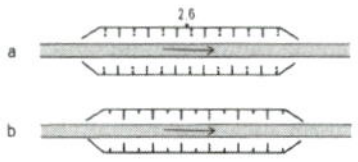		
27	湖泊 龙湖-湖泊名称 咸-水质			
28	冲沟 3.4,4.5-比高			
29	等高线及注记 a. 首曲线 b. 计曲线 c. 间曲线 d. 助曲线	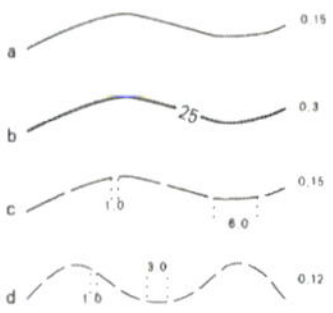		
30	乡、镇界限 a. 已定界 b. 未定界			
31	省级行政区界线和界标 a. 已定界 b. 未定界 c. 界标	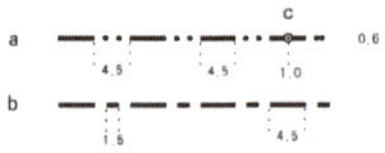		
32	等高线及其注记 1. 首曲线 2. 计曲线 3. 间曲线	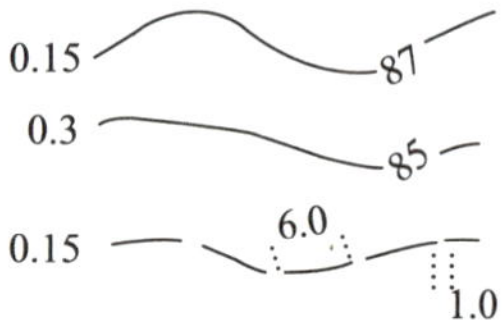		
33	示坡线			
34	高程点及其注记	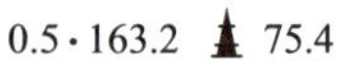		
35	陡崖 1. 土质的 2. 石质的	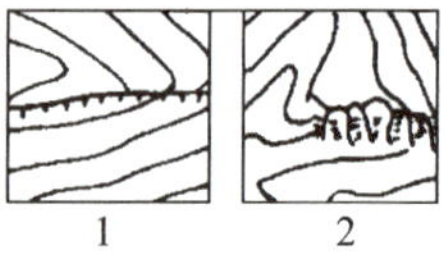		
36	梯田坎 (加固的)	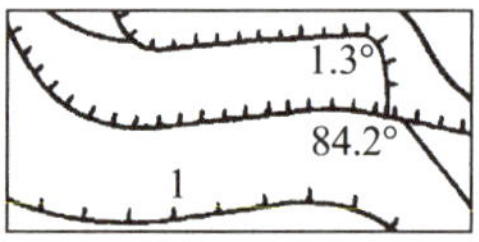		
37	冲沟	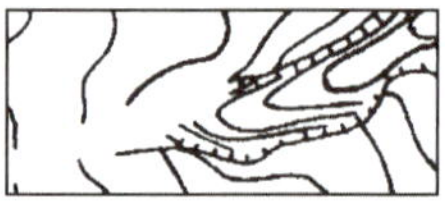		

二、地貌表示方法

地貌是指地球表面的高低起伏状态。在地形图上表示地貌的方法通常采用等高线法。

1. 等高线原理

等高线是指地面上高程相等的相邻点连接而成的闭合曲线。

用等高线表示地貌的原理是:假设用一个水平面截取高低起伏的地面,则水平面与地面交线就形成连续不断的闭合曲线,而且曲线上各点的高程相等;若用不同高程的水平面去截一山头,则形成相应多个不同高程的等高线,如图 6-11 所示的 90 m、95 m、100 m 是三条不同高程的等高线,这些等高线都是闭合曲线,把这些等高线投影到同一个水平面并按测图比例尺缩绘,便绘成了反映地面高低起伏形态的等高线图。

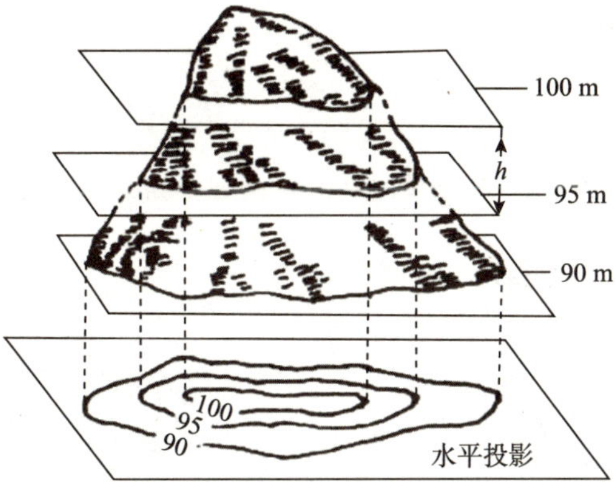

图 6-11 用等高线表示地貌的原理

相邻两条等高线的高程差称为等高距或等高线间隔。

两条相邻等高线间的水平距离称为等高线平距。

等高距与等高线平距之比是等高线间的地面坡度。地面坡度越陡,等高线平距越小;反之,则越大,即地面坡度与等高线平距呈反比。

2. 地貌的基本形状

地面上高低变化的形状是很复杂的,但经过仔细分析就会发现他们都是几种典型地貌综合而成的。了解典型地貌的等高线,有助于正确的识读、应用和测绘地形图。下面归纳出五种典型地貌。

(1)山头。高于四周的凸起地貌如图 6-12A 所示。

(2)盆地。四周高中间低的盆形地貌如图 6-12B 所示。山头的等高线由外圈向内圈高程逐渐增加,盆地的等高线由外圈向内圈高程逐渐减小,这样就可以根据高程注记区分山头和盆地。也可用示坡线来指示斜坡向下的方向。它是一条垂直于等高线而指示坡度下降方向的细短线。在山头和盆地的等高线上绘出示坡线有助于地貌的识别。

(3)山脊。向一个方向延伸的梁形高地如图 6-12C 所示。山脊的等高线均向下坡方向凸出,两侧基本对称。山脊线是山体延伸的最高棱线,又称分水线。

(4)山谷。相邻两山脊之间的低落部分称为山谷如图 6-13D 所示。山谷的等高线向上坡方向凸出,两侧也基本对称。山谷线是谷底点的连线,又称集水线。

(5)鞍部。两山头之间相对低落部分的马鞍形地貌如图 6-13E 所示。

（A）　　（B）　　（C）

图 6-12　用等高线表示的山头、盆地和山脊

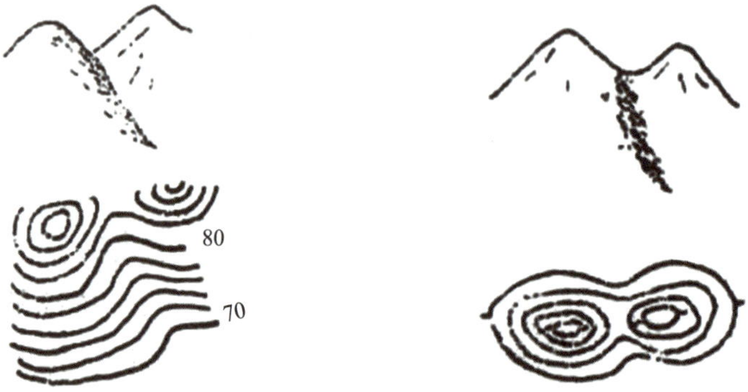

（D）　　（E）

图 6-13　用等高线表示的山谷和鞍部

3. 等高线的特性

了解等高线的性质，目的在于能根据实地地形正确地勾绘等高线或根据等高线判断实际地貌。等高线的特性主要有以下几点。

(1)等高性。同一条等高线上的各点高程相等。

(2)闭合性。等高线是不间断的闭合曲线，不在本图幅内闭合，则必通过其他图幅闭合。在图幅内只有遇到符号或数字注记时才能人为断开。

(3)非交性。等高线一般不相交、不重叠。只有悬崖和峭壁的等高线才可能出现相交或重叠。

(4)正交性。等高线与山脊线(分水线，山脊最高点的连线)、山谷线(集水线，山谷最低点的连线)成正交。

(5)密陡稀缓性。同一图幅内，等高线越密，地面坡度越陡；等高线越稀，地面坡度越平缓。等高线分布均匀，则地面坡度也均匀。

4. 基本等高距及等高线的种类

(1)基本等高距。等高距越小，则越能更详细地表示地貌的变化，根据等高线确定的高程的精度也越高。但等高距过小会影响画面的清晰程度，等高距过大，虽清晰但精度低。所以，等高距的大小应根据测图目的、测图比例尺和测区地形类别而确定。一般选等高距标准可参考表 6-4。

表 6-4 测图等高距标准 m

比例尺	地形类别		
	平地(0°～2°)	丘陵(2°～6°)	山地(6°～25°)
1∶500	0.5	0.5	1.0
1∶1 000	0.5	1.0	1.0
1∶2 000	0.5	1.0	2.0
1∶5 000	1.0	2.0	5.0

(2)等高线的种类。

为了便于查看,地形图上的等高线按其用途可分为首曲线、计曲线、间曲线和助曲线。其中,最常见、地形图上都有的等高线是首曲线和计曲线;有些地形图在局部地形有时还用到间曲线和助曲线。等高线的种类如图 6-14 所示。

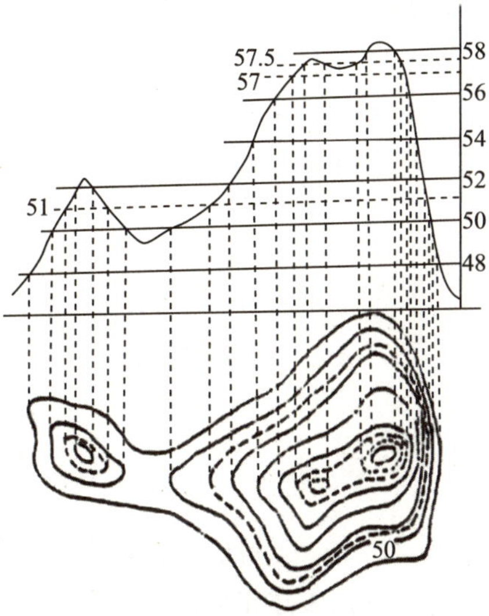

图 6-14 等高线的种类

①首曲线,又称基本等高线,是按规定等高距描绘的等高线,其高程是等高距的整数倍。在图上用 0.15 mm 粗的实线表示。

②计曲线,又称加粗等高线,是为了便于阅读,每隔 4 条等高线(即基本等高距的 5 倍)画一加粗等高线。用 0.3 mm 粗的实线表示。

③间曲线,又称半距等高线,是按 1/ 2 等高距画的等高线。用长虚线表示,线段长 6 mm 留空 1 mm。间曲线可以只画出局部线段,可以不闭合。如图 6-14 中高程为 51 m、57 m 的等高线。

④助曲线,又称辅助等高线,是按 1/4 等高距画的等高线。用短虚线表示,线段长 3 mm 留空 1 mm。如图 6-14 中高程为 57.5 m 的等高线。

【自我测试】

一、单项选择题

1. 平板仪正确的使用操作顺序是(　　)。

A. 对点→安置→定向→瞄准→测量　　B. 安置→对点→定向→瞄准→测量

C. 定向→对点→安置→瞄准→测量　　D. 安置→定向→对点→瞄准→测量

2. 在地形图上表示地貌的方法通常采用(　　)。

A. 等高线法　　B. 等距离法

C. 等水平角　　D. 等竖直角

3. 平板仪计算水平距离公式(　　)。

A. $D = K(L_{下} - L_{上})\sin 2\alpha$　　B. $D = K(L_{下} - L_{上})\cos^2 \alpha$

C. $D = K(L_{上} - L_{下})\sin 2\alpha$　　D. $D = K(L_{上} - L_{下})\cos^2 \alpha$

4. 平板仪计算高差公式(　　)。

A. $h = (1/2)\ K(L_{下} - L_{上})\sin 2\alpha + i - v$

B. $h = (1/2)\ K(L_{下} - L_{上})\cos^2 \alpha + i - v$

C. $h = (1/2)\ K(L_{上} - L_{下})\sin 2\alpha + i - v$

D. $h = (1/2)\ K(L_{上} - L_{下})\cos^2 \alpha + i - v$

二、多项选择题

1. 等高线的特性(　　)。

A. 等高性　　B. 闭合性

C. 非交性　　D. 正交性

E. 密陡稀缓性

2. 地物的表示方法有(　　)。

A. 依比例尺符号　　B. 不依比例尺符号

C. 半依比例尺符号　　D. 标记符号

3. 关于平板仪使用的注意事项,下面叙述正确的是(　　)。

A. 仪器应注意防潮湿、剧烈振动

B. 勿用手接触或用脏硬布擦拭镜头

C. 仪器装箱时位置要合适,不能勉强关盖,以免压坏仪器

D. 仪器暂不使用时应存在干燥通风的室内

4. 平板仪的组件包括(　　)。

A. 照准仪　　B. 平板

C. 移点器　　D. 长盒罗针

三、判断题

(　　)1. 等高线即是地面上高程相等的相邻点连接而成的闭合曲线。

(　　)2. 地物是指地球表面的高低起伏状态。

(　　)3. 地貌是指地面上天然的和人造的物体。

(　　)4. 平板仪对点,把对点器挂上垂球,卡在图板上,使垂球对准测站点。

(　　)5. 地面坡度越陡，等高线平距越大。反之，则越小，即地面坡度与等高线平距呈正比。

准备测图自我测试
参考答案

任务二　测绘地形图

【学习目标】

- 掌握大比例尺地形图的常规测绘方法。
- 能够利用平板仪进行实地测绘。
- 熟悉地形图的拼接、检查、整饰与清绘。
- 了解地形图的缩放与复制。

【任务分解】

通过学习本任务，对测绘地形图工作有个全面的认识，学会利用平板仪进行测绘。具体学习任务见图 6-15。

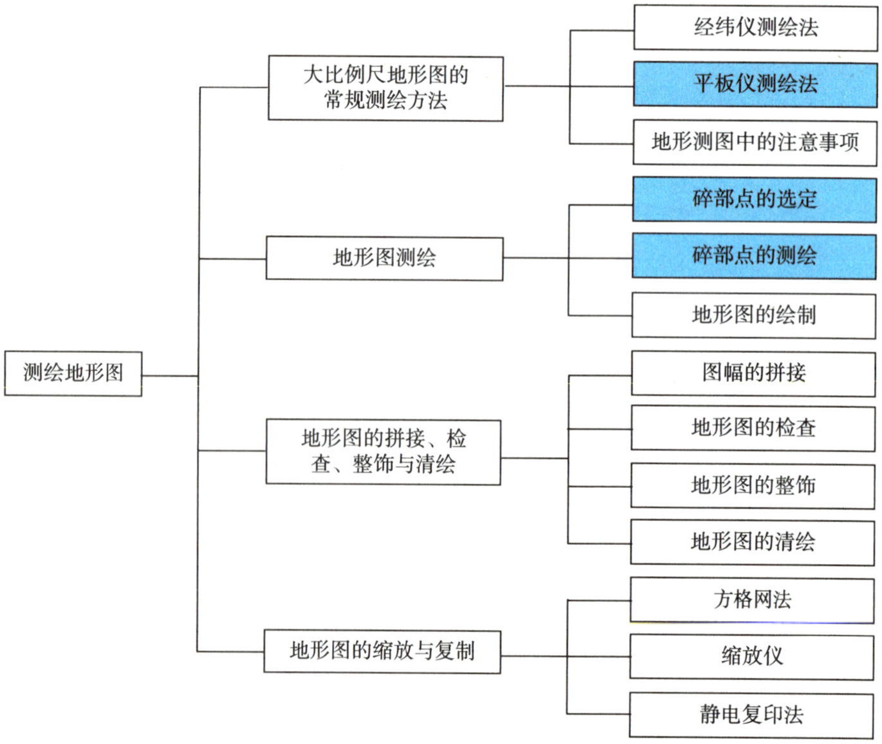

图 6-15　测绘地形图学习任务分解

【基础知识】

一、大比例尺地形图的常规测绘方法

大比例尺地形图的测绘方法有解析测绘法和数字测绘法。解析测绘法又分为经纬仪测绘法、平板仪测绘法、经纬仪配合小平板仪测绘法和经纬仪联合光电测距仪测绘法，此处只介绍经纬仪测绘法、平板仪测绘法。

(一)经纬仪测绘法

经纬仪测绘法就是用一种特制的量角器(也称地形分度规)配合经纬仪测图；普通量角器也有应用，不过绘图速度较慢。操作要点是将经纬仪安置在测站上，绘图板放在其近旁的适当位置，用经纬仪测定碎部点与已知方向线之间的水平夹角，用视距法测出测站点到碎部点间的平距和高差(大部分地物点一般不测高差)；然后根据碎部点的极坐标用量角器进行展点，对照实地勾绘地形图。经纬仪测绘原理如图 6-16 所示。其中 A,B 两点为已知控制点，测量并展绘碎部点 1 的操作过程如下。

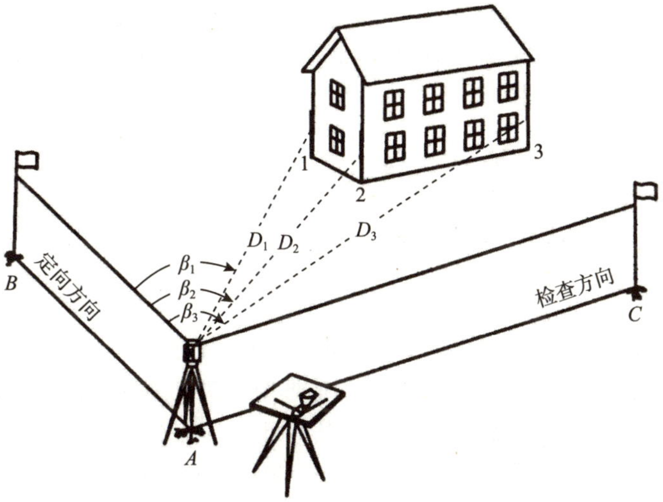

图 6-16　经纬仪测绘原理

1. 测站准备

在 A 点安置经纬仪，量取仪高 i_A，用望远镜照准 B 点的标志，将水平度盘读数置为 0°00′00″。在经纬仪旁边架好小平板，用透明胶带纸将聚酯薄膜图纸固定在图板上；在绘制了坐标格网的图纸上展绘好 a,b 两点，用直尺和铅笔在图纸上绘出直线 ab 作为量角器的零方向线；用一颗大头针插入专用量角器的中心，并将大头针准确地钉入图纸上的 a 点，如图 6-17 所示。

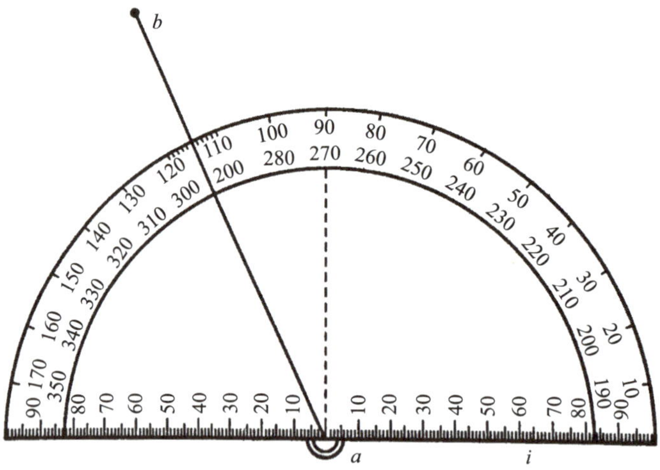

图 6-17 使用量角器展绘碎部点

2. 经纬仪观测与计算

在碎部点 1 竖立水准尺，经纬仪望远镜盘左位置照准水准尺，读出视线方向的水平度盘读数 β_1，上丝读数 m、下丝读数 n、中丝读数 v，然后打开竖直度盘指标自动归零装置的开关，读取竖盘读数，立即算出垂直角 α、仪高 i，则测站到碎部点 1 的水平距离 D_1 及碎部点 1 的高程 H_1 的计算公式为：

$$D_1 = kn\cos^2\alpha \tag{6.3}$$

$$H_1 = H_A + D_1\tan\alpha + i - v \tag{6.4}$$

式中：k 为望远镜的视距常数，$k=100$；n 为尺间距。

3. 展绘碎部点

以图纸上 a，b 两点的连线为零方向线，转动量角器，使量角器上的 β_1 角位置对准零方向线，在 β_1 角的方向上量取距离 D_1/M（式中 M 为地形图比例尺的分母值），用铅笔点一个小圆点作标记，在小圆点旁注记上其高程值 H_1，即得到碎部点 1 在图纸上的位置。如图 6-17 所示，地形图比例尺为 1∶1 000，碎部点 1 的水平角为 115°，水平距离为 64.5 m。

使用同样的操作方法，可以测绘出图中房屋的另外两个角点 2，3，在图纸上连接 1，2，3 点，通过推平行线即可将房屋画出。

此法操作简单、灵活，不受地形限制，边测边绘，工作效率较高，适用于各类地区的测绘工作。此外，若遇雨天或测绘任务紧时，在野外可以只进行经纬仪观测并画草图，然后依记录和草图在室内进行展绘。

（二）平板仪测绘法

1. 平板仪测绘原理

平板仪是测绘地形图或平面图的常用仪器。其特点是可以同时测定地面点的平面位置和高程，并用图解的方法按一定的测绘比例尺将地面上点的位置缩绘到图纸上，构成与实地相似的图形。因此，平板仪测绘法又称图解测绘法。

平板仪测绘的基本原理如图 6-18 所示。设地面上有不在同一平面上的 A，B，C 三点，在

地面上的 B 点安置一块图板，图板上固定一张图纸。将 B 点以铅垂线方向投影到图纸上的 b 点，然后通过 BA，BC 两个方向作两个垂直面，则垂直面与图纸面的交线 bm，bn 所夹的 $\angle mbn$ 就是地面上 A，B，C 的水平角。如再量取 B 点至 A，C 两点的水平距离，并按一定比例尺在 bm，bn 的方向线上截取 a，c 两点，则图上 a，b，c 三点组成的图形和地面上 A，B，C 三点投影到水平面上的图形相似。如果地面上 B 点的位置已知，根据上述方法，就可以得出所求点 A，C 在图上的位置，这就是平板仪测绘的原理。再以三角高程法测出 A，C 点对 B 点的高差，并将其加在 B 点的高程上，就可得出 A，C 两点的高程。

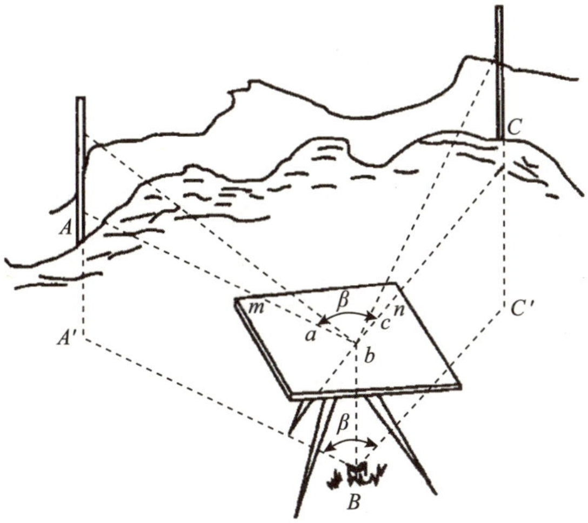

图 6-18　平板仪测绘原理

由此可见，平板仪测绘是根据相似形原理，在图纸上测绘出每一测站周围地物和地貌特征点的平面位置和高程，并以这些点描绘地形图。

2. 平板仪测绘法的优缺点

此法的优点是测、绘只需一个人，工作效率高，缺点是劳动强度大，不能俯压图板。在测站上，每测 20～30 个碎部点以后，就要检查平板定向有无变化，以免因缺乏及时检查而引起大量返工。此法适合于较平坦地区的测绘。当然，为改进测绘速度，距离和高差计算也可采用视距测量。

(三)地形测绘中的注意事项

(1)一个测站在开始测绘之前，应对测站周围的地形特点、测绘的范围、跑尺路线形成统一的认识，做到既明确分工又密切合作，既不重测又不漏测。

(2)应正确选择地物点和地貌点。对地物点一般只测其平面位置，如当地物点可作地貌点时，除测其平面位置外，还应测定其高程。

(3)应根据地貌的复杂程度、测图比例尺大小以及测绘目的等，综合考虑碎部点的密度；一般图上平均每平方厘米内应有一个立尺点；在直线段或坡度均匀的地方，地貌点之间的最大距离和碎部测量中最大视距长度不宜超过表 6-5 的规定。

表 6-5 碎部测量最大视距长度

测图比例尺		1∶500	1∶1 000	1∶2 000	1∶5 000
最大视距/m	主要地物点	60	100	180	300
	次要地物和地形点	100	150	250	350

(4)司尺员在跑尺过程中，除按预定的分工路线跑尺外，还应有其本身的主动性和灵活性，以满足绘图为目的；为了减少差错，对隐蔽或复杂地区的地形，应画出草图，注明尺寸。对于陡坎、冲沟等要量测比高，作为绘图员绘图时的依据。

(5)根据测区地形情况的不同，跑尺方法也不一样。在平坦地区的特点是等高线稀少，地物多且较复杂，测绘工作的重点是测绘地物，因此跑尺时既要考虑少跑弯路，又要照顾绘图时连线的方便，以免出现差错。例如，从山脊线的山脚开始，沿山脊线往上立尺，测至山顶后，再沿山谷线往下逐一施测。这种跑尺路线便于图上连线，但跑尺者体力消耗较大。测绘地物，尽量逐一测完，不留单点。

(6)在测图过程中，对地物、地貌要做好合理的综合取舍。

(7)迁站前要对本测站测绘范围进行认真检查核对，确认无误后才能迁站。

(8)要保持图面清洁，防止污染。图上宜用洁净绢布覆盖，并随时使用软笔刷刷净图面。

二、地形图测绘

地形图测绘是以图根控制点为测站，测绘控制点周围的平面位置和高程，按测图比例尺缩绘在图纸上，并用统一的图式符号绘制成地形图。

(一)碎部点的选定

碎部点又称地形点，是指地物和地貌的轮廓线上的特征点。

1. 对于地物

要选定地物轮廓线上的转折点。如房屋的转角，道路的中心线或边线的转折点，农田、森林边界线的转折点，以及不能用依比例尺符号表示的独立地物的中心点等。一般规定，图上小于 0.4 mm 的转折点可按直线测绘。

2. 对于地貌

要找出地貌的轮廓线。主要指分水线、集水线和坡度变换线，地貌点选在山顶、山脊、鞍部、山脚、谷底、谷口等处。此外，规定碎部点最大间隔不宜超过图上 2～3 cm。

(二)碎部点的测绘

碎部点的平面位置和高程，是以控制点为依据测定的。按所用仪器的不同，可分为以下几种测绘法。

1. 经纬仪测绘法

经纬仪测绘法是在控制点上安置经纬仪，用经纬仪测量碎部点的方向与已知方向之间的夹角，并测出测站到碎部点间的水平距离及碎部点的高程，配合量角器和比例尺把碎部点展绘到图纸上，绘制成图。此法操作简单、灵活，不受地形限制，工作效率较高，适用于各类地区的测图工作。

2. 平板仪测绘法

此法是将平板仪安置于测站上，对中、整平、定向后，将照准仪直尺边靠近图上测站点，转动照准仪，瞄准碎部点上的水准尺，用视距法测得碎部点到测站的距离和高差，然后移动平行尺紧贴图上测站点，用两脚规在比例尺上量取相应长度，沿平行尺边缘定出碎部点的平面位置，并在点的右侧注明高程。同法测绘出其余各碎部点的平面位置和高程。此法展绘碎部点简便，精度可靠。但测绘工作过于集中，影响测绘速度，在起伏较大的山区测绘时，使用不方便。主要用于城建区或起伏不大的开阔地区测绘。

3. 平板仪与经纬仪配合测绘法

此法需要人员较多，每人工作量比较均衡，容易配合使用，工作效率较高。在平原地区，与水准仪配合更为方便。

4. 其他方法

在地形平坦的小范围测图，可用罗盘仪与皮尺、平板仪与皮尺测绘平面图。

(三)地形图的绘制

当碎部点展绘在图板上后，就可以对照实地情况描绘地物和勾绘等高线。

1. 描绘地物

当图板上已经绘出若干地物点后，要及时将有关的点连接起来，绘出地物的图形。例如，房屋轮廓只要测定三个屋角点，就可得出房屋的两边，再用推平行线的方法，就画出房屋的图形；一条公路中线(或边线)上测出两点后，将两点连以直线，再用皮尺量出公路的宽度，就可画出这一路段的图；一块林地只要将边界上的转折点测出来，用点线连接各点，就得出林地的图形。凡不能依比例描绘的地物，应按规定的不依比例尺符号表示其中心位置。

2. 勾绘等高线

当图板上测定了若干个地形的点后，要及时将山脊线、山谷线勾绘出来。如图 6-19 所示，用细实线表示山脊线，用细虚线表示山谷线。等高线勾绘是根据同一坡度的地性线两端的高

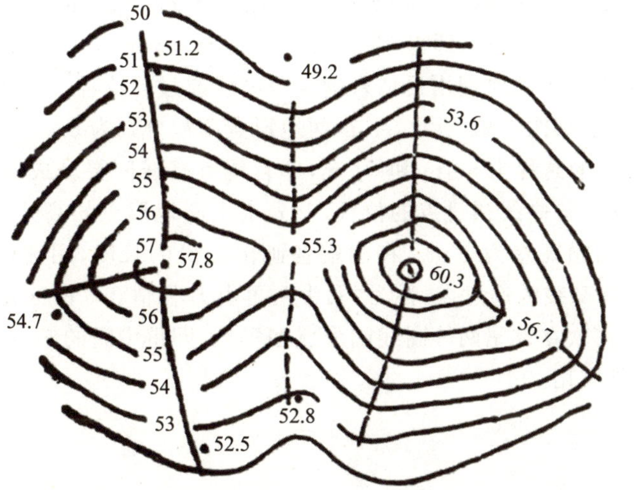

图 6-19 解析法勾绘等高线

程,内插中间的等高线点位,再将相邻各同高程点用曲线连接起来。等高线勾绘方法有解析法、图解法和目估法。

(1)解析法。由等高线特性可知,在坡度均匀的地面上,其等高线间的水平距离和高差呈正比。因此,两相邻地形点间根据其距离和高差可按比例求出相邻等高线的距离,然后按测图比例尺在图上确定等高线的通过点。如图 6-20 所示,为一斜面,A、B 为地面上两地形点,A 点高程为 52.5 m,B 点的高程为 57.6 m,要勾绘等高距为 1 m 的等高线,则应有高程为 53 m、54 m、55 m、56 m、57 m 的五条等高线通过。因此,只要确定 53 m 和 57 m 两点的位置,再作四等分即可。先用尺量得 AB 在图上长度为 23 mm,已知 A,B 两点间高差为 $57.6-52.5=5.1$ m。设由 52.5~53 m 的两点的距离为 x_1,其高差为 0.5 m;57 m 至 57.6 m 的距离为 x_2,其高差为 0.6 m。则

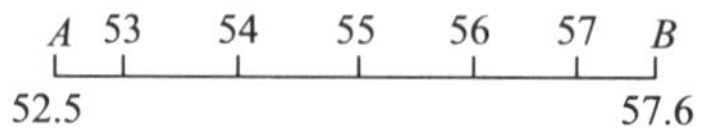

图 6-20 解析法勾绘等高线通过点

$$\frac{x_1}{0.5}=\frac{23}{5.1} \text{ 即 } x_1=\frac{0.5\times 23}{5.1}\approx 2.3 \text{ mm}$$

$$\frac{x_2}{0.6}=\frac{23}{5.1} \text{ 即 } x_2=\frac{0.6\times 23}{5.1}\approx 2.7 \text{ mm}$$

由 52.5 m 的点向上量 2.3 mm 就得 53 m 的点,再由 57.6 m 的点向下量 2.7 mm,就得 57 m 的点,将两点间距作四等分,即得 54 m、55 m、56 m 的三点通过的位置。用同样方法可求其他各等高线的位置。最后将高程相等的点按实地情况连成圆滑的曲线即成等高线。此法求等高线的位置精度较高,但费时间,在实际工作中应用甚少。

(2)图解法。在透明纸上画出间隔相等的平行线图或以一原点出发画出的辐射线图作为工具,在地形点间确定等高线通过的位置。如图 6-21 所示,在一张透明纸上绘出 0—10 间隔相等的平行线,把其覆盖在图上,使高程为 52.5 m 的 A 点对准平行线上的 2.5 处。然后,以 A 点为圆心,转动透明纸并使高程为 57.6 m 的 B 点对准平行线上的 7.6 处,并用细针刺下平行线 3,4,5,6,7 与 AB 线的交点,即得 53 m,54 m,55 m,56 m,57 m 等高线通过的位置。

(3)目估法。根据解析法原理用目估来确定等高线通过的位置。目估勾绘的要领是"先取头定尾,后中间等分"。如图 6-22 所示,A,B 两地形点高程分别为 52.5 m 和 57.6 m。等高距为 1 m,则首尾等高线的高程为 53 m 和 57 m,即首尾等高线间要分成四等分,共有五条等高线。为了用目估法确定等高线通过点的位置,首先求出两地形点的高差为 5.1 m,然后将 AB 线目估分成 5.1 份,每份高差为 1 m。在两端各画出一份的长度,用虚线表示。由 A 目估出 0.5 m 来确定 53 m 等高线的通过点,称为"取头",再由 B 目估 0.6 m 来确定 57 m 等高线的通过点,称为"定尾"。其次在首尾两等高线间分成四等分,即得中间的 54 m、55 m、56 m 等高线的通过点。此法非常实用。

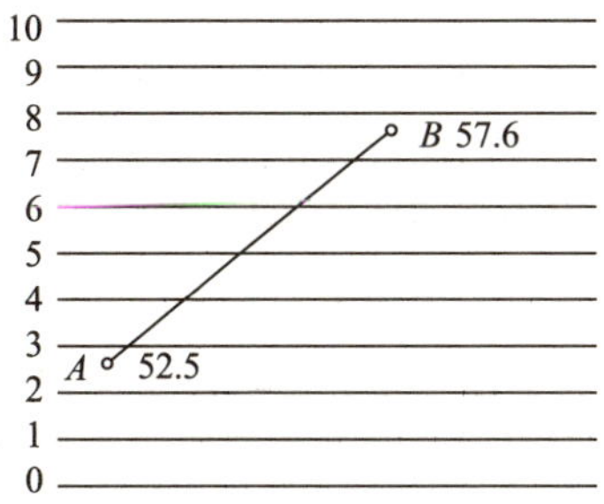

图 6-21 图解法勾绘等高线通过点

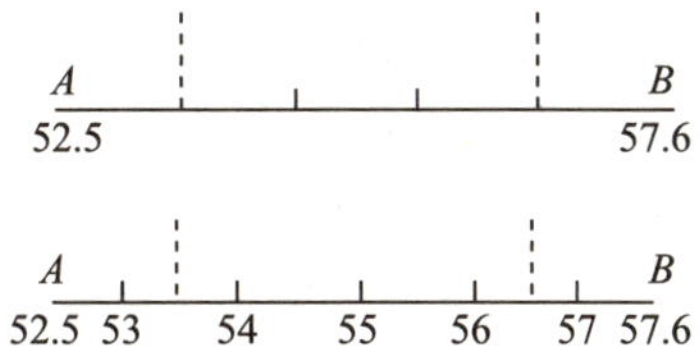

图 6-22 目估法勾绘等高线通过点

当各地形点间的分点得出后，勾绘时，要参照实际地形，从最高点起，由上而下，将各相邻等高点用曲线连接起来，先绘出计曲线，再绘首曲线，而成等高线图。具体可以归纳为一连二定再连。

一连：即连接地性线，要求边测边连，山谷线用虚线，山脊线用实线。画连接线时下笔要轻，以便成图后擦掉。

二定：一定根数，即确定两特征点之间有哪些高程的等高线通过；二定位置，即用以上三种方法定出每一条等高线通过位置。

再连：连接等高线，即把高程相等的相邻各点连成光滑的曲线。连接时，应对照实地地形，力求正确逼真，且等高线与地性线呈正交。

三、地形图的拼接、检查、整饰与清绘

(一)图幅的拼接

当测区面积较大时，通常采用分幅测绘。由于测量和绘图的误差，使相邻图幅接边处的地物和等高线不能完全吻合，如图 6-23 所示，左、右相接两图衔接处的道路、房屋、等高线都有偏差，因此，有必要对它们进行改正。

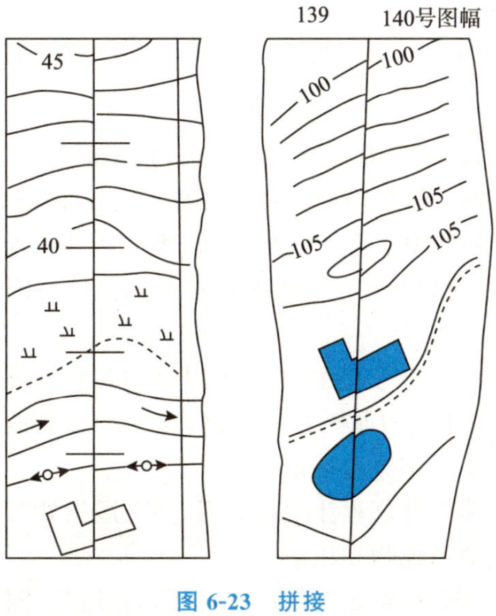

图 6-23 拼接

为了拼接方便，测图时每幅图的东、南两边应测出图框以外 2 cm 左右。若有房屋等块状地物，应测完其主要角点；若有电杆、道路等线状地物，应多测一段距离以确定其走向；若是无拼接的自由图边，测绘时应加强检查，确保无误。另外规定：明显地物位置偏差在图上不大于 2 mm；不明显地物位置偏差在图上不大于 3 mm；等高线相差不得大于相邻等高线平距。如符合上述要求，则可取平均位置来修改相邻两图幅的原图。

拼接时，对于聚酯薄膜图纸，可按坐标格线将相邻图幅直接重叠拼接；如采用绘图纸测图，则须用一条宽 3～5 cm 的透明纸带蒙在左图幅的东拼接边上，用铅笔把图边处的坐标网线、地物、等高线描在透明纸条上，然后把透明纸按网格对准蒙在右图幅的西拼接边上。检查相应地物和等高线的偏差情况，如偏差不超过上述要求，取平均位置绘在透明纸带上（又称接图边），并以此作为相邻两图幅拼接修改的依据；对于限差超限的部分，应检查原因，如有必要应到实地检查，并作补测修正。拼接修改后的地物地貌，应保持它们的实际走向，如房屋角是否仍为直角，道路的走向是否与实地走向相符等。

（二）地形图的检查

为了确保地形图的质量，除施测过程中加强检查外，当地形图测完以后，测量小组应再做一次全面检查，即自检。然后根据具体情况，由上级组织互检或专门检查。图的检查工作可分室内检查和室外检查两种，室外检查又分为仪器检查和巡视检查两种。

1. 室内检查

室内检查包括：图根点的数量是否符合规定；手簿记录计算有无错误；图上的地物、地貌是否清晰易读；各种符号注记是否规范；等高线与地貌特征点的高程是否相符合，有无矛盾之处；图边拼接有无问题等。如果发现有错误或疑点，应到野外进行实地检查后修改。

2. 室外检查

以室内检查发现问题为重点，到野外进行实地检查、核对。

(1)仪器检查。根据室内所发现的问题到野外设站检查，并进行必要的修改。同时要对已有图根点及主要碎部点进行检查，查看原测图是否有错误或误差超限。

(2)巡视检查。对于图面上未做仪器检查的部分，仍需手持图纸与实地进行对照，主要检查地物、地貌有无遗漏；用等高线表示的地貌是否符合实际情况；地物符号、注记是否正确等。

（三）地形图的整饰

当原图经过拼接和检查后，还应对原图进行整饰，使图面线条均匀，符合要求，字体端正，配置适当，符号正确，图面清晰、美观。整饰时，必须学会正确使用地形图图式，图式的比例尺和测图比例尺应一致，地物和地貌符号的几何形状、大小和线条粗细，注记的字体、字号和朝向，均应按地形图图式的有关规定进行。整饰的次序是先图内后图外，先地物后地貌。先注记后符号。主要内容如下。

(1)擦除一切不必要的点线、符号和注记数字，对地物和地貌符号按规定画好。

(2)注记位置适当。图上注记的原则是除公路、河流和等高线注记随着各自的方向变化外，其他各种注记字向必须朝北，字体应端止。

(3)等高线勾画圆滑，计曲线的高程注记应成列，并在适当处留一空隙注明其高程，其字头指向上坡方向。等高线不能通过地物和注记。

(4)图廓的整饰包括清绘图廓，绘制比例尺，注记图名、图号、测图日期及测图单位等。

经过整饰后，图面要求内容齐全、线条清晰、取舍合理、注记正确。

(四)地形图的清绘

按照原来的线划符号注记位置用绘图小钢笔上墨，使底图成为线条均匀，墨迹实在，字体端正，符号正确，位置适当，清洁美观的地形原图，即为地形图清绘。一般清绘次序为：首先为注记（文字、内图轮廓、控制点等）；其次为地物（居民地、道路、水系及建筑物等）；最后为地貌（等高线、特定符号等）。

四、地形图的缩放与复制

地形图的缩放与复制方法主要有方格网法（图 6-24）、晒图法、缩放仪（图 6-25）、复照仪、静电复印法、计算机软件应用等。

(一)方格网法

此法操作很简单，利用比例规或两脚规结合目估的方法将原图缩放。首先在原图及复制图纸上用铅笔绘制方格数相向的方格网（复制图纸上的方格要按规定的比例缩小或放大），然后在对应的方格网内把原图上的地物、地貌用比例规结合目估的方法转绘到复制图上。

如图 6-24 所示，假如将原图比例尺缩小 1/2 绘成复制图。首先在左边的原图和右边的复制图纸上绘制格数相等的方格网，并在方格网旁用拉丁字母和阿拉伯数字注明行列次序。转绘线状物体时，重要转弯点可以先转绘。用已对好比例值的比例规，量出点到所在方格顶点的距离，在复制图上以相应顶点为圆心，以比例规另一端为半径于相应格内画弧；仿此，再以另一顶点作弧，两弧交点即为复制图上的相应点。各重要转弯点求出后，用目估法连接各点，即为所求的线状物体。

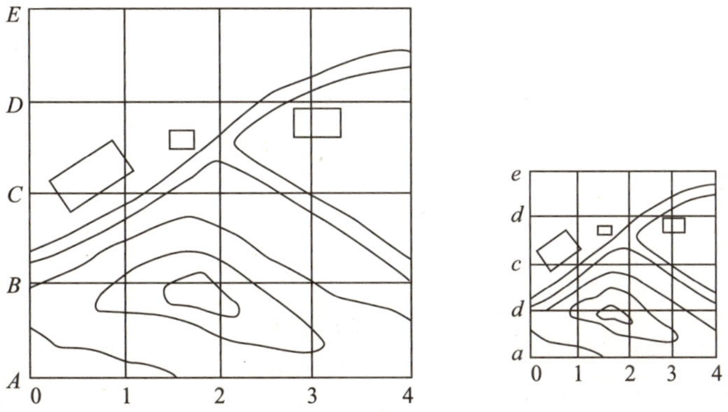

图 6-24　方格网法

方格网法转绘的精度与方格边长有关。方格网越小，线状物体与网线交点越多，目测也越容易，所以复制图精度就高。因此，在地物和地貌复杂的地方，在方格网内可再加绘辅助方格网。

(二)缩放仪

利用缩放仪将地形原图缩小或放大，操作较方格网法迅速。如图 6-25 所示，缩放仪由四根金属杆所组成。四杆构成平行四边形 $ABCD$，CD 杆上 K 处装有铅笔，可使 K 点对准杆上某一分划后固定。在 BC 杆末端装有描迹针 S。在 A 点垂直上方有一凸栓 a，在 a 处牵引两钢

丝 aB 与 aM，用以减轻各杆在纸面上的压力并可使各杆处于水平位置。工作时，将座架置平在桌面的左上角，再将 D、K、C 三点分别安置在复制图线段与原图线段比值相同的分划线上，如 1/2。这样描迹针在原图上移动某一线段后，铅笔即在复制图纸上绘出缩小 1/2 的线段。经检查符合后继续缩绘。如果把描迹针装在 K 处，而铅笔装在 S 点上，那么缩放仪就把原图放大。

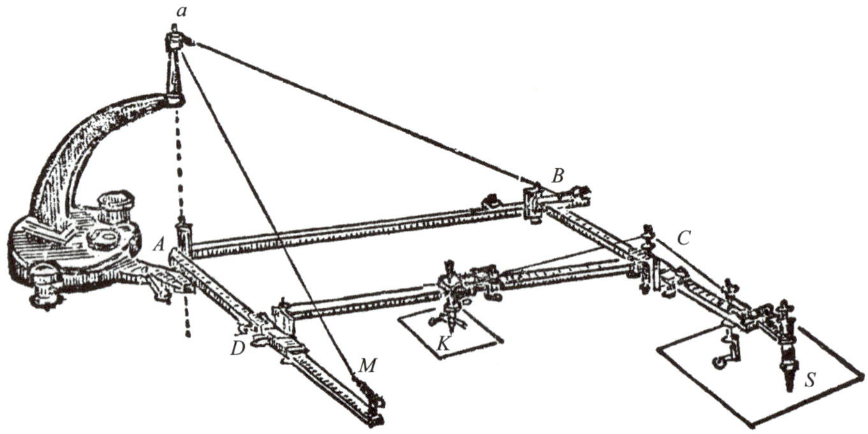

图 6-25　缩放仪

(三)静电复印法

静电复印法是一种较先进的复制方法，它是利用静电复印机将原图放大或缩小后直接印制成复印图，精度高、速度快、成本低、操作简单，目前已广泛采用。

【学程设计】

学程设计见表 6-6。

表 6-6 项目六任务二“课堂计划”表

学习主题： 项目六 测绘大比例尺地形图 任务二 测绘地形图 （6 学时）	学习目标	价值塑造：进行平板仪测绘大比例尺地形图，培养学生不怕吃苦、严谨求实的测绘精神。 知识传授：了解地形图的缩放与复制，熟悉地形图的拼接、检查、整饰与清绘，掌握大比例尺地形图的常规测绘方法。 能力培养：学会利用平板仪进行小区域大比例尺地形图测绘。 素质养成：具有较强的团队协作能力；具有决策和计划的能力；自我控制与管理能力。 方法能力：计划、组织、协调、团队合作能力；口头表达能力；人际沟通能力。

时间	教学内容	教师的活动	学生的活动	教学方法	媒体
45 min	大比例尺地形图的常规测绘方法	1. 学生分组，布置任务 2. 监控课堂 3. 听取汇报 4. 点评	1. 阅读教材 2. 小组研讨 3. 材料汇总 4. 小组汇报	小组学习法	教材、绘图纸、彩笔
20 min	地形图测绘	讲授 1. 碎部点的选定、测绘 2. 地形图的绘制	听课、记录	讲授法	教材、PPT
15 min	地形图的拼接、检查、整饰与清绘	1. 布置任务 2. 监控课堂 3. 听取汇报 4. 点评	1. 阅读教材 2. 个人总结 3. 个人汇报	自主学习法	PPT、视频、展台
10 min	地形图的缩放与复制	1. 布置任务 2. 监控课堂 3. 收取卡片 4. 总结	1. 阅读教材 2. 小组研讨 3. 写卡片 4. 听课、记录	卡片法	教材、彩纸卡片、磁钉、白板笔
180 min	测绘地形图	1. 布置任务，安排组长领工具 2. 指导实施 3. 点评 4. 技能训练测试 5. 检查仪器设备、实验室使用记录	1. 组长领工具 2. 操作实施 3. 点评 4. 技能训练测试 5. 整理、归还仪器设备	小组工作法 实验法	平板仪、标杆、钢尺（皮尺）、三棱尺、分规、铅笔、橡皮、绘图纸、实验仪器使用记录本

【技能训练】

测绘地形图

一、技能训练要求

学会根据测区实际情况选择合适的导线形式和数量合理的导线点，掌握平面控制测量、高程控制测量的外业和内业方法，掌握坐标格网的绘制和导线点展绘的方法，熟练掌握地形测量的方法，学会地形图的清绘与整饰。

二、技能训练内容

每组完成 1∶500 地形图 8～10 格（每格 10 cm×10 cm），包括平面控制测量的外业和内业、高程控制测量、坐标格网的绘制和导线点展绘、碎部测量、地形图的清绘与整饰等。

三、技能训练步骤

1. 平面控制测量

（1）选点。根据指导教师指定的测区范围，选择 4～6 个控制点，选点方法见教材相关内容。控制点选定后，应埋桩、钉标志并编号。

（2）量距。用钢尺往返丈量各导线边（连接边）的边长，往返丈量的相对误差不大于1/3 000。

（3）角度测量。采用经纬仪测回法（一测回）观测闭合导线各内角（连接角），上、下半测回的角度之差不超过±40″，取平均值作为各角值。若是独立测区，还应用罗盘仪观测起始边的方位角。

（4）角度闭合差的计算与调整。若 $f_\beta = \left|\sum\beta_{测} - (n-2)\times 180°\right| \leqslant 40''\sqrt{n}$ ，则将 f_β 以相反的符号平均分配到各内角。

（5）坐标方位角的计算。根据导线起始边的已知方位角及调整后的转折角来计算其他导线边坐标方位角，即 $\alpha_{前} = \alpha_{后} \pm (180° - \beta)$，计算时顺时针编号取“＋”、逆时针编号取“－”。最后要回算到起始边，作为计算校核。

（6）坐标增量的计算。根据各导线边的边长和坐标方位角计算坐标增量，即 $\Delta x = D\cos\alpha, \Delta y = D\sin\alpha$ 。坐标增量计算时通常精确到 0.01 m。

（7）坐标增量闭合差的计算与调整。先计算 $f_x = \sum\Delta x, f_y = \sum\Delta y, f_D = \sqrt{f_x^2 + f_y^2}$，再计算 $k = f_D / \sum D$。若 $k \leqslant 1/2\ 000$，则将增量闭合差 f_x，f_y 分别以相反的符号，与边长成正比分配到各相应的增量中。

（8）坐标的计算。即根据导线起点的已知坐标及调整后的坐标增量，一次计算各导线点坐标。若为独立测区，则起点坐标假定为(500.00,500.00)。

2. 高程控制测量

本实训的高程控制测量采用等外水准测量方法，具体详见项目二任务二中技能训练——

水准测量的实施。

3. 测图前的准备

本实训不要求将图纸裱糊到图板上，测图前的准备工作主要是绘制坐标格网（50 cm×50 cm）和展绘导线点。绘制坐标格网可用对角线法或坐标格网尺法，绘制或展绘后应检查：各方格顶点是否在一直线上，每一方格的边长（10 cm）误差不应超过 0.2 mm，对角线长度（14.14 cm）误差不超过 0.3 mm，方格网线的线粗与刺孔直径不超过 0.1 mm，各边的距离与已知距离的误差不超过图上 0.3 mm。

4. 碎部测量

碎部测量的方法可采用经纬仪测绘法、经纬仪配合小平板仪测绘法、平板仪测绘法，个别碎部点也可用支距法或距离交会法，在实训中应根据实地情况而灵活使用。当地物在图上的凸凹部分小于 0.4 mm 时，可舍弃不测。

若控制点无法施测局部地区时，可根据解析图根点用图解法现场增设临时测站点或用支导线或测角交会等方法加密图根点。

施测碎部点的最大视距规定详见表 6-5。

5. 地形图的整饰

按照大比例尺地形图图式规定的符号，用铅笔对原图进行整饰，其顺序一般为：内图廓线、坐标格网、控制点、地物、地貌、注记符号、外图廓线及图外注记等。图外注记包括正上方的图名和图号，正下方的测图比例尺，右下方的平面坐标系统、测绘方法、测绘单位和测绘日期等内容。注记时，除公路和河流的注记随着各自的方向变化外，其他各种注记字向必须朝北。整饰后的图面，要求内容齐全、线条清晰、取舍合理、注记正确。

注意事项：

（1）实训期间的各项工作以小组为单位进行。组长要切实负责，安排好组员的工作，使每人均有练习的机会；组员之间应团结协作，密切配合，以保证实训内容的顺利完成。

（2）在实训的前一个工作日，应准备好所有的测量仪器与工具；出测前应对所带的仪器与工具进行登记，以便迁站和收工时清点核对。

（3）实训期间，能够现场计算的数据应做到站站清，每天收工后应检查当天外业观测数据并进行内业计算。

（4）由于实训的时间短、内容多，因此平面控制测量最好结合项目三任务二中知识拓展“经纬仪导线测量”进行，在教学实训周之前完成。

四、技能训练评价

1. 小组上交的资料

（1）平面控制测量、高程控制测量的外业记录手簿，碎部测量记录手簿。

（2）1∶500 地形图。

2. 个人上交的资料

（1）平面控制测量、高程控制测量的成果计算。

（2）实训报告书。其内容包括如下：

①封面。实训名称、地点、时间、班组、编写人及指导教师。

②前言。说明实训的目的、任务和过程。

③实训内容。说明测量的顺序、方法、精度要求、计算成果及示意图等。

④实训体会。说明实训中遇到的技术问题及采取的解决办法，对实训的建议。

技能训练评价见表 6-7。

表 6-7 项目六任务二技能训练评价表——测绘地形图

施测评价	按施测过程中仪器使用规范程度分别打分。分值分别为 6 分、4 分、2 分、0 分
成果评价	按照上交的地形图及测量成果的准确程度分别打分。分值分别为 14 分、10 分、8 分、6 分、4 分

【知识拓展】

大比例尺数字化测图

随着科学技术的进步,电子计算技术的迅猛发展及其向各专业的渗透,以及电子测量仪器的广泛应用,促进了地形测量的自动化和数字化。测量成果不只是可以绘制在图纸上的地形图(即以图纸为载体的地形信息),而是以计算机磁盘为载体的数字地形信息,其提交的成果是可供计算机处理、远距离传输、多方共享的数字地形图。数字测图是一种全解析的计算机辅助测图方法,与图解法测图相比,其具有明显的优越性和广阔的发展前景。它将成为地理信息系统的重要组成部分,广泛用于测绘生产、土地管理、城市规划等部门,并成为测绘技术变革的重要标志。大比例尺数字化测图技术逐步替代传统的白纸测图,促进了测绘行业的自动化、现代化、智能化。

一、数字测图系统

广义的数字化测图又称为计算机成图。主要包括:地面数字测图、地图数字化成图、航测数字测图、计算机地图制图。在实际工作中,大比例尺数字化测图主要指野外实地测量即地面数字测图,又称野外数字化测图。

传统的地形测图(白纸测图)是将测得的观测值用图解的方法转化为图形,这一转化过程几乎都是在野外实现的,即使是原图的室内整饰一般也要在测区驻地完成。另外白纸测图一纸难载诸多图形信息,变更修改也极不方便,实在难以适应当前经济建设的需要。数字化测图则不同,它希望尽可能缩短野外的作业时间,减轻野外的劳动强度,将大量的手工操作转化为计算机控制下的机械操作,不仅减轻了劳动强度,而且不会损失应有的观测精度。

数字化测图就是将采集的各种有关的地物和地貌信息转化为数字形式,通过数据接口传输给计算机进行处理,得到内容丰富的电子地图,需要时由计算机的图形输出设备(如显示器、绘图仪)绘出地形图或各种专题图图形。这就是数字化测图的基本思想。

数字测图系统主要由数据输入、数据处理和数据输出三部分组成。流程为:地形图采集,数据处理与采集,成果与图形输出。它是以计算机为核心,连接测量仪器的输入输出设备,在硬件和软件的支持下,对地形空间数据进行采集、输入、编辑、成图、输出、绘图、管理的测绘系统。数字测图系统综合框图,如图 6-26 所示。

随着全站型电子速测仪(简称全站仪)的问世和电子计算机技术的迅猛发展,大比例尺数字测图的研究取得了可喜的成果,并且在生产中发挥了越来越重要的作用。用全站仪在测站进行数字化测图,称为地面数字测图。由于用全站仪直接测定地物点和地形点的精度很高,所以,地面数字测图是几种数字测图方法中精度最高的一种,也是城市大比例尺地形图最主要的测图方法。若测区已有地形图,则可利用数字化仪或扫描仪将其数字化,然后,再利用数字测图系统将其修测或更新,得到所需的数字地形图。对于大面积的测图,通常可采用航测方法或数字摄影测量方法,通过解析立体测图仪或数字摄影测量系统得到数字地形图。

地面数字测图系统的模式主要有两种:数字测记法模式和电子平板模式。

数字测记法模式为野外测记,室内成图,即用全站仪测量,电子手簿记录,同时配以人工画

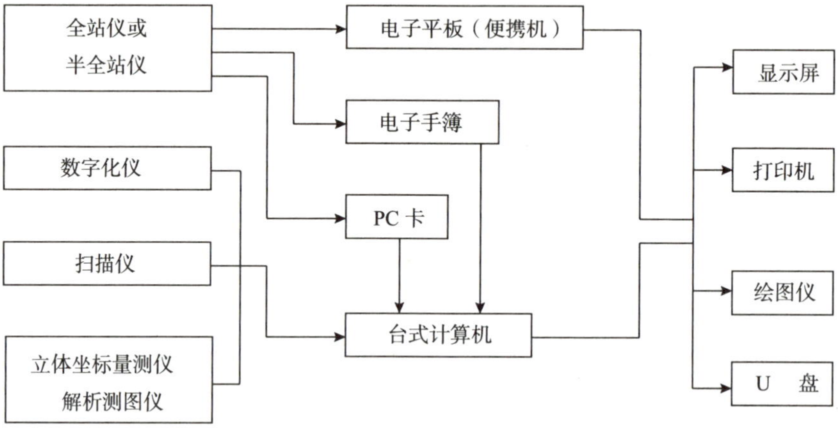

图 6-26 数字测图系统综合框图

草图和编码系统，到室内将野外测量数据从电子手簿直接传输到计算机中，再配以成图软件，根据编码系统以及参考草图编辑成图。使用的电子手簿可以是全站仪原配套的电子手簿，也可以是专门的记录手簿，或者直接利用全站仪具有的存储器和存储卡作为记录手簿。测记法成图的软件也有许多种。

电子平板模式为野外测绘，实时显示，现场编辑成图。所谓电子平板测量，即将全站仪与装有成图软件的便携机联机，在测站上全站仪实测地形点，计算机屏幕现场显示点位和图形，并可对其进行编辑，满足测图要求后，将测量和编辑数据存盘。这样，相当于在现场就得到一张平板仪测绘的地形图，因此无需画草图，并可在现场将测得图形和实地相对照，如果有错误和遗漏，也能得到及时纠正。

二、数字测图图形信息的采集和输入

各种数字测图系统必须首先获取图形信息，地形图的图形信息包括所有与成图有关的资料，如测量控制点资料、解析点坐标、各种地物的位置和符号、各种地貌的形状、各种注记等。对于图形信息，常用的采集和输入方式有以下几种。

1. 地面测量仪器数据采集输入

应用全站仪或其他测量仪器在野外对成图信息直接进行采集。采集的数据载体为全站仪的存储器和存储卡，例如，全站仪 SET2000 即配备相应的存储器和存储卡；也可为电子手簿，如 GRE3、GRE4 等；或为各种袖珍计算机及便携机，如 PCE-500 等。采集的数据可通过接口电缆直接送入计算机中。

2. 人机对话键盘输入

对于测量成果资料、文字注记资料等，可以通过人机对话方式由键盘输入计算机之中。

3. 数字化仪输入

应用数字化仪对收集的已有地形图的图形资料进行数字化，也是图形信息获取的一个重要途径。数字化仪主要以矢量数据形式输入各类实体的图形数据，即只要输入实体的坐标。除矢量数据外，数字化仪与适当的程序配合也可在数字化仪选择的位置上输入文本和特殊符号。对原有地形图，可用点方式数字化的形式。点方式为选择最有利于表示图形特征的特征点逐点进行数字化。

4. 扫描仪输入

对已经清绘过的地形图,可以利用扫描仪进行图形输入,由专门程序把扫描获得的栅格数据转换为矢量数据,以从中提取图形的点、线、面信息,然后再进行编辑处理。采用激光扫描仪扫描等高线地形图是最有效的方法,因为等高线地形图绘制精细,并且有许多闭合圈而没有交叉线,故用激光扫描仪扫描时,只要将激光束引导到等高线的起点,激光束会自动沿线移动,并记录坐标,碰到环线的起始点或单线的终点就自动停止,再进行下一条等高线的数字化。其最大优点是能很快地扫描完一条线,几乎是一瞬间就完成扫描。同时,扫描得到的数据直接变成符合比例尺要求的矢量数据。

5. 航测仪器联机输入

利用大比例尺航摄相片,在航测仪器上建立地形立体模型,通过接口把航测仪器上量测所得的数据直接输入计算机;也可以利用数字摄影测量系统直接得到测区的数字影像,再经过计算机图像处理得到数字地形图及数字地面模型(DTM)。

6. 由存储介质输入

对于已存入磁盘、磁带、光盘中的图形信息,可通过相应的读取设备进行读取,作为图形信息的一个来源。

三、图形信息的符号注记

地形图图面上的符号和注记在手工制图中是一项繁重的工作。用计算机成图不需要逐个绘制每一个符号,而只需先把各种符号按地形图图式的规定预先做好,并按地形编码系统建立符号库,存放在计算机中。使用时,只需按位置调用相应的符号,使其出现在图上指定的位置。这样进行符号注记,快速简便。

地形图符号的处理方法如下:

1. 比例符号的绘制

比例符号主要是一些较大地物的轮廓线,依比例缩小后,图形保持与地面实物相似,如房屋、道路、桥梁、河流等。对这些符号的处理,可以通过获取这些图形元素的特征点用绘图软件绘制。

2. 非比例符号的绘制

非比例符号主要是指一些独立的、面积较小但具有重要意义或不可忽视的地物,如测量控制点、水井、界址点等。对这些符号的处理,可先按照图式标准将符号做好存放于符号库中,在成图时,按其位置调用,绘制于图上。

3. 半比例符号的绘制

半比例符号在图上代表一些线状地物,如围墙、斜坡、境界等。在处理这些符号时,可对每一个线状地物符号编制一个子程序,需要时,调用这些子程序,只需输入该线状地物转折处的特征点,即可由程序绘出该线状地物。

4. 符号的面填充

地面的植被、土质等按照图式规定绘制一定的代表性符号均匀分布在图上该范围内,这种绘图作业可由绘图软件的“面填充”功能来完成。

5.说明注记

图上的说明注记分为数字注记、字母注记和汉字注记三种。数字注记和字母注记一般为绘图程序中所固有的，注记比较方便；对于汉字注记，可先建立矢量汉字库，根据汉字特征码进行注记，对于汉化的 Auto CAD 软件，则可直接进行汉字注记。

地形图的应用

一、求图上任一点的高程

在果园规划设计中，常常需要知道地面任一点的高程，在渠道规划中尤其重要。在地形图上可以量测地表面任意点的高程，按不同情况，有下面几种方法。

1.点位在等高线上

如果所求的点正好在等高线上，这一点的高程就等于这条等高线的高程。如图 6-27 所示，A 点正好位于 37 m 等高线，则 A 点的高程为 37 m。

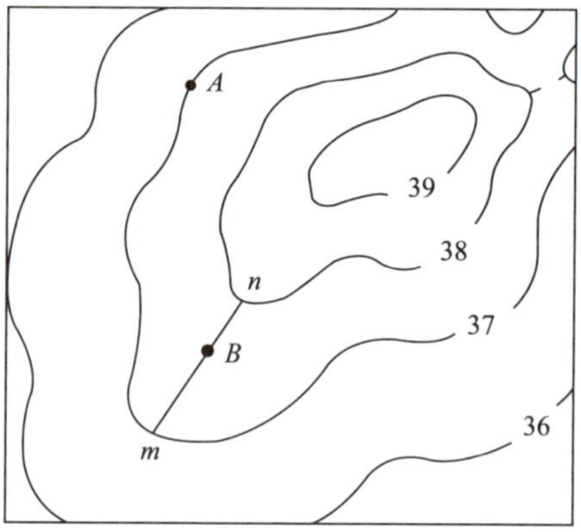

图 6-27 图上任一点的高程

2.点不在等高线上

如果所求的点不在等高线，而在两条等高线之间，可按平距与高差的比例关系求得。如图 6-27所示，过 B 点画一条大致垂直于相邻等高线的线段 mn，量出 mn 的长度设为 d，再量出 mB 的长度设为 d_1，则 B 点的高程 H_B 可按式(6.5)计算：

$$H_B = H_m + \frac{d_1}{d}h \tag{6.5}$$

式中：H_m 为 m 点的高程，为 37 m；h 为等高距，为 1 m。

图上量得 $d_1=9$ mm，$d=14$ mm，B 点的高程则为：

$$H_B = 37\ \text{m} + \frac{9\ \text{mm}}{14\ \text{mm}} \times 1\ \text{m} = 37.64\ \text{m}$$

实际应用时，一般 B 点的高程是根据上述原理从 B 点在两等高线间的位置用目估法求得。

二、求图上任一点的平面坐标

欲求图 6-28 中 K 点的平面坐标，过 K 点分别做平行于 X 轴和 Y 轴的两条线段 ab 和 cd。然后量出 aK 和 cK，并按比例尺计算出距离，若 $aK=632$ m、$cK=361$ m，则

$$X_K = 4\ 312\ \text{km} + 632\ \text{m} = 4\ 312\ 632\ \text{m}$$
$$Y_K = 349\ \text{km} + 361\ \text{m} = 349\ 361\ \text{m}$$

在 1∶25 000 图上用上述方法求算点的平面坐标，首先应量千米网格，看是否等于 4 cm，如果不等于 4 cm，就需要考虑图纸的伸缩影响。如图 6-28 所示的 K 点的坐标应按下式计算：

$$X_K = 4\ 312\ 000 + \frac{aK}{ab}1\ 000$$

$$Y_K = 349\ 000 + \frac{cK}{cd}1\ 000$$

上式计算结果单位为 m。

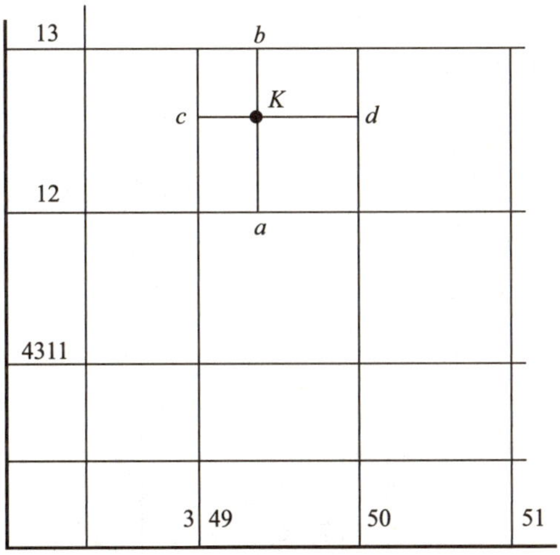

图 6-28　图上任一点的平面坐标

三、在图上求任一点的地理坐标

如图 6-29 所示，欲求 M 点的地理坐标，可根据地形图四角的经纬度注记和外图廓内侧黑白相间的分度带（每段间隔表经度和纬度差 1′）。初步知道 M 点在纬度 38°56′以北，经度 115°16′线以东。再以对应的分度带用直尺绘出经纬度为 1′的网格，并量出经差 1′的长度为 57 mm，纬差 1′的长为 74 mm，过 M 点分别作平行纬线 aM 和平行经线 bM 两直线，量得 $aM=23$ mm，$bM=44$ mm。则 M 点的经纬度按下式计算：

$$\text{经度}\ \lambda_M = 115°16' + \frac{23}{57} \times 60'' = 115°16'24''$$

$$纬度\ \varphi_M = 38°56' + \frac{44}{74} \times 60'' = 38°56'36''$$

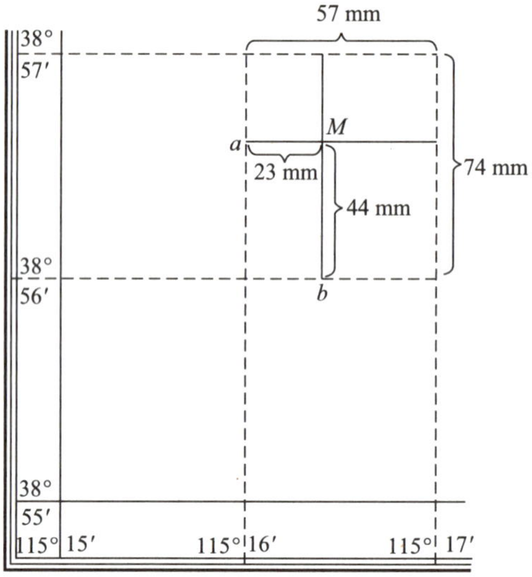

图 6-29　图上任一点的地理坐标

四、在图上量测任一直线的方位角

如图 6-30 所示，欲量测 AB 直线的方位角，过 A 点作一条平行坐标纵轴的直线，然后用量角器即可量出直线与 AB 直线的夹角，设 $\alpha = 61°30'$，该数值就是 AB 直线的坐标方位角。

如果要求算出 AB 直线的磁方位角时，可按图中注记说明找出二者的角度差，就可算出磁方位角。如图 6-30 中磁子午线对坐标纵线西偏 4°39′，则：

$$\alpha_{磁} = 61°30' + 4°39' = 66°09'$$

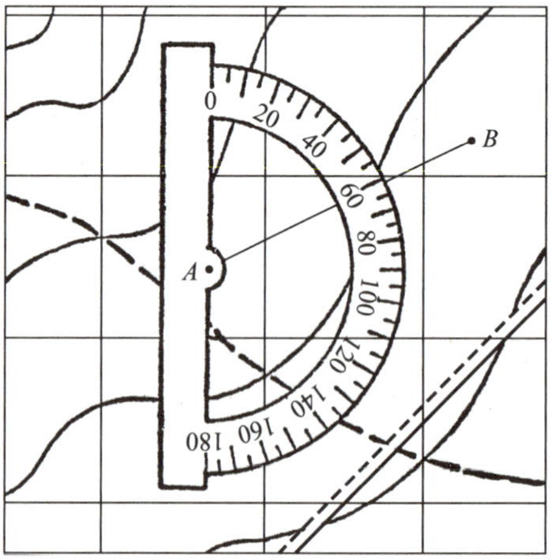

图 6-30　图上任一直线的方位角

五、求地面任一直线坡度或倾角

设地面上两点的水平距离为 D，高差为 h，则两点连线的坡度为：

$$i=\tan\alpha=\frac{h}{D}=\frac{h}{dM} \tag{6.6}$$

式中：α 为直线倾斜角，d 为图上两点之间长度，M 为图比例尺分母，i 一般用百分率或千分率表示。

如图 6-31 所示，已知 dc 两点高差为 2 m，量得图上 dc 长度为 1.5 cm，M 为 10 000，则 dc 直线的坡度为：

$$i=\frac{h}{dM}=\frac{2}{0.015\times10\ 000}=1.3\%$$

由 $i=\tan\alpha=\frac{1.3}{100}$ 得 $\alpha=0°44'41''$。

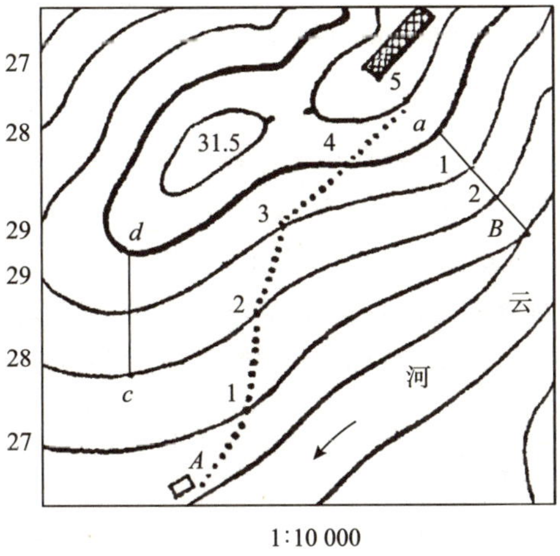

图 6-31 地面坡度线

六、求地面坡度线

1. 求最大坡度线

从斜坡上一点出发，向不同的方向，地面坡度大小是不同的，其中有一个最大坡度。降雨时，水沿着最大坡度线流向下方。斜坡上的最大坡度线，是坡面上垂直于水平线的直线，也就是垂直于地形图上等高线的直线。欲求斜坡上最大坡度线，就要在各等高线间找出连续的最短距离（即等高线间的垂直线），将最大坡度线连接起来，就构成坡面上的最大坡度线。其作图方法如图 6-31 所示，欲由点 a 引一条最大坡度线到河边，则从点 a 向下一条等高线作垂线交于点 1，由点 1 再作下一条等高线的垂线交于点 2，同上作出点 B，则 a,1,2,B 连线即为从 a 点至河边的最大坡度线。

2. 按限制坡度在图上选定最短路线

在进行渠道、管线和道路设计时，往往需要在坡度 i 不超过某一数值的条件下选定最短的路线，如图 6-31，已知地形图的比例尺为 1∶10 000，等高线间隔 $h=1$ m，需要从河边 A 点至山顶修一条坡度不超过 1/100 的道路，此时路线经过相邻两等高线间的水平距离 D，$D=h/i=1/(1/100)=100$ m，按比例尺将 D 换算为图上距离 d，则 $d=10$ mm，然后将两脚规的两脚伸长至 10 mm，自 A 点作圆弧交 27 m 等高线于点 1，再自点 1 以 10 mm 的半径作圆弧交 28 m 等高线于点 2，如此进行到点 5 所得的路线符合坡度的规定要求。如果某两等高线间的平距大于 10 mm，则说明该段地面小于规定的坡度，此时该段路线就可以向任意方向铺设。

七、地形图实地定向的方法

由于利用地形图实地判读、确定地面点在图上的位置以及放样各项工作中，都需进行地形图实地定向，就是使地形图的图上点位和相应地面点位于一铅垂线上，同时使相应各方向线与实地一致，只有达到上述情况才能进行图的判读、测设地面点位及放样等工作。

1. 磁针定向

应用罗盘定向时，可根据地形图的磁子午线进行定向。定向时使地形图处于水平位置，将罗盘的边框置于磁南北线上，然后轻轻转动地形图，直至磁针北端和标志 N 重合为止，即说明图上的相应方向和实地一致。

2. 以已知直线定向

如图 6-32 所示，已知直线定向就是利用地形图上的明显地物点进行定向，如图两明显地物点，路交叉点 a 和独立树点 b。具体做法是：将地形图置于路交叉处并使图上 a 点与实地 A 点一致，然后转动地形图，使图上 ab 直线与实地相应直线 AB 一致，即为一致直线定向。如在实地为了野外对照判读，则对点和定向目估即可，如在实地测设地面点在地形图上的点位时，必须将地形图固定在测图板上，按平板仪测设的方法，进行精确定向方能测设点位。

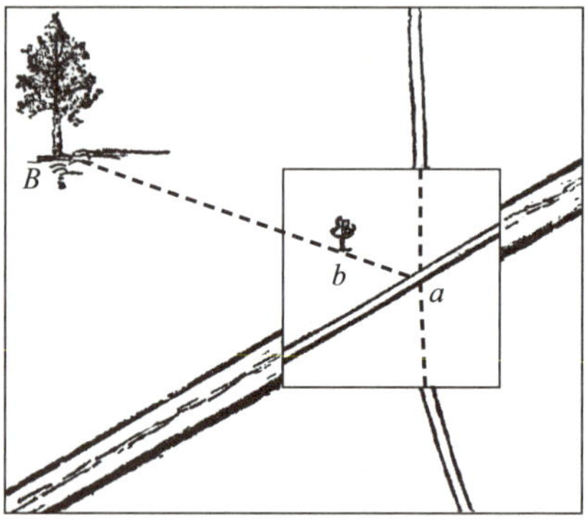

图 6-32　已知直线定向

八、在地形图上确定地面点位的方法

1. 直接判读法

直接判读法就是在野外将地形图定向后，根据地面点与附近明显地物、地形特征点的相互关系，用对照比较的方法将点位判读在图上。

2. 距离交会法

根据附近 2～3 个明显地物点至待测点的距离，在图上交出点的平面位置，如图 6-33 所示，要在图上标出 A 点的位置，可先在实地上量出道路交叉口及房角至 A 点的距离，如分别为 30 m、78 m，然后按地形图比例尺算出相应图上距离，用两角规在图上交出 A 点的位置。

3. 后方交会法

如图 6-34 所示，将地形图固定在图板上，置于待测点上，用长盒罗针标定地形图的方向，将三棱尺靠在插在某一明显地物点的针上，转动三棱尺瞄准实地相应目标，在图上沿三棱尺画方向线，同上画出其余明显地物在图上的方向线，各方向线的交点即为地面点在图上的相应位置。如三个方向不交于一点，但误差在容许范围内，可取其中心作为地面点在图上的点位。

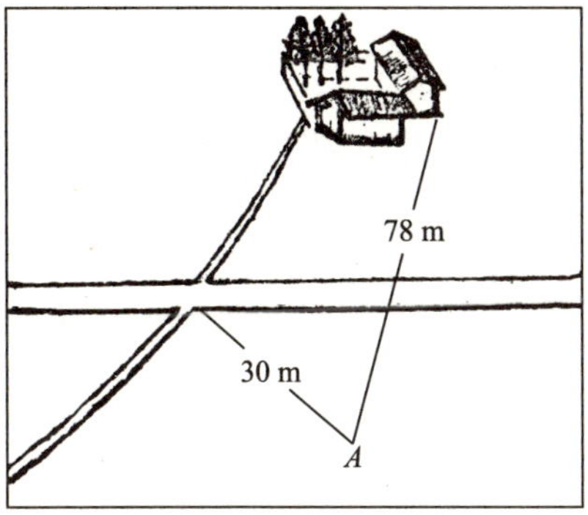

图 6-33　距离交会法定点

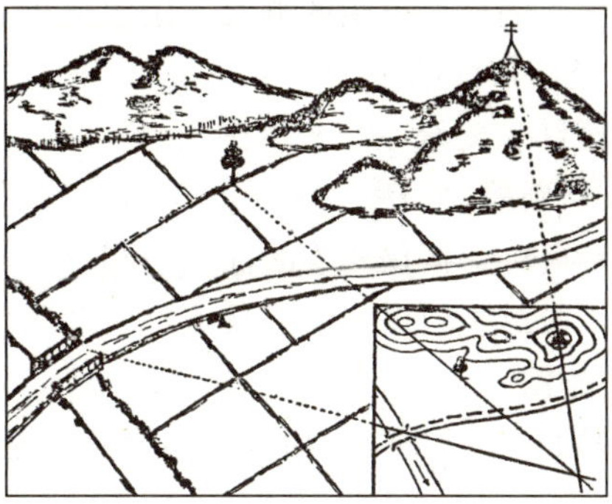

图 6-34　后方交法会定点

4. 用透明纸后方交会法确定点位

在测图板上放一张透明纸，以图钉固定，用铅笔在透明纸上任意标出一点 d，用三棱尺从 d 点分别瞄准地面明显地物 A，B，C 各点并画出方向线，如图 6-35A 所示。然后取下图钉，将透明纸放在地形图上，移动和转动透明纸，使 dA，dB，dC 三条方向线恰好都通过图上各同名点 a，b，c 三点为止。如图 6-35B 所示。此时，将透明纸上的 d 点刺到地形图上，即为待测点在地形图上的点位。然后用 da 进行图纸定向，以 db，dc 进行方向校核。

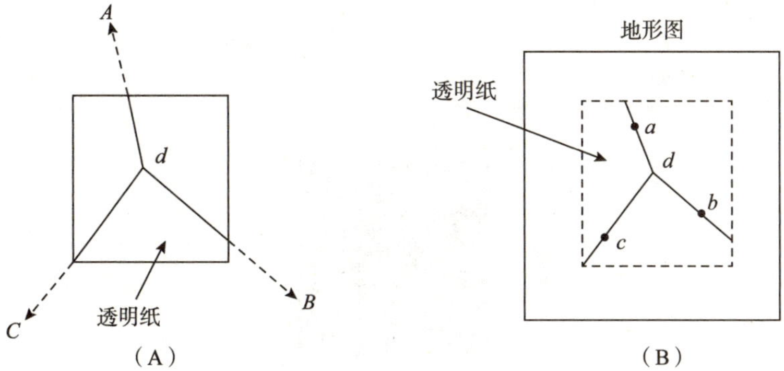

图 6-35　用透明纸后方交会法定点

【自我测试】

一、单项选择题

1. 绘制地形图最常用的仪器是(　　)。

A. 水准仪　　B. 经纬仪　　C. 罗盘仪　　D. 平板仪

2. 平板仪测量是根据(　　)原理,在图纸上测绘出每一测站周围地物和地貌特征点的平面位置和高程,并以这些点描绘地形图。

A. 相同性　　B. 相近性　　C. 相似性　　D. 相通性

二、多项选择题

1. 大比例尺地形图的测绘方法中解析测图法又分为(　　)。

A. 经纬仪测图法　　B. 平板仪测图法

C. 经纬仪配合小平板测图　　D. 经纬仪联合光电测距仪测图法

三、判断题

(　　)1. 平板仪测绘的优点是测、绘只需一个人,工作效率高。

(　　)2. 平板仪测绘的缺点是劳动强度大,不能俯压图板。

四、作图

根据下列的地形点,用目估勾绘等高距为 1 m 的等高线。

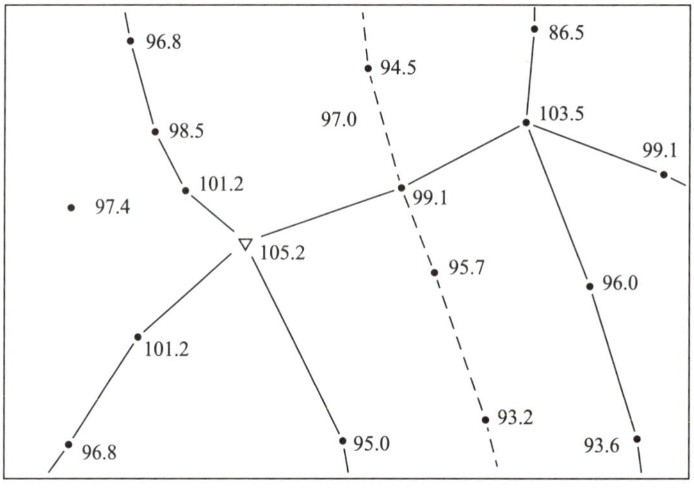

测绘地形图自我测试
参考答案

项目七

平地果园施工放样

任务一　平地果园施工放样

【学习目标】

- 了解合并田块平整田面方法。
- 掌握方格网法平整田面的方法步骤。
- 熟练设计高程及土方量的计算方法。
- 能够熟练运用各种方法进行平地果园实地放样。

【任务分解】

通过学习本任务，对平地果园测设工作有个全面的认识。具体学习任务见图 7-1。

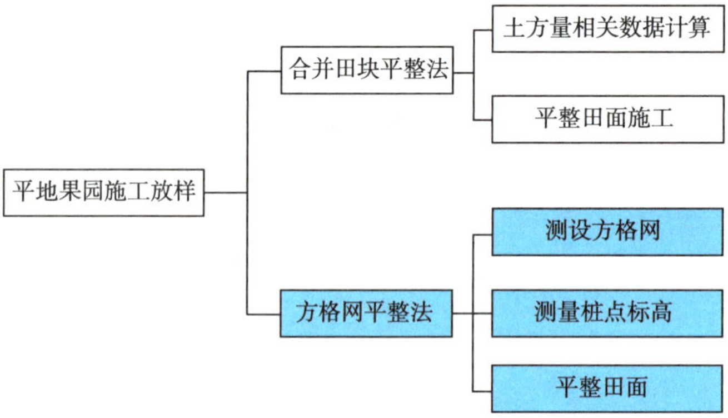

图 7-1　平地果园施工放样任务分解

【基础知识】

平地果园建设需要将园址内的地块平整成平坦的或具有一定坡度的场地，以利于排灌、保肥及农艺作业，在建园之初，按果园设计要求进行土地平整测量方法如下。

合并田块平整法（动画）

一、合并田块平整法

（一）土方量相关数据计算

如图 7-2 所示，有四块不等高的平台阶地，根据果园设计要求，拟合并成一大块平整果园场地。

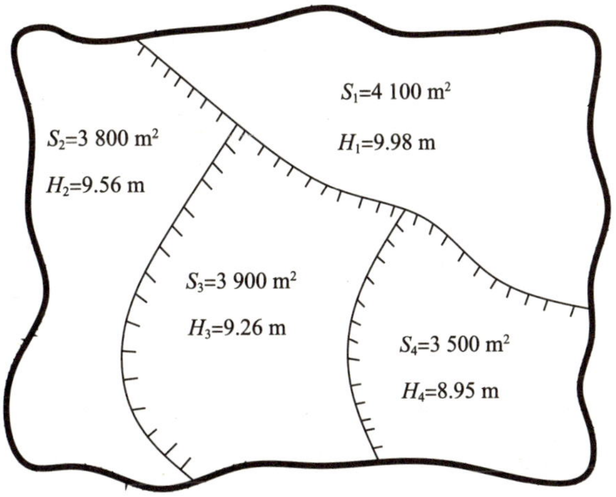

图 7-2　不等高待平整地块

每块田面的高程可用水准仪测出，若田面平坦可只测地段中间有代表性的一点，若田面有较均匀的坡度，可在两端各测一点取平均值，代表此块田面的高程。

设：第一块地的面积为 S_1，高程为 H_1；

第二块地的面积为 S_2，高程为 H_2；

第三块地的面积为 S_3，高程为 H_3；

第四块地的面积为 S_4，高程为 H_4；

平整后的设计高程为 H_m。

则：第一块田的挖(填)高度为 $H_1 - H_m$；

第二块田的挖(填)高度为 $H_2 - H_m$；

第三块田的挖(填)高度为 $H_3 - H_m$；

第四块田的挖(填)高度为 $H_4 - H_m$。

计算得：第一块田的挖(填)土方量为 $V_1 = S_1(H_1 - H_m)$；

第二块田的挖(填)土方量为 $V_2 = S_2(H_2 - H_m)$；

第三块田的挖(填)土方量为 $V_3 = S_3(H_3 - H_m)$；

第四块田的挖(填)土方量为 $V_4 = S_4(H_4 - H_m)$。

依据土方就地平衡要求，填方量、挖方量相等，即 $V_1 + V_2 + V_3 + V_4 = 0$。代入公式计算设计高程：$S_1(H_1 - H_m) + S_2(H_2 - H_m) + S_3(H_3 - H_m) + S_4(H_4 - H_m) = 0$，即

$$H_m = \frac{S_1H_1 + S_2H_2 + S_3H_3 + S_4H_4}{S_1 + S_2 + S_3 + S_4} = \frac{\sum S \cdot H}{\sum S} \tag{7.1}$$

则可以求出图 7-2 待平整地块的设计高程应为：

$$H_m = \frac{4\ 100 \times 9.98 + 3\ 800 \times 9.56 + 3\ 900 \times 9.26 + 3\ 500 \times 8.95}{4\ 100 + 3\ 800 + 3\ 900 + 3\ 500} = 9.46(\text{m})$$

土方量计算结果见表 7-1。

表 7-1　土方量计算结果

地块号	高程/m	面积/m^2	填挖高程/m	填挖土方/m^3	填挖差值/m^3
1	9.98	4 100	0.52	2 132	2 512－2 565＝－53（土方量基本平衡）
2	9.56	3 800	0.10	380	
3	9.26	3 900	－0.20	－780	
4	8.95	3 500	－0.51	－1 785	

(二)平整田面施工

平整后的田面高程计算出来后，即可逐个算出各块田的填、挖尺寸，这样施工就有依据。在平整时，为了保存耕作层的表土，在挖方地段常采取“去生留熟”法。去生留熟就是在挖方地段，根据设计好的标高，将所有耕作层以下的生土全部运至填方地段，而将表土留下。具体操作可参考如下方法：

将挖方田块分成若干行(每行宽 1～2 m)。首先在第一行挖槽，深达设计田面高程以下 30 cm(或 20 cm)，取出的土全部运至填方地段，并将槽底的土层翻松 30 cm(或 20 cm)；然后将第二行的表土 30 cm(或 20 cm)填到第一行槽内，使其达到设计高度，挖取第二行生土达设计高程 30 cm(或 20 cm)以下，运至填方地段，再翻松底土 30 cm(或 20 cm)；接着将第三行的表土填到第二行达设计高度，如此往复，直至全部田块平整完为止。

二、方格网平整法

对于地形起伏变化较大且平整地块面积较大时，可用方格网平整法来解决，其方法如下。

方格网平整法(动画)

(一)测设方格网

方格网的布设，通常是在地块边缘(渠道边、路边)用标杆定出一条基准线，在基准线上，每隔一定距离打一木桩，距离大小依地面情况而定，一般为 10～50 m，然后在各木桩上作垂直基准线的垂线(可用经纬仪测设或用卷尺根据勾股定理、距离交会的办法来做垂线)。延长各垂线，在各垂线上按与基准线相同的间距设点打入木桩，这样就在地面上组成了方格网，如图 7-3 所示。

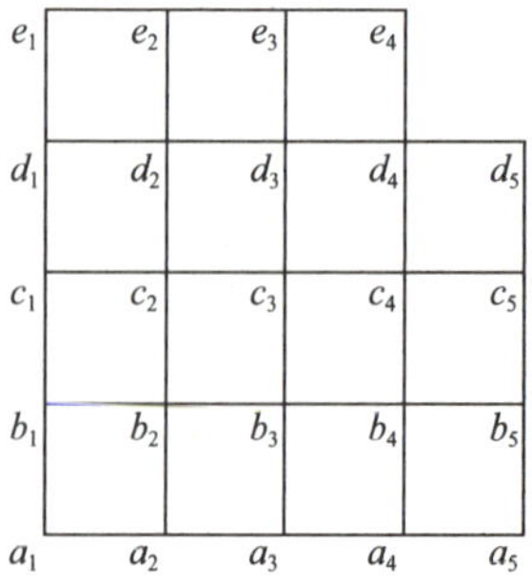

图 7-3　测设方格网

(二)测量桩点标高

如图 7-4 所示，将水准仪大约安置在地中央，将水准读数直接记录在略图上，读数可读至厘米，若桩点正处在局部凹凸处，扶尺者应选择附近高程有代表性的地面上立尺。如无水准点，则可假定某一桩点的相对高程为 0，进行计算记录。

(三)平整田面

1.计算设计高程

每一方格的平均高程等于四个方格点高程相加除以 4，所有方格平均高程的算术平均值(即各方格平均高程相加再除以方格数)即为设计高程 H_m，则得设计高程计算公式如下：

$$H_m = \frac{\sum H_{角} + 2\sum H_{边} + 3\sum H_{拐} + 4\sum H_{中}}{4n} \tag{7.2}$$

式中：$H_{角}$ 为角点标高，在方格网中，四周只有 1 个方格的方格点称为角点，如图 7-4 所示的 a_1，e_1，d_5 等点，计算设计高程时，只用 1 次；$H_{边}$ 为边点标高，在方格网中，四周有 2 个方格的方格点称为边点，如图 7-4 所示 e_2，e_3，c_5，b_5 等点，计算设计高程时，使用 2 次；$H_{拐}$ 为拐点标高，在方格网中，四周有 3 个方格的方格点称为拐点，如图 7-4 所示 d_4 点，计算设计高程时，使用 3 次；$H_{中}$ 为中心点标高，在方格网中，四周有 4 个方格的方格点称为中心点，如图 7-4 所示 b_2，c_2，d_2，d_3 等点，计算设计高程时，使用了 4 次。$\sum H_{角}$，$\sum H_{边}$，$\sum H_{拐}$，$\sum H_{中}$ 分别为各角点、边点、拐点、中心点的高程累计之和，n 为方格总数。

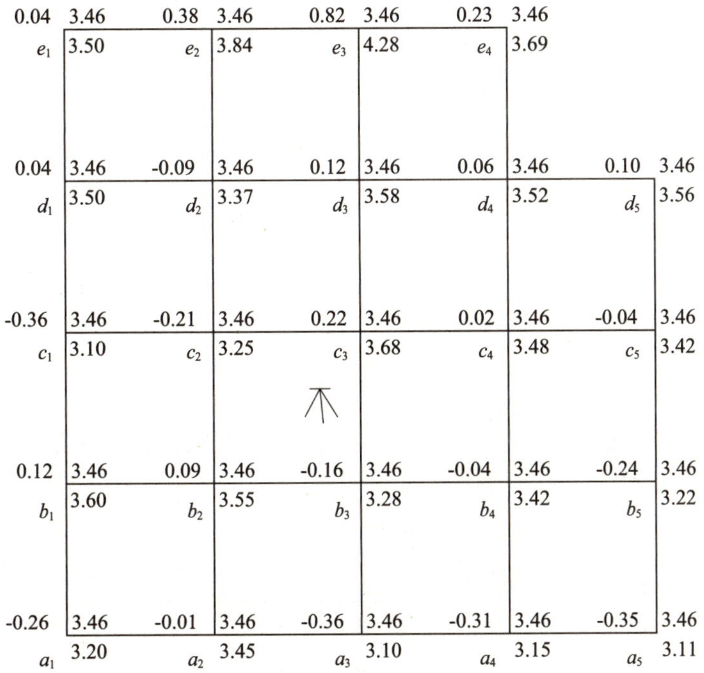

图 7-4　测量桩点高程及计算设计高程

【例 7-1】 以图 7-4 标注高程为依据，计算 H_m 。

$$\sum H_{角} = 3.50 + 3.69 + 3.56 + 3.11 + 3.20 = 17.06(\text{m})$$

$$2\sum H_{边} = 2(3.84 + 4.28 + 3.42 + 3.22 + 3.15 + 3.10 + 3.45 + 3.60 + 3.10 + 3.50) = 69.32(\text{m})$$

$$3\sum H_{拐} = 3 \times 3.52 = 10.56(\text{m})$$

$$4\sum H_{中} = 4(3.37 + 3.58 + 3.48 + 3.68 + 3.25 + 3.55 + 3.28 + 3.42) = 110.44(\text{m})$$

$$H_m = \frac{17.06 + 69.32 + 10.56 + 110.44}{4 \times 15} = 3.46(\text{m})$$

2. 计算施工标高

施工标高＝原地面标高－设计标高（$h_{施} = H_{原} - H_m$），结果得正号（＋）则需要挖方，结果得负号（－）则需要填方。（注：施工标高标注在方格点的左上角，左下角为桩点编号，右上角标注设计标高，右下角标注原地面标高，如图 7-3 所示。）

3. 绘制零点线

所谓零点是指不挖不填的点，零点的连线就是零点线，它是挖方区和填方区的分界线。在相邻两桩点之间如若存在填、挖方现象（即相邻两桩点施工标高值一为“＋”号，一为“－”号），则它们之间必定有零点存在。以图 7-5 中 A，B 两点为例计算如下：

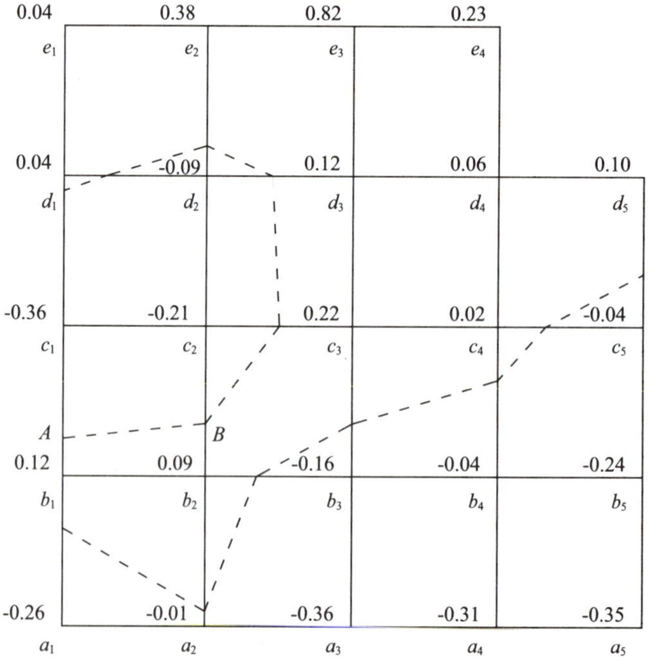

图 7-5 绘制零点线

$$x = \frac{h_1}{h_1 + h_2} \times a \tag{7.3}$$

式中：x 为A点距c_1点的距离，h_1为c_1点施工标高的绝对值，h_2为b_1点施工标高的绝对值，a为方格网边长。

图 7-5 中方格网边长为 20 m，则

$$x = \frac{0.36}{0.36 + 0.12} \times 20 = 15(\text{m})$$

即零点 A 距桩点 c_1 的距离为 15 m，同理求零点 B 距 c_2 点的距离为

$$x = \frac{0.21}{0.21 + 0.09} \times 20 = 14(\text{m})$$

以此类推，求得所有方格网上的零点将其连接，即为零点线(图 7-5 中的虚线即为零点线)。

4. 计算施工土方量

填方土方量可按下式计算：

$$V_{\text{填}} = \frac{S}{4}(\sum h_{\text{角}} + 2\sum h_{\text{边}} + 3\sum h_{\text{拐}} + 4\sum h_{\text{中}}) \tag{7.4}$$

式中：S 为一个方格网面积，$\sum h_{\text{角}}$，$\sum h_{\text{边}}$，$\sum h_{\text{拐}}$，$\sum h_{\text{中}}$ 分别为各填方施工标高绝对值之和(注意所有施工标高为“—”号)。

代入数据得：

$$\sum h_{\text{角}} = 0.26 + 0.35 = 0.61(\text{m})$$

$$2\sum h_{\text{边}} = 2 \times (0.01 + 0.36 + 0.04 + 0.24 + 0.31 + 0.36) = 2 \times 1.32 = 2.64(\text{m})$$

$$3\sum h_{\text{拐}} = 0$$

$$4\sum h_{\text{中}} = 4 \times (0.09 + 0.21 + 0.04 + 0.16) = 4 \times 0.5 = 2(\text{m})$$

$$V_{\text{填}} = \frac{400}{4}(0.61 + 2.64 + 0 + 2) = 100 \times 5.25 = 525(\text{m}^3)$$

挖方土方量可按下式计算：

$$V_{\text{挖}} = \frac{S}{4}(\sum h_{\text{角}} + 2\sum h_{\text{边}} + 3\sum h_{\text{拐}} + 4\sum h_{\text{中}}) \tag{7.5}$$

式中：S 为一个方格网面积，$\sum h_{\text{角}}$，$\sum h_{\text{边}}$，$\sum h_{\text{拐}}$，$\sum h_{\text{中}}$ 分别为各挖方施工标高之和(注意所有施工标高为“+”号)。

代入数据得：

$$\sum h_{\text{角}} = 0.04 + 0.23 + 0.10 = 0.37(\text{m})$$

$$2\sum h_{\text{边}} = 2 \times (0.38 + 0.82 + 0.04 + 0.12) = 2 \times 1.36 = 2.72(\text{m})$$

$$3\sum h_{\text{拐}} = 3 \times 0.06 = 0.18(\text{m})$$

$$4\sum h_{\text{中}} = 4 \times (0.12 + 0.22 + 0.02 + 0.09) = 4 \times 0.45 = 1.8(\text{m})$$

$$V_{\text{挖}} = \frac{400}{4}(0.37 + 2.72 + 0.18 + 1.8) = 100 \times 5.07 = 507(\text{m}^3)$$

5. 土方施工

当填挖土方量算出后，应该做出运土用工最省、施工方便的调配方案。图 7-6 是一种简略的土方调运路线图示例，图中箭头所指为运土方向。

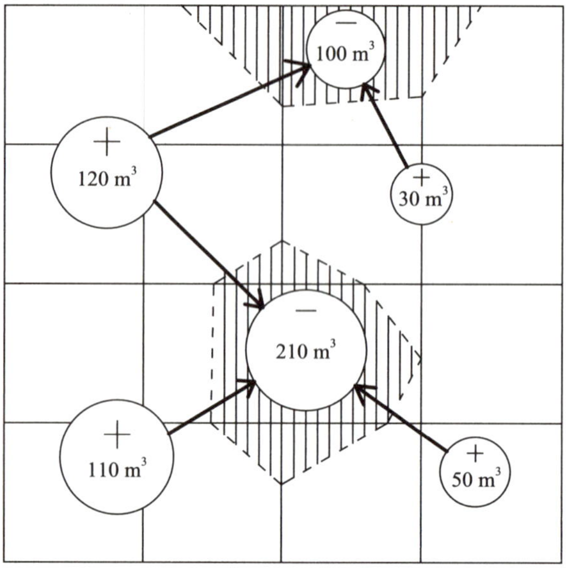

图 7-6　土方调运路线图

【学程设计】

学程设计见表 7-2。

表 7-2　项目七任务一“课堂计划”表

<table>
<tr><td colspan="2">学习主题：
项目七　平地果园施工放样
任务一　平地果园施工放样
(8 学时)</td><td>学习目标</td><td colspan="4">价值塑造：通过果园建设前的土壤准备，增强学生热爱劳动、踏实专注的工匠精神。
知识传授：了解合并田块平整田面方法；掌握方格网法平整田面的方法步骤；熟练设计高程及土方量的计算方法。
能力培养：能够熟练运用方格网平整法进行平地果园实地放样。
素质养成：具有较强的信息采集与处理的能力；具有决策和计划的能力，自我控制与管理能力，团队协作能力，人际沟通能力。</td></tr>
<tr><td>时间</td><td>教学内容</td><td colspan="2">教师的活动</td><td>学生的活动</td><td>教学方法</td><td>媒体</td></tr>
<tr><td>45 min</td><td>合并田块平整法</td><td colspan="2">1. 提问：水准仪的使用
2. 播放动画
3. 讲授：合并田块平整法</td><td>1. 回答：水准仪的使用
2. 观看动画
3. 听课，记录</td><td>1. 讲授法
2. 案例教学法</td><td>教材、PPT、动画(合并田块平整法)</td></tr>
<tr><td>45 min</td><td>方格网平整法</td><td colspan="2">1. 播放动画
2. 讲授：测设方格网、测量桩点标高、平整田面</td><td>1. 观看动画
2. 听课，记录</td><td>讲授法</td><td>教材、PPT、动画(方格网平整法)</td></tr>
<tr><td>270 min</td><td>方格网平整土地</td><td colspan="2">1. 布置任务，安排组长领工具
2. 指导实施
3. 点评
4. 技能训练测试
5. 检查仪器设备、实验仪器使用记录</td><td>1. 组长领工具
2. 操作实施
3. 点评
4. 技能训练测试
5. 整理、归还仪器设备</td><td>小组工作法</td><td>自动安平水准仪、水准尺、实验仪器使用记录本</td></tr>
</table>

【技能训练】

方格网平整土地

一、技能训练要求

运用方格网平整土地相关知识，进行土地平整及土方计算。

二、技能训练内容

(1)计算设计高程。

①如图 7-7 所示，已知园址测设方格网的各原地面标高。

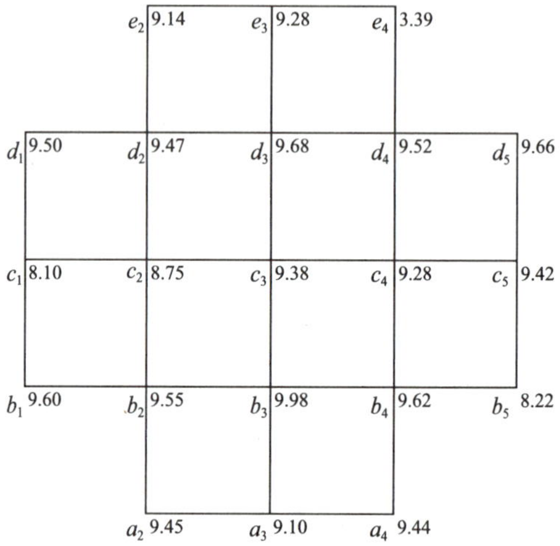

图 7-7 测设方格网的原地面标高

②方格控制网为 20 m×20 m。

(2)计算施工标高。

(3)绘制零点线。

(4)计算施工土方量。

三、技能训练步骤

(1)运用设计高程公式计算出 H_m。

(2)各原地面高程减去计算所得的设计标高，等于各桩点的施工标高。

(3)根据零点计算方法，找到网格上的各零点，并连接出零点线。

(4)根据公式，算出填、挖土方总量，是否平衡，以确保上述数据计算无误。

(5)基地实施。

四、技能训练评价

技能训练评价见表 7-3。

表 7-3 项目七任务一技能训练评价表——方格网平整土地

内容	按照公式运用的熟练程度、数据计算准确度以及绘制图纸完成时间的先后顺序，将成绩分为优、良、及格、不及格
质量	1. 数据计算准确，公式运用熟练，用时较短，图纸合格且洁净，为优 2. 数据计算准确，公式运用合格，用时较长，图纸绘制合格，为良 3. 数据计算正确，但用时过长，图纸合格，为及格 4. 数据或图纸一项不合格，为不及格

【知识拓展】

案例：平坦地区建园放样

建园的放样，就是按果园规划设计图上划分的作业区、防护林带、道路、排灌渠道、建筑用地等主要界线，在实地测设出来，并进一步在各小区内定出每株果树的定植点。

一、主要界线放样

一般中小型果园放样的数据，是靠图解法获得。即在设计图上量出测图时建立的控制点或明显的地物点（如道路交叉点、建筑物边角点等），与设计点、线之间的角度和距离。

放样的方法可根据仪器设备及现场情况灵活选用下列方法：一是用卷尺直接量距或用距离交会定点的办法；二是用经纬仪或罗盘仪测角、卷尺量距（极坐标）法；三是用平板仪图解放样。

现举例果园放样（图 7-8），将有关放样方法分述如下。

在图中规划在甘河西边一大片河滩地，造田建园。拟分六个作业区。图中有明显的地物点 A（河堤与农场公路边的交叉点）、B（文村北边大车道与河堤交叉点），现要在实地将六个作业区放样出来。

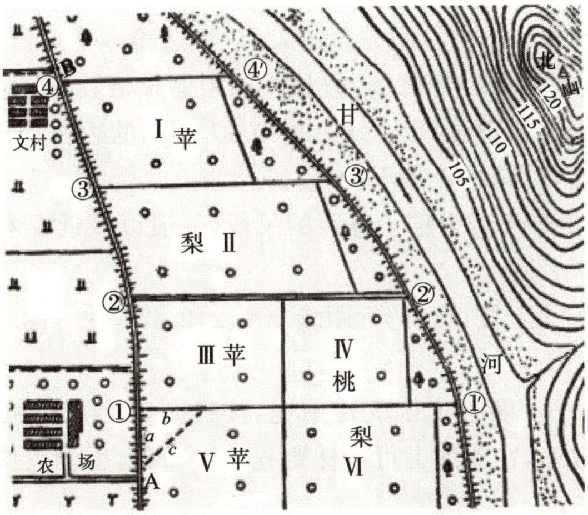

图 7-8 果园放样示意图

1. 用卷尺量距交会法进行放样

首先在图 7-8 中量出 A—①，①—②，②—③，③—④，④—B 点间的距离。然后在实地找出 A，B 两点。逐段量出相应的距离，即可定出①点，②点，③点，④点。定出①，②，③，④各点后，便可用距离交会法。例如欲测设①①′方向线，可在图上量 a，b，c 三边；在实地也丈量相应于 a，b，c 的长度，则可交会出①①′的方向线。由于短边交会延长直线产生误差会大些，所以在实际工作中，交会边应尽量长些为好。同时尽可能多作一些校核条件。

2. 用经纬仪或罗盘仪测角、卷尺量距进行放样

自 A 点起丈量出至①点，②点，③点，④点距离（再量至 B 点距离以便校核）。然后安置仪器于①点，以 0°00′对准 A 点。旋转经纬仪的照准部至与设计相应的角度。此时，在视线上定木桩，即为Ⅲ、Ⅳ与Ⅴ、Ⅵ区的界线。

用罗盘仪来测设地界线时，方法与经纬仪基本相同。先在规划图上量出①①′的方位角，然后将仪器安置于①点上。对中、整平后，松开磁针止动螺旋，转动望远镜至与图上相应①①′的方位角时，望远镜视线方向即为①①′的方向线。

3. 用平板仪图解法放样

将设计图纸（即在地形图上绘有设计线的图）固定在平板上，然后将平板仪安置在与图上相应地面上的明显地物点，或测图时的控制点上。进行对中、整平、定向后，将照准仪的直尺与欲放样的设计线重合，在照准仪视线上定点，即可标出欲测设的方向线。

二、果树定植点测设

果树定植点的测设，就是在各作业区内，按设计的株行距，在实地把它的点位定出来。

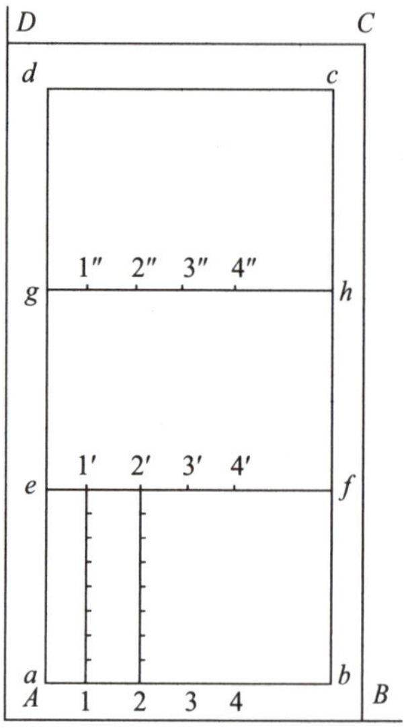

图 7-9 矩形栽植方式定植点放样示意图

1. 定植点为矩形的测设

如图 7-9 所示，A，B，C，D 为一个作业区的边界，其放样的步骤：

（1）以 AB 为基准线，按半个株行距先量出 a 点（地边第一个定植点）的位置。在 a 点上安置仪器（或用卷尺）作 $ad \perp ab$ 线（要求 ad 边长为株距的整倍数，ab 为行距的整倍数）。

（2）在 b 点作垂直于 ab 的垂线，在垂线上量与 ad 相同的边长，便可定出 c 点。为了防止错误，可在实地量 cd 的长度，看其是否等于 ab 边长。

（3）在 ad，bc 线上量出等于若干倍于株距的尺段（一般以接近百米测绳长度为宜）。得 e，f，g，h 等点。

（4）在 ab，ef，gh …等线上按设计的行距量出 1，2，3，4，…和 1′，2′，3′，4′，…以及 1″，2″，3″，4″…等各点。

（5）在 1—1′，2—2′，3—3′各点上依次拉测绳，按株距定出各栽植点。撒上白灰或插上树棍为记。为了提高工作效率，在测绳上可按株距扎上红布条，就能较快地在实地定出栽植点的位置（图 7-10）。

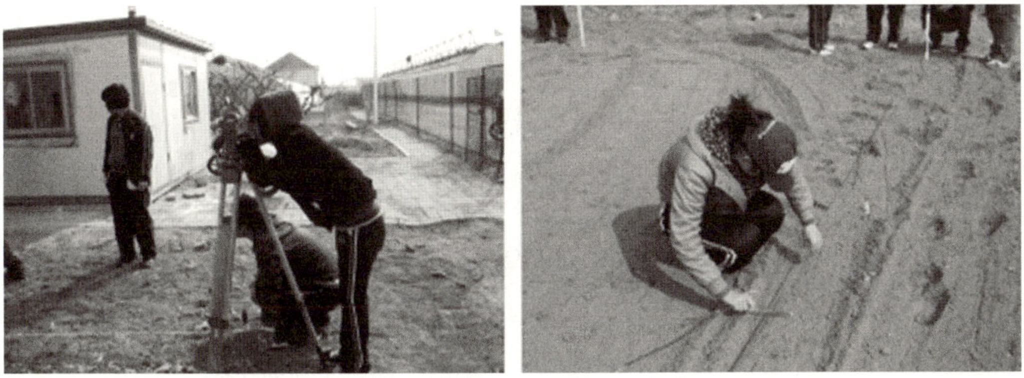

图 7-10 利用经纬仪和钢卷尺实地放样

2. 定植点为菱形的测设

定植点为菱形的测设方法，其第(1)、(2)、(3)步与测设定植点为矩形的方法相同。其第(4)步是按设计的 1/2 主行距，定出 1，2，3，4，… 和 1′，2′，3′，4′，… 等点，第(5)步是逐次连接 1—1′，2—2′，3—3′等点，如图 7-11 所示。奇数行的第一点应从 1/2 主株距起，按设计主株距定点。偶数行应从第一列起，按主株距定点。

上述两种(矩形，菱形)定植点测设时，若地块不大，也可采用视线交会花杆定点的办法，来进行定植点放样。如图 7-12 所示，按设计要求，首先用仪器或卷尺测设出小区内的矩形(a，b，c，d)四点。在 ab，cd 边上，按设计行距量出 1，2，3，… 及 1′，2′，3′… 等点。在 ac，bd 边上按株距量出①，②，③，… 及①′，②′，③′，… 等点。然后逐行插花杆用视线相交，逐次定出各个定植点。

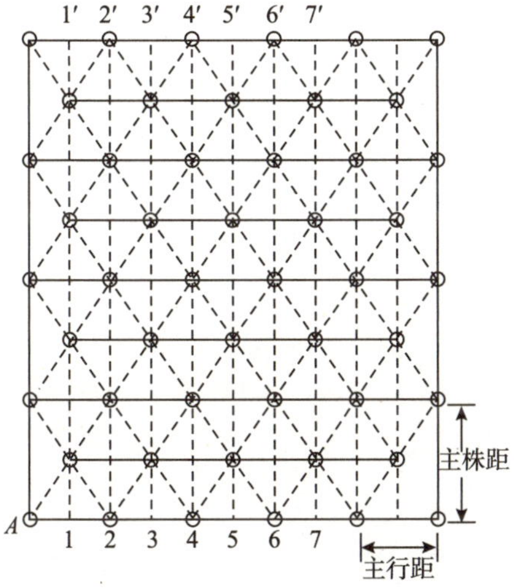

图 7-11 菱形栽植方式定植点放样示意图

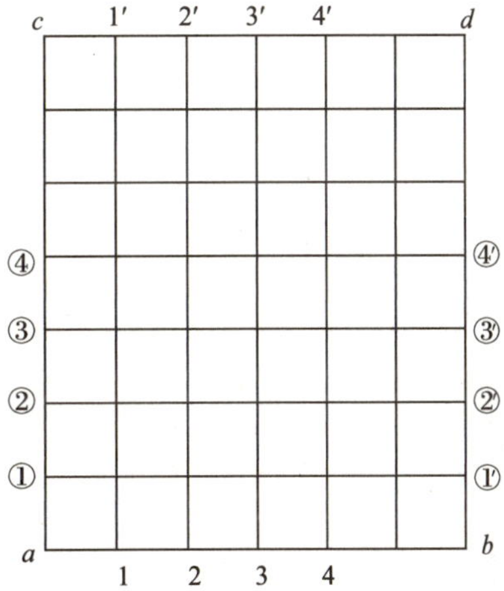

图 7-12 视线交会法放样示意图

【自我测试】

1.合并地块平整法的内容及其设计高程的计算方法是什么？

2.方格网平整地块中，设计标高、施工标高及零点的具体含意是什么，各自的计算公式是什么？

3.方格网法平整地块如何计算填、挖土方总量？

项目八

园林绿地施工放样

任务一　园林绿地测设

【学习目标】

- 了解园林绿地测设工作的内容、测设原则及精度要求。
- 掌握水平距离测设、水平角测设、高程点测设的方法。
- 掌握点的平面位置的测设方法。
- 熟练运用各种方法进行园林绿地实地放样。

【任务分解】

通过学习本任务，对园林绿地测设工作有个全面的认识。具体学习任务见图 8-1。

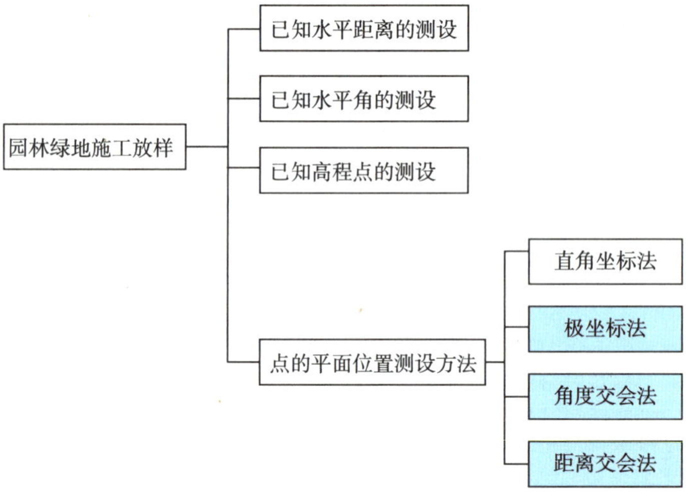

图 8-1　园林绿地施工放样任务分解

【基础知识】

根据设计图纸所给定的条件和有关数据，在园林场地建立施工控制网，然后将图上各项工程的平面位置和高程标定到实地的工作称为测设，又称为施工测量或放样。其基本工作是测设已知水平距离、水平角和高程点，测设原则“从整体到局部，先控制后碎部”，测设精度应根据工程性质和设计要求来确定。

一、已知水平距离的测设

已知水平距离测设就是根据给定直线的起点和方向，把设计的长度(即直线的另一端点)标定出来，其方法如下。

如图 8-2 所示，从已知点 O 开始，沿其方向用钢尺量出测设的直线长度 d，定出直线端点 M_1，为了提高放样精度，在 O 点处改变读数(10～20 cm)，按同法量取已知距离 d，定出直线端点 M_2。由于量距误差，两点一般不重合，其相对误差在容许范围内时，则取 M_1M_2 的中点 M 为所求测设点，即为所放样的水平距离。

图 8-2　已知水平距离的测设

二、已知水平角的测设

水平角测设就是根据已知水平角的顶点和起始方向，将设计水平角的另一方向标定出来。其方法如下。

如图 8-3 所示，O,A 为已知点，α 为已知角值，测设 B 点。

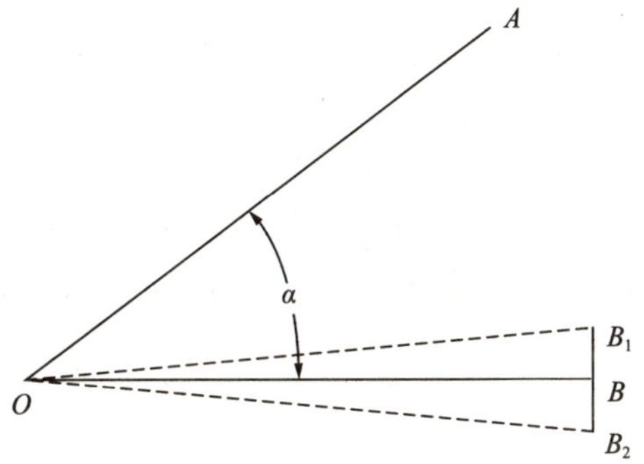

图 8-3　已知水平角的测设

将经纬仪安置在 O 点，对中、整平，盘左照准 A 点，调整水平度盘位置变换螺旋，使水平度盘读数为 $0°00'00''$；转动照准部，使水平度盘读数正好为 α 值，然后在视线方向上指挥跑尺员，在地面上标定出 B_1 点；纵转望远镜，用盘右位置重新照准 A 点，读出水平度盘读数 p，转动照准部，当水平度盘读数为 $p+\alpha$ 时，再在视线上标定出 B_2 点；取 B_1B_2 连线的中点为 B，则 B 点即为所求测设点。

三、已知高程点的测设

已知高程点的测设是根据附近已知的水准点，利用水准测量的方法，将设计的高程测设到现场作业面上的测设过程。操作步骤如图 8-4 所示。

已知高程点 M 的绝对高程为 H_M，放样点 N 的设计高程为 H_N，将水准仪安置在 M 与 N 之间，调平仪器，照准立于 M 点上的水准尺读得读数 a，则立于放样点 N 上的水准尺读数 b 应为：$b=H_M+a-H_N$，将水准尺贴靠在 N 点木桩一侧上下移动，当中丝读数为 b 时，用红漆在木桩上标定尺子底线位置，即为放样点高程。

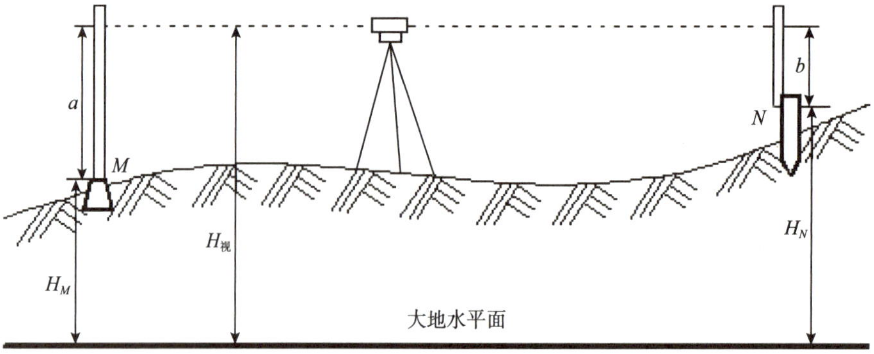

图 8-4　已知高程点的测设

四、点的平面位置测设方法

点位测设的主要作用之一就是将待建地物的特征点放样于施工现场，作为施工依据。测设点的平面位置常用方法有直角坐标法、极坐标法、角度交会法、距离交会法。

(一)直角坐标法

直角坐标法适用于量距方便的施工现场，利用施工控制网或根据控制点与放样点的纵横坐标之差，测设地面点的平面位置。如图 8-5 所示，已知控制点 O 及坐标方向放样 C,D。操作步骤如下：首先根据 C 点的坐标，计算出其与控制点 O 的纵横坐标之差 Δx,Δy，在 O 点立经纬仪照准 Y 轴方向，沿视线方向测设 Δx 水平距离定出 A 点，再在 A 点立镜，照准 Y 轴方向，然后向左旋转 90° 角，在视线方向上测设水平距离 Δy，确定 C 点，重复上述步骤放样 D 点，最后量取 C,D 两点距离进行放样校核。

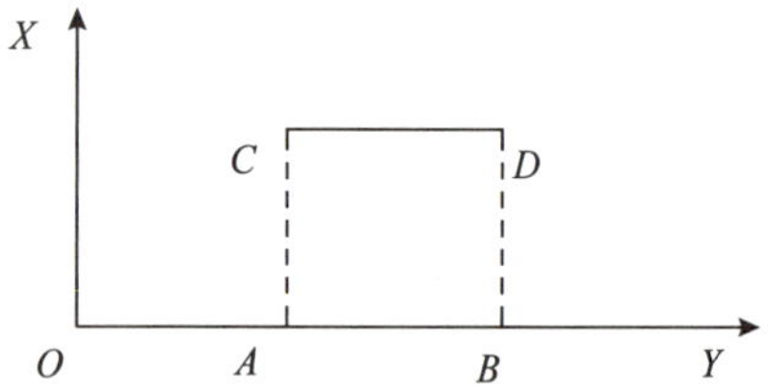

图 8-5　直角坐标法定点

(二)极坐标法

极坐标法是根据水平角和水平距离测设平面点位的一种方法，适用测设距离较短便于量距的施工现场。如图 8-6 所示，已知控制点 $A(x_A,y_A)$和 $B(x_B,y_B)$，放样点 $P(x_P,y_P)$。则 $\alpha_{AB}=\arctan(y_B-y_A)/(x_B-x_A)$，$\alpha_{AP}=\arctan(y_P-y_A)/(x_P-x_A)$，求得放样所需极坐标量距 AP 及角 β：$AP^2=(x_P-x_A)^2+(y_P-y_A)^2$，$\beta=\alpha_{AB}-\alpha_{AP}$。在 A 点放置经纬仪，照准 B 点后，旋转 β 角，沿视线量取 AP 距离，得 P 点即为所求放样点。

(三)角度交会法

角度交会法适用于控制点与放样点距离较远，地形较复杂量距困难的场地，是在两个或两个以上控制点安置经纬仪，根据图纸计算所得的相应放样角值，从两个或多个方向交会出放样点的平面位置的一种方法。如图 8-7 所示，已知控制点 A，B，放样 O 点，操作步骤如下：首先根据坐标计算公式分别计算出各边方位角，最终求出放样角 α，β，然后同时在 A，B 两控制点安置经纬仪，分别放样 α，β 角，方向线 AP，BP 交点即为放样点 O。为了保证交会的精度，交会角 $\angle AOB$ 应在 $30^\circ \sim 120^\circ$。

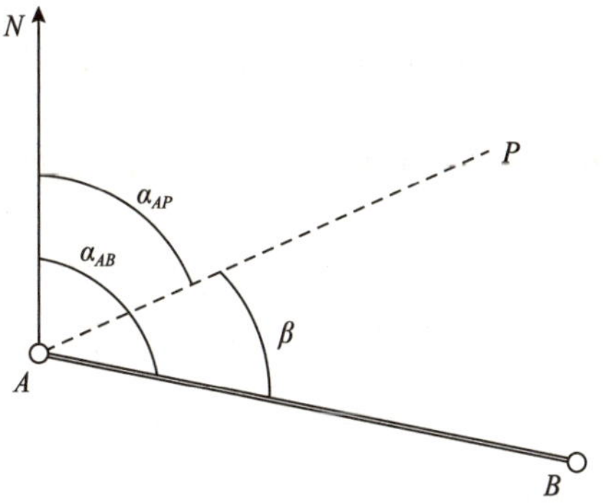

图 8-6　极坐标法定点

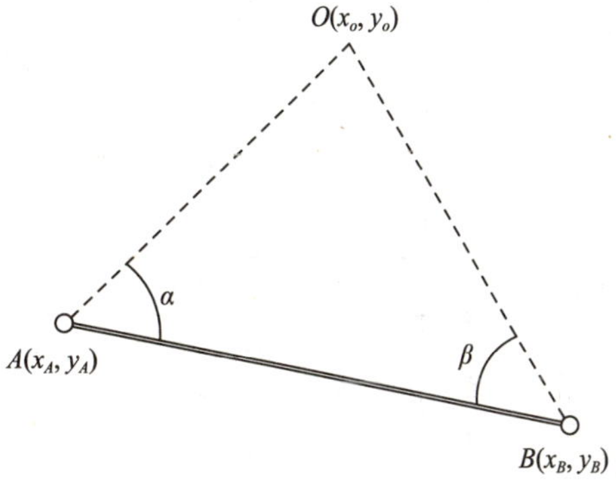

图 8-7　角度交会法定点

(四)距离交会法

距离交会法就是利用两个或两个以上控制点与放样点之间的距离交会出待定点的平面位置的方法，适用于易于量距，交会距离要等于或小于一整尺长的平整场地。如图 8-8 所示，已知 A，B 两控制点，放样 P 点。操作步骤：根据 A，B，P 的直角坐标，计算出 $d_1 = AP$，$d_2 = BP$，分别以 A，B 为圆心，d_1，d_2 为半径画圆弧，两圆弧相交于 P 点，即为所求放样点。

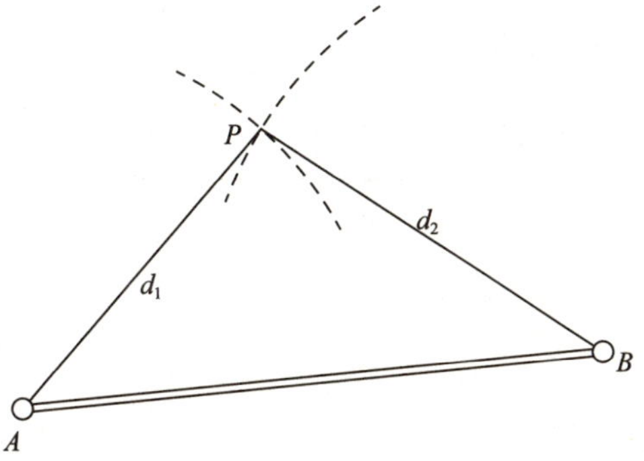

图 8-8　距离交会法定点

【学程设计】

学程设计见表 8-1。

表 8-1　项目八任务一“课堂计划”表

<table>
<tr><td colspan="2">学习主题：
项目八　园林绿地施工放样
任务一　园林绿地测设
（4 学时）</td><td>学习目标</td><td colspan="3">专业能力：了解园林绿地测设的内容及精度要求，掌握水平距离测设、水平角测设、高程测设及平面点位的测设方法，熟练运用并能够设计合适的测设方案。
社会能力：具有较强的信息采集与处理的能力；具有决策和计划的能力；自我控制与管理能力。
方法能力：计划、组织、协调、团队合作能力；口头与书面表达能力；人际沟通能力。</td></tr>
<tr><td>时间</td><td>教学内容</td><td>教师的活动</td><td>学生的活动</td><td>教学方法</td><td>媒体</td></tr>
<tr><td>20 min</td><td>已知水平距离的测设</td><td>1. 介绍园林绿地测设的基本内容及学习方法
2. 讲授水平距离测设方法
3. 实践指导</td><td>1. 听课，记录
2. 实地测设训练</td><td>理实一体</td><td>PPT</td></tr>
<tr><td>25 min</td><td>已知水平角的测设</td><td>1. 讲授水平角测设方法
2. 实践指导</td><td>1. 听课，记录
2. 实地测设训练</td><td>理实一体</td><td>PPT</td></tr>
<tr><td>30 min</td><td>已知高程点的测设</td><td>1. 讲授高程点测设方法
2. 实践指导</td><td>1. 听课，记录
2. 实地测设训练</td><td>理实一体</td><td>PPT</td></tr>
<tr><td>105 min</td><td>点的平面位置测设</td><td>1. 讲授直角坐标法
2. 讲授极坐标法
3. 讲授角度交会法
4. 讲授距离交会法
5. 实践指导</td><td>1. 听课，记录
2. 实地测设训练</td><td>理实一体</td><td>PPT</td></tr>
</table>

【技能训练】

园林绿地放样

一、技能训练要求

综合运用所掌握的测设知识，分析园林绿地平面图纸，选择适合方案，巩固测设技能。

二、技能训练内容

(1)识读图纸，根据施工控制网格计算出待测设特征点的直角坐标。

①已知园林绿地道路广场布局平面图，各角点坐标如图。

②方格控制网为 10 m×10 m。

(2)运用距离测设及角度测设放样主路系统并同时放样高程点。

(3)运用平面点位测设，放样小路系统。

三、技能训练步骤

(1)如图 8-9 所示，先整体后局部，以对角线法放样控制方格网。

①以点 $A1(0,0)$ 为基点立经纬仪，盘左照准正北，量取 100 m 得点 $L1(0,100)$，将照准部旋转 45°，在视线方向量取 141.421 m 得点 $L11(100,100)$。

②在 $L1$ 点立镜，以同样方法放样点 $A11(100,0)$。

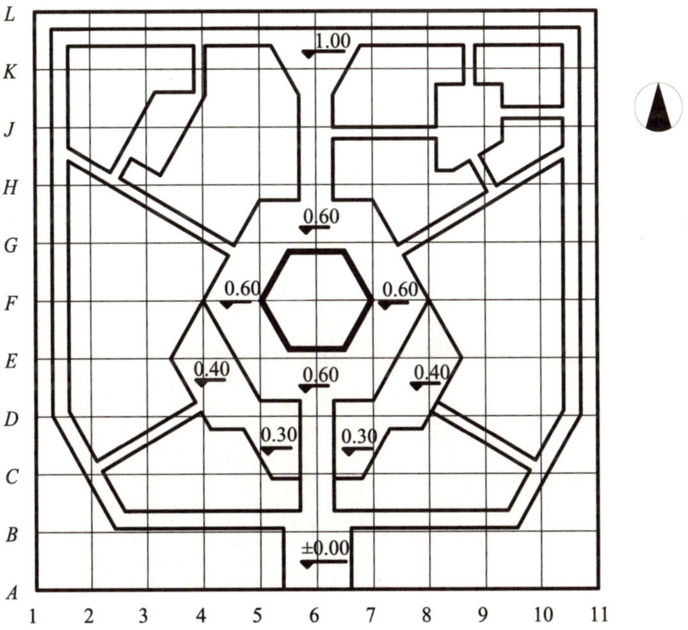

图 8-9　园林绿地道路系统平面图

③量取四边边长，校核放样精度。

④选择两条相对边，分别十等分，顺序在等分点上立镜，照准对应点，在任意相邻两角点立镜，照准对角点，以角度交会法放样方格网对角线上的各交点。

⑤分别以直角坐标法、极坐标法、角度交会法、距离交会法放样方格网各交点。（根据场地条件、器材数量及班型人数，3～4 人一组，分区同时进行方格网的测设，节省时间的同时达到良好的实践技能训练效果。）

（2）放样中轴线广场道路及周边主路系统。

（3）高程测设。

（4）放样小路及广场系统。

四、技能训练评价

技能训练评价见表 8-2。

表 8-2　项目八任务一技能训练评价表——园林绿地放样

速度	按照完成时间的先后顺序各组分别计分，分值分别为 10 分、8 分、6 分、5 分、4 分、3 分、2 分、1 分
质量	1. 放样精度符合要求计 5 分，不符合计 0 分 2. 运用不同方法进行测设计 5 分，少于两种计 0 分

【知识拓展】

园林建筑物定位

一、建筑基线

建筑基线是建筑场地的施工控制基准线，在不受挖土损坏的条件下，应尽量靠近主要建筑物，平行或垂直于主要建筑物的轴线，以方便利用直角坐标法进行建筑物的测设，放样精度应满足施工放样的要求，基线主点之间要相互通视，布置形式要根据建筑物的分布、场地的地形来确定，一般有三点直线形、三点直角形、四点“T”字形及五点“十”字形等，如图 8-10 所示。

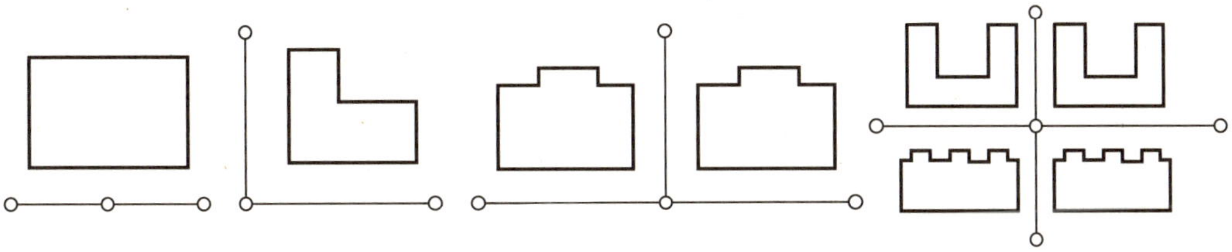

图 8-10　建筑基线的布设形式

二、建筑基线的测设

根据测图控制点的分布情况，一般采用极坐标法放样基线主点，放样过程如下。

如图 8-11 所示，已知控制点 1,2,3，放样建筑基线上主点 A,O,B。根据建筑基线主点 A，O,B 的设计坐标和施工控制点 1,2,3 的已知坐标计算放样数据（距离、角度），用极坐标法分别以 1,2,3 为基点放样 A,B,O 基线主点。

由于误差影响，放样的三个主点 A',O',B' 一般不在一条直线上，如图 8-12 所示，需要校核调整。调整方法如下：首选在点 O' 上立经纬仪，精确测量 $\angle A'O'B'$ 的角值 β，如果 β 与 $180°$ 之差超出 $\pm 10''$，则应计算改正数 e，并进行调整。调整是将 A',O',B' 三点分别沿与基线垂直的方向移动 e 值（注意 O' 点与 A',B' 两点移动方向相反），移动后再复检，直至 A',O',B' 三点的直线性达到要求。

$$e=\frac{ab}{2(a+b)}\times\frac{180-\beta}{\rho'}$$

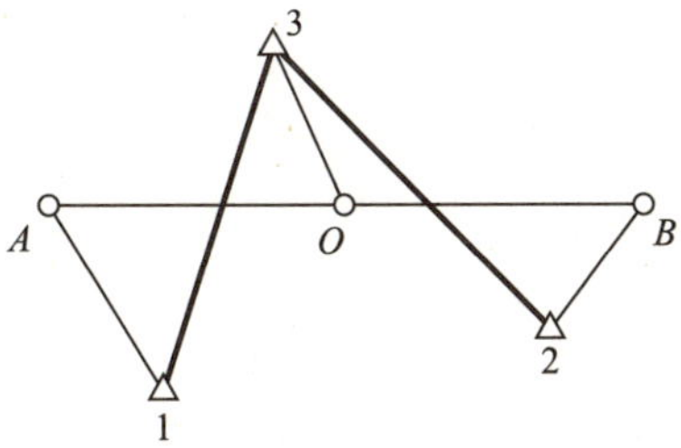

图 8-11　建筑基线的测设

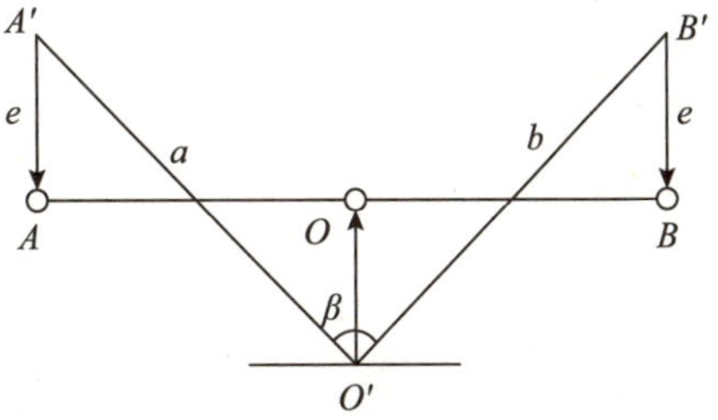

图 8-12　建筑基线主点的调整

【自我测试】

1. 已知水平距离的测设方法?
2. 已知水平角的测设方法?
3. 已知高程点的测设方法?
4. 平面点位的测设方法有哪些,各测设方法的具体内容是什么?

参考文献

[1]高玉艳.园林测量.3版.重庆:重庆大学出版社,2022.

[2]吕云麟,杨龙彪,林凤明.建筑工程测量.北京:中国建筑工业出版社,1997.

[3]刘顺会.园林测量.北京:中国农业出版社,2001.

[4]陈学平.实用工程测量.北京:中国建材工业出版社,2007.

[5]郑金兴.园林测量.2版.北京:高等教育出版社,2014.

[6]河北农业大学.测量学.2版.北京:农业出版社,1979.

[7]张远智.园林工程测量.北京:中国建材工业出版社,2005.

[8]杨国范,高振东.普通测量学.2版.北京:中国农业大学出版社,2022.

附　录

附录一　实验须知

一、测量实验的一般规定

(1)实验前,必须阅读《测量技术》的有关任务。实验时,必须携带《测量技术》教材,便于参照、记录相关数据和计算。

(2)实验分小组进行,组长负责组织和协调实验工作,办理所用仪器和工具的借领及归还手续。凭组长或组员的学生证借用仪器。

(3)实验应在规定时间内进行,不得无故缺席、迟到或早退;应在指定的场地进行,不得擅自改变地点。

(4)必须遵守实验室的“测量仪器工具的借用规则”。应该听从教师的指导,严格按照实验要求,认真、按时、独立地完成任务。

(5)测量记录应该用正楷书写文字及数字,不可潦草,并在规定表栏中填写。记录应该用2H或3H铅笔。

(6)记录者听取观测者报出仪器读数后,应向观测者回报读数,以免记错。

(7)记录数字若发现有错误,不得涂改,也不得用橡皮擦拭,而应该用细横线划去错误数字,在原数字上方写出正确数字,并在备注栏内说明原因。

(8)若一测回或整站观测成果不合格(观测误差超限),则用斜细线划去该栏记录数字,并在备注栏内说明原因。

(9)根据观测结果,应当场做必要的计算,并进行必要的成果检验,以决定观测成果是否合格、是否需要进行重测(返工)。应该当场写的实验报告也应写好。

(10)实验结束时,应把观测记录和实验报告交指导教师审阅。经教师认可后,方可收拾仪器和工具,做必要的清洁工作,向实验室归还仪器和工具,结束实验。

二、测量仪器使用规则和注意事项

测量仪器历来属于比较贵重的设备,尤其是目前测量仪器向精密光学、机械化、电子化方向发展,使其功能日益先进的同时,其价值也更为昂贵。对测量仪器的正确使用、精心爱护和科学保养,是从事测量工作的人员必须具备的素质和应该掌握的技能,也是保证测量成果的质量、提高测量工作效率、发挥仪器性能和延长其使用年限的必要条件。为此,制定下列测量仪器使用规则和注意事项,在测量实验中应严格遵守和参照执行。

1. 仪器工具的借用

(1)以实验小组为单位借用测量仪器和工具,按小组编号在指定地点凭学生证向实验室人员办理借用手续。

(2)借用时,按本次实验的仪器工具清单当场清点检查,实物与清单是否相符,器件是否完好,然后领出。

(3)搬运前,必须检查仪器箱是否锁好;搬运时,必须轻取轻放,避免剧烈震动和碰撞。

(4)实验结束后,应及时收装仪器、工具、清除接触土地的部件(脚架、尺垫等)上的泥土,送还借用处检查验收。如有遗失或损坏,应写出书面报告说明情况,进行登记,并应按有关规定赔偿。

2.仪器的安装

(1)先将仪器的三脚架在地面安置稳妥,安置经纬仪的脚架必须与地面点大致对中,架头大致水平。若为泥土地面,应将脚尖踩入土中,若为坚实地面,应防止脚尖有滑动的可能性,然后开箱取仪器。仪器从箱中取出之前,应看清仪器在箱中的正确安放位置,以避免装箱时发生困难。

(2)取出仪器时,应先松开制动螺旋,用双手握住支架或基座,轻轻安放到三脚架头上,一手握住仪器,一手拧连接螺旋,最后拧紧连接螺旋,使仪器与三脚架连接牢固。

(3)安装好仪器以后,随即关闭仪器箱盖,防止灰尘等进入箱内,严禁坐在仪器箱上。

3.仪器的使用

(1)仪器安装在三脚架上之后,不论是否在观测,必须有人守护,禁止无关人员拨弄,避免路过行人、车辆碰撞。

(2)仪器镜头上的灰尘,应该用仪器箱中的软毛刷拂去或用镜头纸轻轻擦去,严禁用手指或手帕等擦拭,以免损坏镜头上的药膜,观测结束应及时套上物镜盖。

(3)在阳光下观测,应撑伞防晒,雨天应禁止观测;对于电子测量仪器,在任何情况下均应撑伞防护。

(4)转动仪器时,应先松开制动螺旋,然后平稳转动;使用微动螺旋时,应先旋紧制动螺旋(但切不可拧得过紧);微动螺旋不要旋到顶端,即应使用中间的一段螺纹。

(5)仪器在使用中发生故障时,应及时向指导教师报告,不得擅自处理。

4.仪器的搬迁

(1)在行走不便的地段搬迁测站或远距离迁站时,必须将仪器装箱后再搬。

(2)近距离或在行走方便的地段迁站时,可以将仪器连同三脚架一起搬迁。先检查连接螺旋是否拧紧,松开各制动螺旋,如为经纬仪,则将望远镜物镜向着度盘中心,均匀收拢各三脚架腿,左手托住仪器的支架或基座,右手抱住脚架,稳步行走。严禁斜扛仪器于肩上进行搬迁。

(3)迁站时,应带走仪器所有附件及工具等,防止遗失。

5.仪器的装箱

(1)实验结束,仪器使用完毕,应清除仪器上的灰尘,套上物镜盖,松开各制动螺旋,将脚螺旋调至中段并使大致同高,一手握住仪器支架或基座、一手旋松连接螺旋使与脚架脱离,双手从脚架头上取下仪器。

(2)仪器放入箱内,使正确就位,试关箱盖,确认放妥(若箱盖合不上口,说明仪器位置未正确放置,应重放,切不可强压箱盖,以免损伤仪器),再拧紧仪器各制动螺旋,然后关箱、搭扣、上锁。

(3)清除箱外的灰尘和三脚架脚尖上的泥土。

(4)清点仪器附件和工具。

6.测量工具的使用

(1)使用钢尺时,应使尺面平铺地面,防止扭转、打团,防止行人踩踏或车轮碾压,尽量避免尺身沾水。量好一尺段再向前量时,必须将尺身提起离地,携尺前进,不得沿地面拖尺,以免尺面磨损、刻划,甚至折断钢尺。钢尺用毕,应将其擦净并涂油防锈。

(2)皮尺的使用方法基本上与钢尺的使用方法相同,但量距时使用的拉力应小于钢尺,皮尺沾水的危害更甚于钢尺,皮尺如果受潮,应晾干后再卷入盒内,卷皮尺时切忌扭转卷入。

(3)使用水准尺和标杆时,应注意防止受横向压力,防止竖立时倒下,防止尺面分划受磨损。标杆更不能作棍棒使用。

(4)小件工具(如垂球、测钎、尺垫等)用完即收,防止遗失。

附录二 教学资源索引